高等职业教育"十四五"系列教材

高等职业教育土建类专业"互联网＋"数字化创新教材

城市地下工程

张　姣　主　编

韩帮军　邓益兵　王　羽　副主编

张　建　主　审

中国建筑工业出版社

图书在版编目（CIP）数据

城市地下工程 / 张姣主编；韩帮军，邓益兵，王羽
副主编 . -- 北京：中国建筑工业出版社，2024. 8.
（高等职业教育"十四五"系列教材）（高等职业教育
土建类专业"互联网＋"数字化创新教材）. -- ISBN 978-
7-112-30037-2

Ⅰ. TU94

中国国家版本馆 CIP 数据核字第 202429PS10 号

本教材系统地介绍了城市地下工程知识，内容共分 10 个项目，包括：绪论，地下工程的常用类型，明挖法施工，暗挖法施工，沉井、沉箱和沉管法施工，其他地下工程施工方法，地下工程防水，地下工程施工监测，地下给水排水管网系统以及地下工程风险控制。在各项目内容中除介绍了地下工程的类型和施工方法，以及与地下工程的防水、监测以外，还探讨了城市地下工程中的新理论、新技术和新方法，并引进了大量的工程实例分析，内容编排新颖，重视实用性，可读性强。

本教材可作为高等职业教育土建类专业的地下工程相关课程的教材，也可作为岩土工程、交通土建工程、地下建筑与隧道工程、市政建设工程、矿山建设工程从业人员的参考书。

为方便教学，作者自制课件资源，索取方式为：1. 邮箱：jckj@cabp.com.cn；2. 电话：（010）58337285；3. 建工书院：http://edu.cabplink.com。

责任编辑：王予芊　司　汉
责任校对：张　颖

高等职业教育"十四五"系列教材
高等职业教育土建类专业"互联网＋"数字化创新教材
城市地下工程
张　姣　主　编
韩帮军　邓益兵　王　羽　副主编
张　建　主　审

*

中国建筑工业出版社出版、发行(北京海淀三里河路9号)
各地新华书店、建筑书店经销
北京鸿文瀚海文化传媒有限公司制版
北京圣夫亚美印刷有限公司印刷

*

开本：787 毫米×1092 毫米　1/16　印张：17　字数：421 千字
2024 年 8 月第一版　2024 年 8 月第一次印刷
定价：**49.00** 元（赠教师课件）
ISBN 978-7-112-30037-2
（42835）

前　言

本教材是一本可学性与可读性好、可教性强、基础厚、内容全、涵盖学术性前沿发展的教材，反映了近十几年来我国地下工程理论与技术的发展，突出特色及创新点主要体现在以下几点：

（1）在编写内容和架构上，形成了一条完整的主线。本教材共 10 个项目，内容完整，学生可学性、教师可教性和专业技术人员的可参考性强。

（2）地下工程类型繁多，一本教材实难做到面面俱到，在阐明地下工程的共性概念、原理、基本理论与方法的基础上，本教材重点突出了铁路、公路、城市地铁等交通地下工程特色。

（3）贯彻了可持续发展的工程建设理念，将施工过程中的地下水资源保护和绿色、安全施工融入教材的编写中。

（4）本教材将习近平新时代中国特色社会主义思想有机融入专业内容、工程实践；培养学生：表述、回答等语言表达能力；交流、沟通的能力；良好的劳动纪律观念；养成学生团队协作精神和工匠精神。本教材通过优化课程内容供给，将价值塑造、知识传授和能力培养紧密融合，由优秀传统文化、爱国主义、劳模和工匠精神引领培养学生，切实肩负起培养德智体美劳全面发展的社会主义建设者和接班人的神圣使命。

（5）本教材数字化资源丰富，对应数字化资源为 2022 年度上海高等职业教育市级精品在线开放课程"地下工程"，课程累计浏览量超过 230 万次，选课人数超过 5500 人，资源库包含案例库、试题库、视频库及各种课件和动画资源。

读者在读完本教材的内容后，可能会有一个体会：我不仅掌握了地下工程的基本概念、基本原理、基本方法，同时也能够进行地下工程施工了。

本教材由长期从事教学科研和地下工程设计、施工的教师与高级工程技术人员集体编写，教材的编写团队具有多年的教学和工程经验，教材论述问题清晰、角度独到、言简意赅，切中要害。同时，编写团队所在的学校市政工程技术专业，是我国地下工程的优势和强势专业和该专业方向人才培养、科学研究的排头兵。

本教材由上海城建职业学院张姣教授担任主编，并负责统稿。上海城建职业学院韩帮军、邓益兵、王羽担任副主编。项目 1、2、3 由张姣编写；项目 4 由全国劳动模范、上海基础工程集团有限公司陆凯忠教授编写；项目 5 由韩帮军教授编写；项目 6 由王羽教授编写；项目 7 由邓益兵教授编写；项目 8、9 由上海城建职业学院李娜娜副教授编写；项目 10 由上海城建职业学院阮涌波副教授编写。教材由中铁第四勘察设计院集团有限公司教授级高工张建主审。上海城建职业学院葛晓燕老师参与教材项目 7～项目 9 的编写以及校对稿件工作。

由于本教材涉及的专业领域、内容甚多，加之编者知识水平所限，书中不妥之处在所难免，恳请广大同行专家及读者批评指正。另外，编书过程中，有些参考引用的内容由于难以溯源，未能一一标注出处，在此也一并感谢原作者。

目　录

项目1

绪论

Project 01

1. 知识目标

了解地下空间的概念及发展史，理解中国及国外地下空间的利用现状，掌握地下空间开发的起因和意义，理解城市地下空间发展的趋势与展望，熟悉地下空间开发利用政策与法规，了解城市地下空间政策法规研究的意义和完善我国城市地下空间开发利用政策法规体系的措施。

2. 能力目标

能够有效地应用所学知识，分析地下空间的特征，具备使用我国城市地下空间开发利用政策法规体系措施的能力。

3. 素质目标

培养学生地下工程概念的表述、回答等语言表达能力；培养学生良好的劳动纪律观念；培养学生遵守城市地下空间政策法规的意识。在教学过程中帮助学生树立正确的价值观。

任务 1.1　地下空间的概念及发展史

1.1.1　地下空间的概念

1.1
地下空间
的概念和
发展史

　　地下空间是指城市规划区内地表以下的空间。地下空间工程是指在城市地下空间的土体或岩体中修建各种类型的地下建（构）筑物的工程，它是一门涉及范围广阔的综合性学科，是实现高效、文明、舒适和安全的现代化城市的重要组成部分。地下空间工程一般包括：①交通运输方面的地下铁道、公路隧道、地下快车道；②城市基础设施，如地下的过街通道、地下的停车场、地下综合管廊（共同沟）等；③商业地产工程，如地下商业街、购物广场、娱乐广场；④工业与民用方面的各种地下制作车间、电站、各种车房；⑤人防市政地下工程；⑥文化、体育、娱乐与生活等方面的联合建筑体。

　　地下空间具有以下特征：①具有良好的热稳定性和密闭性；②具有良好的抗灾和防护性，能满足重点设防城市的基本战备要求，良好的防护性能可免遭或减轻包括核武器在内的空袭、炮轰、爆破的破坏，也能较有效地抗御地震、飓风等自然灾害以及火灾、爆炸等人为灾害；③施工条件较复杂，通常地下建筑的造价要比同类地面建筑高出 1～3 倍，且建设周期较长，施工较复杂；④一旦开发就很难改变，是一种不可再生的自然资源。

1.1.2　地下空间发展历史

　　人类对地下空间的利用是与人类文明史相呼应的，历经从自发到自觉的过程。推动这一过程的原因：①人类自身的发展如人口的繁衍和智能的提高；②社会生产力的发展和科学技术的进步。从历史的角度可以将人类对地下空间的利用史划分为四个时代。

1. 第一时代：从人类出现到公元前 3000 年的远古时期

　　人类利用天然洞穴作为居住处所。考古学家发现距今 3 万年前被称为"新洞人"和"山顶洞人"的两种古人类居住地址，就在北京周口店龙骨山自然条件较好的天然岩洞中。黄河流域已发现公元前 8000～公元前 3000 年的洞穴遗址 7000 余处，其中最早的是河南省新郑裴李岗村及河北省武安市磁山的窑址和窑穴。在我国河南、陕西、山西、甘肃等省份的黄土地区，土壤具有含水少、湿度不大、冬暖夏凉、施工便利等一系列优越条件，人们为了适应地质、地形、气候和经济条件建造了各种窑洞式住宅。目前仍约有 3500 万～4000 万人居住在窑洞中，其中以豫西的河南荥阳至福池一带较为典型。

2. 第二时代：从公元前 3000 年至 5 世纪的古代时期

　　公元前 3000 年后世界进入了铜器和铁器时代，劳动工具的进步和生产关系的改变导致生产力有很大发展，出现了古埃及、古希腊、古罗马及古代中国的高度文明。人类对地下空间的利用从单纯的居住进入了更广的领域。埃及金字塔、巴比伦幼发拉底河引水隧道均为这一时代的建筑典范。

3. 第三时代：从 5 世纪至 15 世纪中世纪时期

欧洲在中世纪经历了封建社会最黑暗的千年文化低潮，地下空间的开发利用也基本上处于停滞状态。在这一时期我国地下空间的开发多用于建造陵墓和满足宗教建筑的一些特殊要求，用于屯兵和储粮的地下空间也有建造。隋朝（7 世纪）在洛阳东北建造了面积达 600m×700m 的近 200 个地下粮仓，其中第 160 号仓直径 11m，深 11m，容量 445m³，可存粮 2500~3000t。自 4 世纪中叶佛教传入我国后相继建成著名的云冈石窟、龙门石窟、敦煌莫高窟以及甘肃麦积山石窟和河北邯郸响堂山石窟等，这些石窟岩洞形成了大型的雕刻艺术空间。

4. 第四时代：从 15 世纪开始的近代和现代

从 15 世纪开始欧洲出现文艺复兴产业革命、科学技术开始走在世界的前列，地下建筑工程迅速发展。15 世纪初建成伦敦地下水道，1863 年伦敦建成世界第一条城市地下铁道，1900 年巴黎第一条地铁线路正式启用，地下系统扩展成一个巨大的城市网络。各类地下电站也迅速增长，其中地下水力发电站的数目全世界已超过 400 座。我国在十分薄弱的基础上开始了地下水电站建设，历经半个多世纪的发展，电站的规模和技术水平都有很大的跨越，取得了巨大成就。据统计，20 世纪 80 年代建设的坝高超过 100m 的 8 座水电站中，采用地下厂房布置的有 2 座。20 世纪 90 年代开始了以黄河小浪底水利枢纽工程和长江三峡工程为标志的向大江大河进军的水电发展新时期，先后建设了一批高坝大库项目。

1.1.3 国外地下空间的利用现状

近年来，随着城市可持续发展需要和科学水平的巨大进步，地下空间的理念越来越被更多的国家认可和实施。国际上把 21 世纪称为"人类开发利用地下空间的年代"。许多发达国家在城市地下空间开发利用领域已经到达相当规模的水平。

1. 北美

美国有数百个覆土住区，一些大学图书馆、办公建筑以及农业仓储空间设置在地下。如美国明尼阿波利斯南部商业中心的地下公共图书馆。哈佛大学、加州大学伯克利分校、密歇根大学、伊利诺伊大学等处的地下、半地下图书馆较好地解决了与原馆的联系，并保存了校园的原有面貌。这种现象首先开始于 20 世纪 70 年代，适逢美国能源危机暴发，推动了覆土建筑的发展，建筑被 2~3m 厚的土层覆盖，目的是创造有效的绝热，被用于居住空间的建设中。非居住的地下空间利用的发展重点放在商业、仓储、办公、停车以及宗教、娱乐和农业设施等方面。

加拿大的多伦多地下步行道系统在 20 世纪 70 年代已有 4 个街区宽，9 个街区长的规模，在地下连接了 20 座停车库、很多旅馆以及电影院。目前，这个入口处标有彩色的"PATH"标志的地下城，入口遍及市中心金融区的街道各处，长达 27km 的通道连接起伊顿购物中心（Eaton Centre）和联合火车站（Union Station），内有 1200 多家商店，还有餐厅和美容院等众多设施。此外该地下城还连接着市政厅、联邦火车站、证券交易所、5 个地铁车站和 30 座高层建筑的地下室。

北美几个城市的地下步行道系统，可以改善交通、节省用地、改善环境，保证了恶劣气候下城市的繁荣，同时也为城市防灾提供了条件。

2. 欧洲

北欧地质条件良好，也是地下空间开发利用技术的先进地区，特别是在市政设施和公共建筑方面。负担瑞典南部地区供水的大型系统全部在地下，埋深 30～90m，隧道长 80km，靠重力自流；芬兰赫尔辛基的大型供水系统，隧道长 120km，过滤等处理设施全在地下；挪威的大型地下供水系统，其水源也实现地下化，在岩层中建造大型贮水库，既节省土地又减少水的蒸发损失；瑞典的大型地下排水系统，无论在数量上还是处理率上，在世界上处于领先地位，瑞典排水系统的污水处理厂全在地下，仅斯德哥尔摩就有大型排水隧道 200km，拥有大型污水处理厂 6 座，处理率为 100%，在其他一些中、小城市，也都有地下污水处理厂，不但保护了城市水源，还使波罗的海免遭污染。

莫斯科地铁是世界上规模最大的地铁之一，它一直被公认为世界上最漂亮的地铁之一，享有"地下的艺术殿堂"的美称。地铁站除根据民族特点，还以名人、历史事迹等为主题来建造，地铁站的建筑造型各异、华丽典雅。莫斯科地铁系统相当发达，在多达四条线路交汇处，乘客可以最少的时间达到换乘的目的。此外俄罗斯的地下共同沟也相当发达，莫斯科地下有 130km 的共同沟。

法国巴黎的卢浮宫在无扩建用地、原有建筑必须保持的情况下，设计者贝聿铭先生利用拿破仑广场的地下空间容纳了全部扩建内容，成功对古典建筑进行了现代化改造，主要包括入口大厅、剧场、餐厅、商场、文物仓库及可容纳 600 辆小型汽车、80 辆大巴的地下停车场。

瑞士的军事设施包括地下通信中心、地下档案馆、地下储油和其他避难设施，它们不仅能起到防护的用途，同时也能满足社区的生活需要。世界各国还修建了大量的地下贮藏库，其建造技术得到不断革新。

3. 日本

日本在 20 世纪 30 年代就开始建设地下商业街，1957 年东京第一条地下商业街建成。目前在 26 座城市构筑了 146 条地下街及商业用途的建筑地下空间，面积已达 150 万 m^2。日本新宿地下街规模宏大，全长 6790m，两侧的地下商场与地面建筑相连并通过地下步行道与其他的 4 个地下街道联系起来，是 20 世纪利用地下空间的优秀杰作。除商业设施外其他的公共设施也相继转入地下，如公共图书馆和大学图书馆、会议中心、展览中心以及体育馆、音乐厅、大型实验室等地下文化体育教育设施。

日本是世界上兴建地下共同沟数量居于前列的国家之一。1926 年，日本开始建设地下共同沟，到 1992 年，日本已经拥有共同沟长度约 310km，而且在迅速地增长过程中。在地下高速道路、停车场、共同沟、排洪与蓄水的地下河川、地下热电站、蓄水的融雪槽和防灾设施等市政设施方面，日本充分发挥了地下空间的作用。

1.1.4 中国地下空间利用现状

我国城市地下空间大规模开发利用始于 20 世纪 60 年代后期的人防工程。大规模兴建人防工程主要的出发点是备战，而且几乎所有的地下工程都按"三防"要求建设，都是

"防护空间"。目前我国是世界城市地下空间开发利用的大国，特大城市地下空间开发利用的总体规模和发展速度已居世界同类城市的先进行列。

我国香港地铁（Mass Transit Railway，简称 MTR），是香港的城市轨道交通系统，自 1979 年开通以来，香港地铁已经发展成有 10 条路线，全长 245.3km 的铁路系统网络。台北的捷运（地铁）系统在 20 世纪 90 年代初期开始规划建设，1996 年第一条捷运线正式通车。

除地铁外，北京、上海、天津、广州、深圳、南京、青岛、无锡等诸多经济强市已经建立了大量的地下商场和地下停车场、高层建筑地下室和少部分市政综合管线廊道（共同沟）、地下排洪沟等，并且仍在不断地扩大和完善地下空间系统。规模较大的有上海人民广场地下商城、上海徐家汇地下商业街、北京西单地下商城等。目前各大城市都在规划建设大型的地下建筑综合体以拓展城市空间容量，解决城市面临的诸多问题。需指出，大陆地区于 1958 年在北京天安门广场下建设了第一条共同沟之后，共同沟的建设一直没有得到有力推动。

总结国内外共同沟建设的发展经历，制约我国共同沟建设的因素主要有三个：①没有相应的法律法规，限制了共同沟在我国的快速发展；②共同沟前期的建设成本较高，限制了共同沟的广泛应用；③我国目前市政基础设施的管理与运营机制为各自为政的模式，而共同沟则需要统一管理、统一运营，两者之间形成了矛盾，限制了共同沟的发展。

尽管我国目前的地下空间利用有了发展，但也应该看到我们的工程"含金量"并不是很高。和西方发达国家相比，我们对地下空间的利用水平还相对落后。国外地下空间利用发展的主要趋势是综合化，而我国的建设往往显得形式单一，利用率不高。

任务 1.2　地下空间开发的起因和意义

1.2.1　地下空间开发的起因

经过多年的探索、实践，发达国家的城市地下空间在规划和开发利用技术方面已相对成熟，形成一套规范的体系。如日本、加拿大、美国和欧洲各国，经历了多年的发展，已经逐步从早期的地下大型建筑物，慢慢发展为功能多样化的地下综合体，再到现在规模庞大、集多种功能于一体的地下城市

1.2
地下空间
开发的起
因和意义

阶段。地下空间的功能用途也从最初的存储、交通，发展成现在的地下市政综合管廊系统、地下排水系统、地下雨水收集系统、地下能源供应系统、地下污水处理系统、地下垃圾回收处理系统等。很多城市，如巴黎、伦敦、柏林等，将原本在地表的市政设施和公共服务设施逐渐地下化。

抗日战争时期，我国很多城市都为了应对空袭建设了很多地下防空设施并投入使用，这是我国现代城市地下空间开发利用的起源。如南京、重庆，都有很多抗日战争时期建设的地下防空洞。20 世纪 80 年代后，随着改革开放的进行，城市经济人口快速发展，城市

地下空间的开发利用顺应时代要求，提出了"平战结合"的原则，即在修筑地下人防工程的时候要注重其在和平时期所能发挥的社会和经济效益。21世纪后，城市经济进一步发展，人口规模不断增大，城市土地稀缺问题面临着非常严峻的挑战，城市的建设和发展向地下要空间成为必然选择。中国城市地下空间开发利用规模扩张十分迅速，北京、上海、广州、深圳、南京、杭州等大城市（特大城市）的城市地下空间开发利用规模已经达到世界前列水平。中国大城市地下空间开发利用的功能也从早期的地下人防工事，发展到现在的地下商业中心、地下停车场、地下交通、地下市政设施、地下文化娱乐等多种功能。

开发利用城市地下空间能够在很大程度上，有效地扩充城市的人口容量，提高城市土地利用的集约水平，消除地面人流与车流混杂的局面，使交通更加通畅，商业更加繁荣，有助于改善地表景观环境，增加地面绿地并提高居民的生活环境质量。

1.2.2　地下空间开发的意义

开发利用城市地下空间的意义有如下四条：

（1）缓解城市交通拥堵。交通是城市日常功能中最重要的因素之一，影响着城市生活的方方面面。由于我国城市化进程发展较快，城市人口和车辆数量增长迅速，而基础设施的规划和建设相对滞后，导致行车缓慢、交通堵塞的问题在很多城市十分突出。然而在已经开发完的城区建设新道路或拓宽旧道路的代价十分高昂，建设高架道路不仅影响城市固有景观，而且产生的噪声和振动也会给居民带来不便。发达国家的经验说明，建设地下道路，形成四通八达的地下交通网络，是有效解决地面交通拥堵的方案。北京、上海、广州等特大城市已经建设了大量地下轨道交通网络，这些高效、快速、大运量的地下交通网络设施，能够在上下班高峰时期，有效地起到分散人流和车流，缓和地面交通，并完成大量人口在短时间内的空间迁移。

（2）解决城市停车问题。随着国民经济的发展，城市私家车的数量不断攀升，原有的地面停车设施已经无法满足目前的停车需求。许多发达国家的城市修建了大型地下停车场，这些地下停车场有着容量大、空间布局密集、占地少等优点。因此，在建设城市地下综合体和其他城市建筑的地下空间时，应确保地下停车场的面积足以容纳区域内相应的车辆，特别是结合地铁站点修建地下停车场，方便郊区乘客换乘，减少中心城区的地面交通压力。

（3）改善城市生态环境。由于城市地面建筑和道路建设，城市绿地面积大量减少，水资源严重缺乏，噪声污染超标。恶劣的城市生存环境会对居民的身心健康造成严重的伤害。城市地下空间的开发，应尽可能地将可转入地下的设施建设到地下，可以有效地减少空气、噪声、水污染等，可以增加绿地面积，改善城市环境，节约集约城市用地等，是实现城市中人与环境和谐发展的有效方法。发达国家对地下空间开发利用的实践经验表明，许多设施可以被转入到地下，包括交通设施、基础市政设施（电路、水利等）、商业设施、防灾设施、存储设施、能源设施及科研实验室等。

（4）提高城市防灾能力。城市作为人口和经济高度集中的区域，一旦遭遇自然灾害或发生人为破坏往往会造成巨大的损失。从自然灾害方面看，我国东南沿海地区常年遭遇台风灾害，许多城市遭遇强降雨天气时主城区往往会遭遇水害，此外我国还是一个地震多发的国家，在多种自然灾害和人为灾害的威胁下，我国城市的总体防灾能力还需要提高。通过建设城市地下空间，可以有效地抵御和减轻外部灾害，并为救灾和灾后恢复提供有利条件。因此，在构建综合防灾体系的过程中，应充分挖掘城市地下空间的防灾潜力，建立以城市地下空间为主体的城市综合减灾防灾体系。

任务 1.3 城市地下空间发展的趋势

1.3.1 综合化

国外地下空间利用发展的主要趋势是综合化。首先表现在地下综合体的出现，欧洲、北美和日本等一些大城市在新城区的建设和旧城区的再开发过程中都建设了不同规模的地下综合体，成为具有大城市现代化象征的建筑类型之一。其次，综合化表现在地下步行道系统和地下快速轨道系统、地下高速道路系统的结合以及地下综合体和地下交通换乘枢纽的结合。最后，综合化表现在地上、地下空间功能既有区分更有协调的相互发展模式。

1.3.2 深层化与分层化

随着一些发达国家和先进城市的地下浅层部分已基本利用完毕，以及深层开挖技术和装备的逐步完善，为了综合利用地下空间资源，地下空间开发逐步向深层发展。如美国明尼苏达大学艺术与矿物工程系展馆的地下建筑物多达 7 层，加拿大温哥华修建的地下车库多达 14 层，总面积 72324m²。深层地下空间资源的开发利用已成为未来城市现代化建设的主要课题。在地下空间深层化的同时各空间层面分化趋势越来越强，这种分层的地下空间，以其服务的功能区为中心，人、车分流，市政管线、污水和垃圾的处理分置于不同的层次，各种地下交通也分层设置以减少相互干扰，保证了地下空间利用的充分性和完整性。

1.3.3 城市交通和城市间交通的地下化

城市交通和"高密度、高城市化地区"城市间交通的地下化将成为未来地下空间开发利用的重点。交通拥挤是 21 世纪不变的城市问题，城市道路建设赶不上机动车数量的发展也是 21 世纪城市发展的规律。发展高速轨道交通也就成为主要的选择。如今人类对环境美化和舒适的要求越来越严格，环境意识和对城市的环境要求将越来越高，以前修建的高架路或将转入地下，如美国波士顿 20 世纪 50 年代建成的中央干道已成功转入地下。地下高速轨道交通将成为大城市和高密度、高城市化地区城市间交通的最佳选择。

1.3.4　先进技术手段的不断成熟和运用

随着地下空间开发利用程度不断扩展，超长超大隧道开挖以及遇到不良地层机会的增多，要求隧道开挖速度及开挖安全程度越来越高。预计在硬岩采用 TBM 开挖软岩中采用各种盾构的趋势将更加明显。由于地下空间开挖中定位和地质地理信息、勘察现代化的需要，GPS（全球定位系统）、RS（遥感影像）和 GIS（地理信息系统）技术在地下空间开发中的应用也将会得到越来越多的推广。

任务 1.4　我国地下空间开发利用政策与法规

地下空间如同地表土地和地下矿产一样，是一种宝贵的自然资源，需要法律保障合理、有序地开发利用，避免无秩序、无计划的乱挖、乱建引起的破坏和浪费。同时，地下空间利用的不可逆转性决定了制定和实施城市地下空间开发利用规划的严肃性。地下空间一旦被开发利用，地层结构将不可能恢复到原来的状态，已建地下建筑物的存在将影响到邻近地区的使用。因此，城市地下空间开发利用必须是合理、科学、慎重的决策，而要实现统一规划、统一管理和综合利用，必需首先立法，通过政策的引导，依照法律法规进行开发和保护资源。

目前应结合我国具体国情，建立起一套有利于保护和促进中国城市地下空间开发利用的立法体系。我国城市地下空间开发利用总体水平还处于较低的阶段，综合化利用水平不高，上下建筑贯通性差，市民步行不便利，空间环境不良，城市重要地区土地没有充分开发；缺乏合理规划、多头管理、产权模糊不清及技术标准不完善等问题，制约了地下空间开发的可持续发展。

目前城市地下空间开发的主要是浅层空间或次深层空间（−15m 以上），用作地铁、车库、通道、仓库、地下管道等，尚处于点状、线状开发阶段，分属建设管理部门、市政管理部门、交通管理部门、民防管理部门、管线管理部门等管理。由于各自为政，缺乏长远规划和综合协调，地下工程相互影响的事例层出不穷。就以地铁来说，随着建设规模不断扩大，出现了多处交叉换乘甚至四线多层换乘，中间站改成换乘站使改建成本加大，也使换乘距离过长。地铁与市政地下通道建设，与已有建筑的基础、地下管线的冲突也逐渐增多，甚至出现了多处废弃工程。分散的点状、线状开发或浅层、次深层地下空间开发的蜂拥而上，将带来深层地下空间资源的浪费。

我国城市地下空间的产权关系较模糊，民用房地产开发可利用地下空间的深度没有规定。日本规定房地产所有者拥有地下 40m 深度空间的所有权，40m 以下不得擅自开发利用。住建部出台的《城市地下空间开发利用管理规定》涉及地下空间规划，地下工程建设和管理等方面的内容，但没有明确产权归属，没有涉及对地下空间的有偿使用，地下工程产权的取得、转让、租赁、抵押等。我国很多城市的地下车库等建（构）筑物所有者只有使用权证，没有产权证，开发商无法用使用权证做抵押申请银行贷款。地下空间资源的产权关系不明确制约了地下空间开发的主动性，因此，必须通过立法解决地下空间不同深度产权归属问题。

相对于地面工程而言，地下工程建设的技术要求更高，特别是深层地下工程的施工难度大、防水等级、结构安全以及环境要求高。包括各类地下建筑的设计规范、施工规范、质量验收标准、内部环境标准、防灾标准等。如地下快速轨道交通系统（时速 120km 以上）、地下快速道路（时速 80km 以上）对建筑、结构、机电、消防、通风排烟、逃生、环境保护等的要求会有质的不同，需要修订和完善城市地下建筑现行的设计施工规范和质量验收标准，以适应地下空间开发利用的需要，促进地下工程技术的进步。

为了规范和引导城市地下空间的开发与利用，有必要对已有的法律法规进行梳理，清理不合时宜或者是阻碍高效开发利用地下空间的有关法规条文，细化国家政策和相关基本法中涉及地下空间开发利用的内容，补充完善相关法律法规。

1.4.1　我国地下空间开发利用的法律体系与主要内容

城市地下空间开发利用是一项相当复杂的系统工程，带有很多的不确定性和不可逆性。现在随着城市不断向深度空间的发展，我国也将进入到城市地下空间开发利用的重要战略机遇期，如何加强对城市地下空间开发利用的控制与引导，如何实现地下空间利用的远近期协调和可持续发展，如何建立健全地下空间开发的法律体系，增强法律法规的可执行性，如何有序开发和优化管理，都成为目前需要优先解决的问题。

1.4.2　我国地下空间开发利用法律体系框架

城市地下空间开发利用的问题产生原因有两方面：一方面是由于经济迅速发展，人们对地下空间的利用逐渐频繁起来；另一方面在人们利用地下空间的同时，与土地所有权人权利相冲突，需要法律来专门规定地下空间权，以限制土地所有权人的权利。在此基础上就产生了城市地下空间开发利用的立法体系。

我国城市地下空间开发利用的法律体系，是以国家基本法为依据，以城市地下空间开发利用的综合法律为龙头，以城市建设空间开发利用综合行政法规和各专项部门规章为主干，以城市建设空间开发利用地方法规和规章为重要组成部分而构成的庞大、交错的法律、法规和规章的总和。其中行政法规、地方性法规及规章的区别见表 1-1。

行政法规、地方性法规及规章的区别　　　　　　　　表 1-1

名称	制定主体	备案与批准	性质
行政法规	国务院	由国务院办公厅报全国人民代表大会常委会备案	由最高国家行政机关制定
地方性法规	省、自治区、直辖市人民代表大会及其常委会；省、自治区人民政府所在地的市和经国务院批准的较大的市以及经济特区所在地的市人民代表大会	省、自治区、直辖市人民代表大会及其常委会制定的地方法规报全国人民代表大会常委会和国务院备案；较大的市人民代表大会及其常委会制定的地方性法规须报省、自治区的人民代表大会及其常委会批准，并由其报全国人民代表大会和国务院备案	由立法机关制定

续表

名称		制定主体	备案与批准	性质
规章	地方政府规章	省、自治区、直辖市人民政府；省、自治区人民政府所在地的市、经济特区所在地的市和经国务院批准的较大的市人民政府	地方政府规章报本级人民代表大会常委	由行政机关制定
	部门规章	国务院各部、委员会、中国人民银行、审计署；国务院直属机构	报国务院备案	由行政机关制定

我国城市地下空间开发利用的法律体系框架中，位于顶层具有最高的法律地位和效力的是《中华人民共和国民法典》《中华人民共和国城乡规划法》《中华人民共和国土地管理法》《中华人民共和国城市房地产管理法》《中华人民共和国建筑法》《中华人民共和国文物保护法》《中华人民共和国消防法》《中华人民共和国人民防空法》等。这些法律是整个法律体系框架的核心和基础。

位于我国城市地下空间开发利用的法律体系中第二个层次是由国务院依法制定并颁发的属于国务院各行政主管部门下的主管业务范围内的各项行政法规。目前具有代表性的是《中华人民共和国土地管理法实施条例》《建设工程质量管理条例》《建设工程安全生产管理条例》等。

第三个层次是由各省、自治区、直辖市及较大的市的人民代表大会及其常务委员会制定的地方性法规。地方性法规有两类：一类是为贯彻落实国家法律法规而制定的地方法规；另一类是国家尚未制定法律或者行政法规的省、自治区、直辖市及较大的市根据地方的具体情况和实际需要先行制定的地方性法规。

第四个层次的是部门规章和地方政府规章，两者具有同等的效力，在各自的权限范围内实行。部门规章有《城市地下空间开发利用管理规定》等；地方规章有《上海市城市地下空间开发建设用地审批和房地产登记试行规定》《杭州市地铁建设管理暂行办法》等。

还有一个层次是地方的规范性文件。在地方暂未制定法规和规章的情形下，规范性文件对于规范本区域内特定的事项是很有必要的，如《福州市城市地下空间开发利用管理若干规定》等。

1.4.3　我国地下空间开发利用法律体系的主要内容

我国地下空间开发利用法律体系的主要内容包括地下空间及地下工程权利的设定、获取、转让、保护，权属的界定、登记以及地下工程按照规划建设以及平战结合的规定、质量安全等规定。

由于整个法律体系内容繁多，本节主要介绍在我国地下空间开发利用法律体系框架下几部重要的国家及地方法律和法规。

1. 《国务院关于促进节约集约用地的通知》

《国务院关于促进节约集约用地的通知》（国发〔2008〕3 号）是国务院文件，它首次在国家层面上提出鼓励开发利用地上、地下空间，以提高土地利用率。

我国人多地少，耕地资源稀缺，在城市化快速发展时期，为切实保护耕地，大力促进节约集约用地的目标，应该按照合理布局、经济可行、控制时序的原则，统筹协调各类交通、能源、水利等基础设施和基础产业的建设规划，避免盲目投资，过度超前和低水平重复建设，大力提高建设用地的利用率，开发利用地下空间。

2. 《中华人民共和国民法典》

自 2007 年 3 月在第十次人民代表大会通过，2007 年 10 月 1 日起实施的《中华人民共和国物权法》明确了建设用地由平面使用向立体开发的趋势。2021 年 1 月 1 日《中华人民共和国物权法》由《中华人民共和国民法典》（物权编）取代，正式实施。

其首次在国家基本法律中明确建设用地使用权可以在土地的地表、地上或者地下分别设立，明确建设用地使用权为物权的概念，新设立的建设用地使用权不得损害已设立的用益物权，这些规定具有重要的现实意义，表明地下空间可以分层出让，其建设用地使用权可以归属不同的主体，在城市地下空间开发利用的权属问题上实现了重大的突破。

3. 《中华人民共和国人民防空法》

1997 年 1 月 1 日起施行《中华人民共和国人民防空法》是具有中国特色的第一部城市地下空间开发利用专项法律。该法与城市地下空间资源开发利用有直接关系的内容是"第三章 人民防空工程"。长期以来，人防资产一直被定性为国防战备工程，产权归国家所有，随着改革开放以来社会经济的转型，人防工程设施的投资主体日益多元化，使得人防资产是否只属于国家有了争议。建设人防工程，应当在保证战时使用效率的前提下，有利于平时的经济建设、群众的生产生活和工程的开发利用。该法为我国人防在新时期实施战略重心转移指明了方向，具有里程碑意义。

4. 《城市地下空间开发利用管理规定》

《城市地下空间开发利用管理规定》（以下简称《规定》）是建设部（现住建部）于 1997 年颁布、2001 年和 2011 年两次进行修订的行政规章，是我国在城市地下空间规划、建设、管理等方面的第一部法规性文件。

该规定对城市地下空间规划、工程建设、工程管理和罚则等提出了明确规定。《规定》指出，各级人民政府在组织编制城市总体规划时，应编制城市地下空间发展规划；地下空间规划应实行竖向分层立体综合开发，横向相关空间互相连通，地面建筑与地下工程协调配合；建设单位进行地下工程建设，应持政府有关部门对工程项目的批准文件和审查通过的初步设计图纸方可实施；地下工程应由具备相应资质的施工单位承担；地下工程本着"谁投资、谁所有、谁受益、谁维护"的原则，允许建设单位对其投资开发建设的地下工程自营或依法进行转让、租赁等。

该规定自颁布实施以来，对我国城市地下空间的开发利用工作起到了积极的推进作用，由于我国地下空间开发利用工作起步相对发达国家较晚，把城市地下空间发展规划纳入到城市总体规划中，对于提高地下空间资源、地下空间开发利用及规划编制的地位和国民意识起到了重要作用。

5. 《城市规划编制办法》

2006 年 4 月 1 日起施行的《城市规划编制办法》是一个部门规章，其重要性在于为各城市编制地下空间专项规划提供法律依据。该办法将地下空间规划纳入了城市规划体系，明确城市中心规划应当提出地下空间开发利用的原则和建设方针及地下空间开发布局为城市总体规划中建设用地规划的强制性内容，要求在城市总体规划中要明确地下空间专项规划的原则和地下空间开发的具体要求。

除了国家层面的政策和法律法规之外，地方性政策法规的内容也很丰富。地方立法主要分两大类：一类是综合性的，主要是在住建部《城市地下空间开发利用管理规定》颁布施行后各地纷纷制定的各城市地下空间开发利用管理规定或办法；另一类是专门性的，早期主要是各地依据《中华人民共和国人民防空法》的规定制定的人民防空工程建设管理规定、建设与使用管理规定及建设与维护管理规定等，近期主要是各地结合市场经济条件下城市地下空间开发利用中遇到的问题有针对性地制定的法规和规章。

地方层面涉及城市地下空间开发利用政策法规比较有代表性的有《上海市城市地下空间建设用地审批与房地产登记试行规定》《深圳市地下空间开发利用暂行办法》《杭州市区地下空间建设用地管理与土地登记暂行规定》《江苏省徐州市人民政府关于进一步加强节约集约利用土地的意见》等。其中《上海市城市地下空间建设用地审批与房地产登记试行规定》是国内首个涉及地下空间建设用地审批与权属登记的地方文件。文件将地下空间工程界定为结建地下工程和单建地下工程两类，明确了地下空间工程建设的土地使用范围为该地下建（构）筑物外围实际所及的地下空间范围以及两类地下空间工程建设用地的不同审批办法。

当前虽然我国地下空间的法律体系已经初步建立，但开发、规划、管理等很多领域内的规章制度几乎处于一种空白状态。法律的缺位、纠纷的频发给人们利用地下空间造成了种种顾虑，必然会影响人们投资开发利用的积极性。同时，这种法律上的空白，也会导致现实中发生的种种地下空间利用纠纷得不到有效解决，或解决方式不能统一，造成人们对司法的不信任。因此，我们有必要构建一个系统的地下空间利用法律制度，只有这样，才能使得人们有预测、有计划地进行地下空间的开发活动，从而推动经济的发展和社会的进步。

任务 1.5　我国地下空间建设

1.3
地下工程
分类

轨道交通领域已经颁布了一系列的相关技术标准，分布在国家标准、行业标准和地方标准各个层次，涉及规划、设计、施工、维护运营等各个工程建设阶段。

轨道交通相关的规范主要有《城市轨道交通工程项目规范》GB 55033—2022、《地铁设计规范》GB 50157—2013、《城市轨道交通设计规范》DG/TJ08—109—2017 等。

轨道交通的建设相关标准基本涵盖了工程建设的实施范围，已颁布的技术标准在轨道交通建设和管理过程中发挥了很好的作用。

1. 道路交通工程

道路交通领域还没有制订地下道路相关的技术标准，目前工程建设实施方面主要参照隧道工程的标准，涉及的专业标准主要参照普通工程的标准。

道路交通相关的规范主要有《铁路数字移动通信系统（GSM-R）车载通信模块 第 1 部分：技术要求》TB/T 3370.1—2018、《公路涵洞设计规范》JTG/T 3365—02—2020、《沉管法隧道设计标准》GB/T 51318—2019、《公路隧道养护技术规范》JTG H12—2015 等。基本都是公路隧道方面的，没有针对城市地下道路的相关规范。

由于我国城市土地资源非常紧缺，交通专业近年发展较快，多元的各类交通内容也不断发展，使得地下道路的发展明显超前，因而显示出技术标准十分欠缺。规范中的一些指标明显不适应新的发展需要，因此需要对地下道路的相关技术标准的发展进行专题研究。

2. 静态交通与人行交通工程

静态交通与人行交通工程已经颁布的技术标准，分布在国家标准、行业标准和地方标准各个层次，涉及规划、设计、施工、维护运营等各个工程建设阶段。其中标准内容覆盖了静态交通、人行交通的所有相关专业，建筑、结构、电气（供电）、通信、信号、通风与空调、消防、给水与排水、监控等专业。

静态交通、人行交通对于地下交通网络系统的构建也是至关重要的，这两类交通是点缀和连通的重要节点。目前，地下交通网络的发展对于静态交通、人行交通的发展也提出了许多新的要求，相关技术标准不满足工程需求的情况也时有发生。

3. 物流交通工程

目前，物流交通在国内尚无工程实例，我国针对此类工程的规范标准仍然处于空白阶段。因此，需要对物流交通工程应用和相关的技术标准进行专题研究。

4. 市政类工程

目前，国内还没有颁布综合管沟、专用管沟的技术标准，工程建设实施方面主要参照现有专用管线工程的标准。综合管沟、专用管沟的发展需要对相关技术标准专门研究。

变电站、雨水泵站、雨水调蓄池、污水泵站等市政站点均有现行的技术标准，分布在国家标准、行业标准和地方标准各个层次，涉及规划、设计、施工、维护运营等工程各阶段。已颁布的技术标准在市政站点工程建设和管理过程中发挥了很好的作用，它们对节约城市用地、保证城市健康发展起到重要的指导作用。

5. 公共服务设施类工程

公共服务设施类地下空间工程同属房屋建筑行业，其工程特点与建筑行业相似，虽然没有制订专用的技术标准，但建筑行业的技术标准基本包含了地下公共服务设施的内容。

在房屋建筑行业快速发展的今天，尽管相应的技术标准基本涵盖了地下公共服务设施类的特点，但地下公共服务与其他地下空间复合开发时需谨慎使用相应标准，有条件的情况下可进行专门研究。

6. 人防类工程

人防类工程具有独立、明确的主管部门，已经形成了一套相对成熟的标准体系，分布到国家标准、行业标准和地方标准各个层次，涉及规划、设计、施工、维护运营等工程各个阶段。

人防类工程的技术标准基本涵盖了工程建设的实施范围，已颁布的技术标准在人防工程建设和管理过程中发挥了很好的作用。人防类工程技术标准在地下空间的复合开发和地下综合体建设方面需与其他类标准综合考虑。

任务 1.6 地下空间规划

城市地下空间利用规划既是一个古老的事物，又是一个崭新的课题，虽然现代城市地下空间的开发利用已有近 200 年的历史，但对城市地下空间进行全面的规划和设计只是近 30 年内的事情。一般认为，地下空间是城市地面发展的向下延伸，由于城市地下工程建设的长期性、复杂性和不可逆性等特点，城市的地下比地面更需要具有中长期预见的统一规划和合理、有序、安全、高效的开发建设。

从世界范围来看，地下空间利用规划一般是从专项规划入手，逐步形成整体的系统。专项规划中以地铁规划和市政基础设施规划最为突出，其中地铁规划的实施使整个城市的地下空间综合利用成为可能。就全市综合性的地下空间规划而言，世界各国城市仍处在探索阶段。日本、加拿大的一些城市所做的地下空间规划大多是急需开发的局部地区，如日本东京的临海副都心地区、东京新宿地区、横滨市港湾未来 21 世纪地区、名古屋市中心地区、加拿大蒙特利尔中心地区等，规划的类型又大多是地面与地下同时开发的多专业门类的综合性规划和一些单项地下工程设施规划（如地下轨道交通规划、地下人行系统规划、综合管廊规划等）。

在我国，现代意义上的城市地下空间开发利用始于人民防空工程的建设，发展至今，城市地下空间的规划工作历程大致可划分为三个发展阶段：

1. 第一阶段（1949～1977 年），缺乏规划的无序发展阶段

20 世纪 60 年代末全国各地掀起一场"深挖洞、广积粮"的人防建设高潮，是走"边创造、边设计、边建设"的群众路线，缺乏统一规划和技术标准，具有布局不合理，与城市建设脱节等问题。

2. 第二阶段（1978～1996 年），专项规划发展阶段

20 世纪 80 年代开始贯彻平战结合方针，又进一步提出了结合城市建设发展人防工程的思想，人防工程规划被作为专项规划纳入城市规划编制体系。随着城市基础设施的发展，地下空间开发利用类型日渐丰富，供水、排水、供电、燃气、通信等城市各专业工程系统的规划开始编制，城市轨道交通专项规划也开始编制。但当时大量开发城市地下空间尚属新生事物，对这一领域在规划和设计方面存在的问题及对潜在的不利影响缺乏认识，而且各类专项规划相互独立，难以相互协调，整体效益较差。

在这一时期，杭州、深圳等一些城市先行开展了综合开发利用城市地下空间的规划探索。1993 年杭州结合城市总体规划修编在国内率先开始了人防工程建设与地下空间利用规划的编制探索，将城市地下空间开发利用的规划研究成果融入当时的人防工程与城市建设相结合规划；1996 年深圳市政府在组织开展城市行政中心的专项规划设计研究时，历时三年整合国内外的先进理念和专业智慧，编制深圳市中心区城市设计及地下空间综合规划。

3. 第三阶段（1997 年至今），综合性规划发展阶段

进入 20 世纪末，北京、上海、广州、深圳等城市纷纷启动地铁建设项目，城市高层

建筑及基础设施建设突飞猛进，大规模、快速的地下空间开发利用在东部地区已初露端倪，但相应的地下空间规划和规划管理仍明显滞后，大部分城市将地下空间规划等同于人防规划，难以应对更加复杂的地下空间开发利用需求。

1997 年 12 月建设部颁布实施了《城市地下空间开发利用管理规定》，明确提出城市地下空间规划是城市规划的重要组成部分，并要求各级人民政府根据城市发展的需要编制城市地下空间开发利用规划。2006 年 4 月施行的新版《城市规划编制办法》也明确将地下空间规划内容纳入城市规划编制体系。城市地下空间规划编制工作从此步入快速发展阶段，国内大量城市先后编制了不同层次、不同形式的地下空间开发利用规划，积累了丰富的实践经验。

北京、深圳、上海、重庆、杭州、南京等城市率先掀起一轮地下空间规划编制高潮，由于大家对地下空间利用规划的编制尚无统一认识，编制成果各有特色，专项规划、概念规划、发展规划、详细规划、与人防工程结合规划等，种类繁多不尽相同。《城市规划编制办法》实施后，厦门、青岛、武汉、大连、广州、昆明、沈阳、石家庄、兰州等城市又掀起一轮地下空间规划编制高潮，同时结合城市新城开发重点地区编制了大量地下空间概念规划、详细规划和城市设计，快速积累了丰富的规划编制技术经验，规划编制内容和方法不断完善。

但是由于地下空间规划编制规范和标准的缺位，城市地下空间规划在编制深度、技术方法等方面还处于无章可循的探索积累阶段，城市地下空间专项规划编制已相对成熟，城市重点地区地下空间开发利用详细规划编制还需要加强规范和引导。

城市地下空间开发利用的主要内容一般是公益性的城市基础设施，并且往往需要大量的土地联动开发、统一建设，地下空间并非独立于地面空间存在。随着人们对城市地下空间这一资源的认识更加深刻，对城市高效率运转的要求更高，在城市规划中融合地下空间的综合利用将是一个必然的趋势。

课后练习 🔍

资源名称	项目 1　课后练习	项目 1　课后练习答案
资源类型	文档	文档
资源二维码		

项目2

地下工程的常用类型

1. 知识目标

了解城市地下空间利用内容的分类和功能类别，掌握地铁路网及规划、地铁车站类型、地铁区间隧道、地下快速交通分类及规划，熟悉地下停车场、地下储藏室、地下人防工程以及其他地下工程的布置原则。

2. 能力目标

能够有效地应用所学知识，分析地下空间的利用内容和功能类别，具备地下工程常用类型的设计和施工能力。

3. 素质目标

培养学生地下工程设计或施工时交流、沟通的能力；培养学生团队协作精神。

随着城市化进程的迅猛发展，我国城市人口急剧增加，城市范围日益扩大。但是，由于城市用地增长率远远低于城市人口增长率，城市地面空间尤其是城市商业中心区日益陷入拥挤局面。在单靠地面已经无法解决问题的情况下，人们对土地的利用由地表平面逐渐扩及空中及地下。

城市地下空间的利用形式主要有地下交通设施（包括地铁、地下公路、地下人行步道、地下停车场）、地下管线、地下商业服务设施、地下储藏室及地下人防设施等。地下建筑具有良好的密闭性、稳定的温度环境和较强的防灾减灾功能。地下空间的利用节约了城市用地，改善了城市交通，减轻了城市污染。城市地下空间的开发为城市规模的扩展提供了十分丰富的空间资源，是城市可持续发展的必然途径。

从 20 世纪 80 年代中期开始，随着国民经济的发展和城市化进程的加快，城市地下空间利用开始成为我国大型、特大型城市建设和改造重要的、不可缺少的组成部分。现在，地下交通网、地下商业设施、城市地下基础设施在我国的一些城市中已经具有一定规模。目前人类已经开发的地下设施种类繁多，为了更好地了解各种地下设施，有必要按照一定的标准对其进行分类，可按照有人和无人划分为有人空间和无人空间，具体分类见表 2-1。一般而言，有人空间由于人的存在，从安全、舒适等角度出发，地下空间的开发深度不宜过深，而无人空间理论上开发深度可以不加限制。

城市地下空间利用内容的分类　　　　　　表 2-1

有人空间	无人空间			
城市生活设施	基础设施	生产设施	储存设施	防灾设施
住宅、地下室、学校、医院、商店街、办公室、文化设施、停车场、仓库	给水排水管道；煤气、电力、交通设施	发电厂、生产工厂	能源、粮食、水、废弃物	避难设施、防洪设施、储备设施

除了上述的分类，按照一般设施的分类方法还可以将地下设施按照功能特点进行归类，将功能相近的设施归为一类，以便更好地指导地下空间的开发。具体而言，可以归为地下交通设施、地下公共服务设施、市政基础设施、生产储存设施及防灾设施，见表 2-2。

城市地下空间利用的功能类别　　　　　　表 2-2

地下交通设施	地下公共服务设施	市政基础设施	生产储存设施	防灾设施
地铁、地下道路、地下步道、地下停车场、地下物流	地下商业设施、地下文化娱乐体育设施	市政管线、市政干线、综合管沟、地下变电站	地下工厂、仓库、地下污水处理、地下垃圾处理	指挥所、人防工程、医疗设施

地铁建设带动了城市地下空间资源的大规模开发利用。地下轨道交通既是一种快速、准点、安全、舒适、大运输量的城市客运交通工具，也是节约用地、减少污染、立体分流、综合高效解决"城市病"的最有效途径之一。结合地下交通换乘枢纽开发的地下商业街、地下综合体，充分发挥了地下交通网的使用效率，使城市地面、地下建构的各种系统之间建立了快速、便利、安全的立体换乘，同时也通过聚集的人流促进了零售业的发展。

电力、煤气、天然气等地下物质流通网日渐完善，实现了高效运输和流通，从而有效地减少了地上环境及浅层地下空间的负荷，提高了这些城市基础设施的抗灾性能。地下人防设施充分利用了地下空间资源的防护潜能，提高了城市综合防灾抗灾的能力。随着各种城市地下公共设施和人防工程设施的大量兴建，在规划设计、建设施工技术、维护管理、相关机械、设备、电气、控制、材料等方面都取得了新进展。

任务 2.1 地铁

2.1
地下铁道
的概念

在大城市中，主要在地下修筑隧道、铺设轨道，以电动快速列车运送大量乘客的公共交通体系，故称地下轨道交通，也称为地下铁道，简称地铁（Metro/Subway/Tube）。在城市郊区，人员车辆较少的地方，地铁线路常可延伸至地面或高架桥上，一般称之为轻轨（Light Rail Transit，LRT）。地铁运输几乎不占街道面积，不干扰地面交通。

1863 年 1 月 10 日，世界上第一条地铁用明挖法施工在伦敦建成通车，列车用蒸汽机牵引，线路长约 6.4km；伦敦的第二条地铁于 1890 年建成，采用了盾构法施工，列车由电力机车牵引。到 20 世纪上半叶，已有伦敦、纽约、芝加哥、布达佩斯、格拉斯哥、波士顿、维也纳、巴黎、柏林、东京、莫斯科等城市建成了地铁（轻轨）。

我国于 1965 年 7 月在北京开始修建第一条地铁。上海第一条开通运营的地铁线路是上海地铁 1 号线，南段于 1993 年正式运营。香港地铁始建于 1982 年。全国已有 29 个城市获得轨道交通的建设批复，截至 2020 年线路规划总里程将达 6100km，所需车辆将超过 3 万辆。可见，在我国城市发展地铁及轻轨交通的前景是广阔的。

2.1.1 地铁路网及规划

地铁是城市建设的重要组成部分，其线路网规划应满足城市交通及城市远景发展的要求，因此，地铁线路网规划在城市建设中是一项全局性、综合性很强的工作，应该将地铁线路网的规划，纳入城市发展总体规划之中。

规划内容主要包括：修建地铁的必要性与依据；线路网的规模、走向、形式的确定；车站的间距、类型和埋深；路网中各条线路的设计要求。

1. 地铁线路网规划

地铁线路网规划是应该根据城市结构特点、人口流动状态、城市交通现状和发展前景、社会经济条件等因素来因地制宜地进行路网的整体规划，然后在此基础上，分阶段进行路网中各条线路的设计。根据以往的经验，路网规划应遵循以下三个主要原则：

（1）地铁线路网的基本走向必须满足城市交通需要，应该充分利用城市已有的道路网。因此，路网应贯穿城市中心和城市人口密集区域、城市的重大枢纽，这样有利于人口集散，也有利于解决地上、地下旅客换乘，车站一般以 750m 为吸引半径。地铁两平行网线间距离，在市区一般以 1400m 左右为宜，同时需考虑街道布局；除特殊情况外，两线间距离最好不小于 800m，且不大于 1600m。

（2）必须考虑城市远景发展的要求，考虑城区改造和郊区发展的需要。

（3）选线应从地区财政、技术水平及施工能力的实际出发，要充分研究和注意施工中可能遇到的困难，考虑到与城市其他地下建筑和管线布置的关系。

2. 地铁路网的基本形式

地铁路网的基本形式有单线单环式、放射式、蛛网式、棋盘式。每一条地铁线路都是由区间隧道（地面上为地面线路或高架线路）、车站及附属建筑物组成。每一种路网模式都有其适应的环境条件。

2.2 地铁线路简介

（1）单线单环式

单线单环式用于城市人口不多，对运输量要求不高的中小城市。单环式路网将线路封闭成环，可以减少机车折返。单线式路网不能疏散和吸引人流，当客流量较大时，容易造成线路运输能力不足。

2.3 地铁车站简介

（2）放射式和蛛网式

放射式又称辐射式，是将单线式地铁网汇集成一个或多个中心，通过换乘站从一条线换乘到另一条线。放射状线路网的缺点是线路之间换乘不方便，增加了中心换乘站的运输量。为了解决这一问题，在放射式路网基础上建设一些环线，就形成了蛛网式路网。

2.4 地铁轨道结构

（3）棋盘式

棋盘式由数条纵横交错布置的线路网组成，大多与城市道路走向相吻合。此路网的特点是客流量分散，增加换乘次数，车站设备复杂。

2.5 地铁车辆简介

2.1.2 地铁车站类型

地铁车站是供乘客上下车和换乘、候车的场所，一般包括供乘客使用、运营管理、技术设备和生活辅助四大部分。供乘客使用的部分主要有地面出入口和站厅、地下中间站厅和售票厅、检票处、站台和隧道、楼梯和自动扶梯等。

地铁车站设计，应保证乘客使用安全、方便并具有良好的内部和外部环境条件。其总体设计应妥善处理与城市规划、城市其他交通、地面建筑、地下管线、地下构筑物之间的关系；车站的形式、规模、建筑装修标准，应根据预测的长远客流量大小，所处位置的重要性以及长远发展规划等因素来确定，车站建筑设计原则上应力求简洁、明快、大方、易于识别，体现现代交通建筑特点。地铁车站设计中，还应充分利用地下、地上空间，实行综合开发，也必须考虑到车场的防灾、抗灾等方面的要求。

地铁车站位置通常应设在客流量大的地方，如商业中心、地面交通枢纽等，以便能最大限度地吸引客流和方便乘客。为了方便乘客换乘，地铁不同线路的交汇处设置车站是必要的。站间距离应根据具体情况确定，站间距离太短会降低运营效率、增大耗能和配车数量，增加工程投资；站间距离太大对乘客不方便，增大车站负荷。因此，市区、人口稠密、人流集散点多的区域，车站设置应该密些，站间距离短些；郊区、建筑稀疏、人流集散点少的区域，站间距离可以大一些。我国已有地铁线路，站间距离市区多为 1km 左右，郊区不大于 2km。

按照运营性质的不同，车站类型可分为终始站、中间站、区间站和换乘站等。终始站位于线路的两侧，往往设在郊外，设有线路折返设备，机车车辆可以在此往返，并可作为列车停留、检修用。中间站是供乘客中途上下车用，中间站的通行能力决定着整个线路的最大通过能力。在一条线路上客流量分布是不均匀的，在客流量最集中的线路两端的车站设置折返线，在客流量高峰区段内增开区间列车，故称区间站。换乘站是位于地铁不同线路交叉点的车站，除供乘客上下车之外，还可由此站经楼梯、地道等通道去其他站层，换乘另一线路的列车。

站台是地铁车站最主要部分，是分散上下车人流、供乘客乘降的场地。世界各地车站站台断面类型各异，但站台形式按其与正线之间的位置关系可分为岛式站台、侧式站台和岛侧混合式站台。

1. 岛式站台

岛式站台适用于规模较大的车站，如始终站、换乘站，这种方式上下行车线共用一个站台，可起到分配和调节客流的作用，对于乘客需要中途折返比较方便，我国地铁车站多采用岛式站台，如北京、上海地铁。其他国家的一些城市，如东京、莫斯科、首尔等采用岛式站台的车站也很多。

2. 侧式站台

侧式站台适用于规模较小的车站，如中间站，不同方向的两条正线，分别使用各自的站台，上、下行的乘客可避免互相干扰。我国天津、法国巴黎、英国伦敦等城市采用侧式站台。

3. 岛侧混合式站台

岛侧混合式站台多用于比较复杂的车站，如大型换乘站，一般可为一岛一侧、一岛两侧，岛式与侧式站台之间应该以天桥或地道相互连通。

站台的尺寸设计包括站台的长度、宽度和高度，这需要和本站的客流量、位置及功能相协调，而且要为一定时期内的发展留有足够的余地，站台的长度是站台设计、布置中最主要的因素。

站厅是地铁车站用于售票、检票、布置部分设备房间的场所，其布置方式与售票、检票方式有关，应使付费区与非付费区有明显的交界处，形成不同的功能分区。站厅布置形式一般可分为分离式、贯通式、分区式站厅，站厅也有与地下商业街连通在一起布置的，宽敞的站厅实际上成为多功能的地下人行过街通道。

地铁车站出入口的主要作用在于吸引和疏散客流，它与所服务的半径范围内的居民人口数量有密切关系，因此，要在对居民出行方式调查的基础上，确定有可能使用地铁的人口比例。车站出入口的位置，最好选择在沿线主要街道的交叉路口或广场附近，尽量扩大服务半径，方便乘客，一个车站其出入口的数量，要视客运需要与疏散的要求而定，最低不得少于 2 个，且在街道两侧均应设有车站出入口，车站如位于街道的十字交叉口处客流量较大的情况下，出入口数量以 4 个为宜，布置在交叉点的四角，这样利于乘客从不同方向进出地铁。

2.1.3 地铁区间隧道

地铁区间隧道是地铁列车运行的空间，属于地铁交通系统中的动态交通部分。因为人在列车中不与地铁区间隧道直接接触，地铁区间隧道的功能要求单一，所以，地铁区间隧道内主要是列车运行及安全检查用的各类设施，如轨道、通信及信号用电缆、排水沟以及照明、通风设备等，情况不像地铁车站那样复杂。关键点在于隧道断面的集合形状、大小和各类设备配置的确定。

地铁区间隧道一般在道路下方，其竖向纵剖面一般不是水平的，而应是车站处高一些，中间部位相对低一些，这种设计方法是出于节能的要求，车站处高，在列车出站时，因为是下坡，易于加速，而当列车进站时，因是上坡而易于制动。

区间隧道断面的大小和地铁的限界有关。限界是确定地下铁道与行车有关的构筑物净空大小和各种设备相互位置的依据，限界应根据车辆的轮廓尺寸和性能、线路特性、设备安装以及施工方法等因素，经技术经济比较综合分析确定。地铁的限界分为车辆限界、设备限界、建筑限界。受流器限界是车辆限界的组成部分，接触轨限界属于设备限界的辅助限界。我国《地铁设计规范》GB 50157—2013 对制定建筑限界的原则作了详细的规定，设计制定限界时，必须按照车辆的基本参数表以及限界基本参数的规定制定。

2.1.4　地下快速交通

城市发展，经济活跃，都对快速交通容量有不同程度的需求。当地面空间拥挤难以发展新的动态交通用地，地面道路交叉口太多影响交通，城市位于某些地形复杂区域（如山地）时，尤其当城市环境质量（空气有毒成分指标、噪声指标）要求已限制了发展地面、高架交通体系时，为了保证城市交通的正常和对城市发展的促进，就需建造地下快速交通（Underground Fast Transportation）。地下快速交通主要是指城市中的地下公路，地下快速公路有以下几个优点：①改善相邻的环境；②有利于公路景观的保护；③实现快速公路地下空间的多功能用途（利用街道与快速公路之间的地下空间修建停车场和其他公共设施）。

1. 地下快速交通分类

就地下快速公路交通的发展而言，目前主要有越江（海）公路隧道、地下立交公路和半地下公路三种类型。

（1）越海公路隧道在日本、挪威等国家已经很普遍，然而规模最大、意义最深远的是1994 年开通使用的英吉利海峡隧道，由三条长 51km 的平行隧道组成，总长度153km，大大提高了英法两岸间的交通容量和效率。当城市中有较大的江河贯穿时，越江隧道是城市地下交通体系的重要组成部分。

（2）当公路与铁路相交，或两条公路交叉而又都具有快速、大容量交通特点时，以及当其他任意不同的交通方式交叉而需避免平交（如机动车道与非机动车道、非机动车道与铁路等）时，都可考虑通过使用地下立交公路来解决问题。

（3）半地下公路的结构形式有堑壕构造和 U 形挡墙构造两种，它的最主要特点是：①有利于减少噪声和排放废气；②能得到充足的日照和上部的开敞空间；③在绿化带等自然气息较足的地区，能与周围环境较好的和谐共存；④缺点主要是不易排水、除雪；⑤造价介于全地下公路和地面公路之间。

2. 城市地下快速交通规划

城市地下公路交通规划的主要步骤有：

（1）具有城市地面、上部、地下空间立体三维有机开发的意识，对城市快速交通网络和城市现状进行全面分析，优化原有城市交通网络体系，找出其中较适宜或只能利用的地下空间部分。

（2）对上述初步选定的地下公路段的工程地质、水文地质条件，地下空间利用现状（地下管线等各类地下埋设、构筑物、建筑物）等制约条件进行研究，排除受客观条件制约而无法实施地下公路建设的部分。

（3）对选定路段的经济可行性进行研究，估算投资规模、投资效益、资金来源等。

（4）进一步考察国家和城市对当地建设的政策、方针及民风民俗等，使初步制定的城市地下快速交通规划与之适应。

（5）协调建设、交通运输部门等的意见，进一步优化方案，组织实施计划。

在规划中，还需注意以下几个重要的问题：①原则上不宜广泛推广地下快速公路；②尽量缩短地下公路的长度和埋深；③与城市地面、上部空间的交通体系以及各种交通方式之间均应保持良好的协调关系，以"高效实用"为原则；④建设城市中越江交通设施时，应综合考虑桥梁和隧道的建设优缺点，慎重选择；⑤其他重要问题，如地下隧道中的防灾问题（包括事故发生后的事后处理）、通风问题、地下公路通过区域的土地所有（使用）权问题、地下公路在城市中心区的出口滞留问题以及驾驶员在地下公路中出现不适感的解决方法等。

任务 2.2　地下停车场

2.6 地下停车场形式

地下停车场（Underground Parking）是指建筑在地下用来停放各种大小机动车辆的建筑物，也称地下（停）车库，在国外一般称为停车场（Parking）。有时地下停车场也提供低级保养和重点小修业务服务。目前，大规模地下空间的开发均有停车场的规划，主要原因是城市汽车总量在不断增加，而相应的停车场不足、城市汽车"行车难，停车难"的现象已经十分普遍。因此，充分利用地下空间建设停车场，对于缓解城市道路拥挤具有重要的作用。

地下停车场出现在第二次世界大战之后，当时是为满足战争的防护及战备物资储存、运送而出现的，主要矛盾并非停车难。20世纪50年代后，世界经济快速发展，汽车数量逐渐增多，欧美国家开始建造地下停车场，以解决城市停车难的问题。

早期，欧美的几个大城市所建的都是些大型地下停车场，容量都在100辆左右。最大的为美国芝加哥格兰特公园的地下停车场（2359个车位），大型车库多位于中心城区的广场或公园地下，规模大、利用率高、服务设施比较齐全。对在保留中心城区开敞空间条件下解决停车问题起到积极作用。

日本由于土地紧张，难于建造规模大的停车场，因此，在20世纪60年代发展起的地下停车场容量多在400辆以下。在当时建造的94座地下停车场中，东京西巢鸭地下停车

场容量为 1650 辆。日本大阪利用一段旧河道（长 1100m）修建的公路地下停车场，共 3
个车场，总容量为 750 辆，回填后工程挖方与填方基本平衡，停车场上面修筑了一条双车
线的道路，同时开辟了露天停车场。

我国地面上的车库很少，目前仅有少量地下停车库附建于高层建筑。根据我国城市的
现状和发展前景，没有条件也没有必要大量建造多层停车库，应直接进入发展地下停车库
的阶段。当地下停车设施已发展到相当大的规模，与地下和地面下的动态交通系统建立了
有机联系，可以形成一个完整的地下停车设施。

地下停车场的特点有：造价高，工期长；地下停车场容量大，基本不占用城市土地，
使城市能留出更多的开敞空间用于绿化和美化，提高城市环境质量；地下空间在防护上的
优越性，使国家把大容量的地下停车库与人防设施结合起来。

2.2.1 地下停车场的规划

地下停车场规划应纳入整个城市的规划中，应结合城市的现状及发展，与不同等级的
城市道路相配合，满足不同规模的停车需要，以便对城市中心区的交通起到调节和控制
作用。

1. 规划编制的步骤

（1）城市现状调查，包括城市的性质、人口、道路分布等级、交通流量、地上地下建
筑分布的性质、地下设备设施等多种状况。

（2）城市土地的使用及开发状况、土地使用性质；价格、政策及使用情况。

（3）机动车发展预测；机动车的发展与道路现状及发展的关系。

（4）城市原有停车场和车库状况，预测方案。

（5）编制停车场的规划方案，方案筛选制定。

2. 规划编制的注意事项

（1）要与停车位计划相配合。车位计划就是土地利用规划和交通规划，不仅计算停车
位的需求，还要考虑停车场设施的配置。

（2）综合考虑各种因素。城市公共停车场，要考虑该地区的停车需求和已有民间、专
用停车场的设置和分布状况等；还要充分预测周围土地的利用状况。

（3）从经济性和土地的充分利用出发，可适当采用机械式停车设施。这也是目前城市
规划停车场的发展方向之一。

3. 地下停车场的选点要求

（1）地下停车场的规划设计应在城市建设和人防工程总体规划的指导下进行，宜选在
水文工程地质条件好、道路畅通的位置。

（2）寒冷地区停车库门应避免朝北或正对冬季主导风向；门口应有足够的露天场地作
为停车、调车、洗车等用；当车库位于岩层中，岩层厚度、岩性、走向、边坡及洪水位等
应予考虑。

（3）车场车辆进出频繁，是消防重点之一，且有一定噪声，须按现行防火规范设一定
的消防距离和卫生间距，出口不宜靠近医院、学校、住宅建筑。

（4）与地下街、地铁车站等大型地下设施相结合。

（5）专业车库、有特殊要求的车库应考虑其特殊性车库要考虑三防要求，人车疏散、出入口数量和位置、服务用房及设施、消防给水要符合《车库建筑设计规范》JGJ 100—2015。

（6）地下停车场一般应做到平时和战时均能使用，地下车库选点应与人防工程结合，应设两个出入口（存放量少于25辆的停车库可设一个出入口）。

2.2.2　地下停车场分类及特点

地下停车场分类，见表2-3。

地下停车场的分类　　　　　　　　　　　　表2-3

按建筑形式	按使用方式	按运输方式	按地质条件
单建式	公共停车场	坡道式	土层中地下车库
附建式	专用停车场	机械式	岩层中地下车库

地下停车场按建筑形式可分为单建式停车场和附建式停车场。单建式停车场一般建于城市广场、公园、道路、绿地或空地之下，主要特点是不论规模大小，对地面上的城市空间和建筑物基本没有影响，除少量出入口和通风口外，顶部覆土后可以为城市保留开敞空间。附建式停车场是利用地面高层建筑及其裙房的地下室布置的地下专用停车场。这种类型的地下停车场，使用方便、节省用地、规模适中，但设计中要选择合适的柱网，以满足地下停车和地面建筑使用功能的要求。

地下停车场按使用性质可分为公共停车场和专用停车场。公共停车场是供车辆暂时停放的场所，具有公共使用性质的一种市政服务设施。专用停车场以停放载重车为主，还包括其他特殊用途的车辆，如消防车、急救车等。

地下停车场按照车辆在车场内的运输方式可分为坡道式（又称自走式）停车场和机械式停车场。坡道式停车场是利用坡道出入车辆，优点就是造价低，运行成本也低，可以保证必要的进出车速度，且不受机电设备运行状态影响。目前所建的地下停车场多为这种类型。其缺点是用于交通运输使用面积与整个停车场面积之比接近于0.9∶1，使用面积的有效利用率大大低于机械式停车场，并增加了通风量和相关管理人员。机械式停车场是利用机械设备对汽车的出入进行垂直自动运输，取消了坡道，使停车场内使用效率增加，通风和消防也变得容易和安全，还减少了相应的管理人员。其缺点就是一次性投资很大，运营费高，进出车的时间也比较长。

地下停车场按所处地质条件分为土层地下停车场和岩层地下停车场。岩层地下停车场布置比较灵活，一般不需要垂直运输，地形、地质条件有利时，规模几乎不受限制，对地面及地下其他工程几乎没有影响，节省用地效果明显。

2.2.3　地下停车场设计

地下停车库大体由：停车间、通道、坡道或机械提升间、调车场地、洗车设备等组成。每种设施的数目根据实际情况确定，辅助设施与停车间要分开安排，尽量少影响停车场作业。

停车场的平面布置：主要是进行停放汽车的停车室、各种动线及各项设施的布置与规划。按使用要求，一般地下停车场平面布置的内容分为通风设备区、车库区和办公区。地下停车场平面布置可按下列原则考虑：地下公共车库的使用面积按每辆车平均 $20\sim40\mathrm{m}^2$ 估算；辅助设备面积可按停车间的 $10\%\sim25\%$ 估算；停车间在总建筑面积中所占比例应达到一定值，对于专用车库占 $65\%\sim75\%$ 为宜，对于公共车库占 $75\%\sim85\%$ 为宜。

停车场类型确定后，停车间及通道坡道设计的最主要依据是所选定的基本车型。一个停车库不可能服务太多种车型，否则，会影响车库建筑面积和空间使用率，运行也不易管理。因此，在设计时，一般要选定一种用于本车库的标准车型，且该车型在尺寸和性能上具有一定代表性。

车辆的存放方式主要指车辆停放后，车的纵轴线与建筑轴线所成的角度：目前，国内外停车库较普遍地采用倒进顺出的 $90°$ 直角停车方式。

出入口的数量和位置应满足《人民防空工程设计规范》GB 50225—2005 和《车库建筑设计规范》JGJ 100—2015 等有关要求。地下车库出入口设计，必须贯彻"以人为本"的理念，以优化空间环境、创造美好居住环境、提高人们生活质量为目标。出入口位置要明显，进出车方便、安全，不应设在宽度小于 6m 或坡度大于 10% 的道路上，且不宜设在交通量很大的公路旁，入口外应设有明显的标志牌。除小型地下车库外，其他地下车库出入口应将进口与出口分开设置，并与地面车辆行驶方向一致。

地下停车场结构形式主要有两种，即矩形结构和拱形结构。矩形结构又分为梁板结构、无梁楼盖结构、幕式楼盖结构，侧墙通常为钢筋混凝土墙，大多为浅埋，适合地下连续墙、大开挖建筑等施工方法。拱形结构又分单跨、多跨、幕式及抛物线拱、预制拱板等多种类型，特点是占用空间大、节省材料、施工开挖土方量大、适合浅埋，但是相对矩形结构来说，使用不够广泛。

停车间的柱网尺寸受两方面影响：一是停车技术要求，二是结构设计要求。综合分析柱网尺寸的影响因素进而确定一个最经济合理的布置方案，是车库设计的主要内容之一。一般以停放一辆车平均需要的建筑面积作为衡量柱网是否合理的综合指标。柱网由跨度和柱距两个方向上的尺寸组成，柱距尺寸取决于两柱之间所停放的车型尺寸和车辆数目以及必要的安全距离，两柱间可停 $1\sim3$ 辆车。跨度指车位所在跨度（简称车位跨）和行车通道所在跨度（简称通道跨），这两个跨度的尺寸不宜统一。

坡道是地下停车场与地面或层间连接的通道。一般分为斜道坡道和螺旋坡道两种。车道坡度一般都规定在 17% 以下，特殊情况下可适当加大。斜道坡道在与出入口直接相连时，应尽可能采取缓坡。为了行驶平缓，最好在斜道两端 3.6m 范围内设置缓和曲线。螺旋坡道平面面积小、布置灵活，得到广泛应用。

2.2.4　地下停车场的辅助设施、交通安全以及防火

地下停车场的辅助设施包括洗车设施、修理设施、充电间、加油设施、口部建筑物。如果主要坡道出入口位于周围建筑物倒塌范围内，则出入口部位以上应做成框架结构，以承受冲击波及倒塌荷载。明堑式的坡道可不做口部建筑物，但要做好排水和防水。

地下车库内车辆人员往来频繁，存在一定的交通安全隐患，应采取措施防止交通事故的发生。例如，设立引导或制止车辆入库的明显文字或箭头标志以及门内外互相联系的通信设备等。

地下停车场防火问题非常重要，良好的防火措施是为了防止和减少火灾对汽车库、停车场的危害，以保障人员和财产的安全。

任务 2.3 地下储藏室

地下储藏室（Underground Storage Cavern）是修建在地下的储物建筑物，作为短期或长期存放生活资料与生产资料用，即地下储库（或地下仓库）。地下环境对于许多物质储存有突出的优越性，具有防空、防爆、抗震、防辐射等防护性能以及热稳定性、密闭性等特点，地下仓库具有良好的隔热保温、储品不易变质、能耗小、维修和运营费用低、节省材料、占地面积小和库内发生事故时对地面波及较小、储存成本低、质量高、经济效益显著、节省地面仓库用地，运输距离短等突出优点，这是建造各种地下仓库十分有利的条件。联合国自然资源委员会第八届会议通过的决议中指出，地下空间，特别是储存水、燃料、食物和其他的物品以及在供水、污水处理和节能方面的潜力应予以足够重视。但是，其初期投资大、工期长，因此，拟建造地下仓库应与建造地面仓库进行技术经济比较后确定。尤其地下粮库对防火、防水、温度、湿度，避免发芽、霉变和色香味的恶化以及防虫蛀和鼠害等要求高，给消防带来了极大的挑战。尽管如此，近年来，随着人口的增长，土地资源相对减少，环境、能源等问题的日益突出，地下仓库还是发展很快，其数量约占整个地下空间利用率的 40% 以上。

20 世纪 60 年代以前，地下储库一般仅用于军用物资与装备的储存、石油及石油制品的储存，类型不多。但是在近几十年，新类型不断增加，使用范围迅速扩大，涉及人类生产和生活的许多重要方面。

地下储库之所以得到迅速而广泛的发展，除社会、经济因素，如军备竞赛、能源危机、环境污染、粮食短缺、水源不足、城市现代化等的刺激作用外，地下环境比较容易满足所储物品要求的各种特殊条件，如恒温、恒湿、耐高温、耐高压、防火、防爆、防泄漏等。与在地面上建造同类储库相比，只要具备一定的条件，地下储库往往表现出明显的开发优势和较高的综合效益。

地下储库的布置，应根据其用途、城市的规模和性质以及工业区的布置，与交通运输系统密切结合，以接近货运多、供应量大的地区为原则，合理组织货区，提高车辆的利用率，减少车辆的空驶里程，更好为生产、生活服务。

2.3.1 地下水库

世界上有不少国家和地区面临着水资源短缺问题。然而，每年却有大量的雨洪径流泄入海洋。季风气候地区，降水只集中在短短的几个月里，大量的淡水没有得到有效利用。

调蓄水资源是解决这些矛盾的重要途径之一。除了利用江河湖泊等天然地表水体外，世界各国愈来愈多地通过修建水库调蓄水资源。目前地表水库发挥了重要作用，并带了巨大的经济利益，但也有不少问题，例如，库区泥沙淤积降低了水库的调蓄能力，甚至导致洪灾加剧；水库蒸发损失造成水资源的巨大浪费；库区移民造成了沉重的社会经济负担等。基于以上原因，发达国家正在放弃修建地表水库，甚至考虑拆除一些已建水库，转而利用地下水调蓄水资源。地下水库将水蓄存在地下岩土的空隙中，造价也远远低于同等规模的地表水库。

地下水库蓄水于土壤或岩石的孔隙、裂隙或溶洞中，用水时，再把水取出。国外又叫"含水层人工补给"或"含水层储存与回采"。地下储水的方式有如下四种：

1. 把水灌注在为固结的岩土层和多孔隙的冲积物中，包括河床堆积、冲积扇及其他适合的蓄水层等。

2. 把水灌注于已固结的岩土层中，如能透水的石灰岩或砂岩蓄水层中。

3. 把水灌注于结晶质的岩体中。

4. 把水储存于人工岩石洞穴或蓄水池里。

瑞典、荷兰、德国、澳大利亚、日本、伊朗等国都在实施地下水人工补给，以解决国内水资源短缺问题。美国正在实施"含水层储存回采'ASR'工程计划"，到 2002 年 7 月，正在运行的"ASR"系统共有 56 个，建成的系统则有 100 个以上。我国已实施了地下水库调蓄工程，如北京西郊、山东龙口、大连旅顺等地都已经修建了地下水库。

2.3.2 地下食物库

本节主要介绍地下食物库中的地下粮库和地下冷库。

1. 地下粮库

地下粮库的主要任务是尽可能长时间和尽可能多地储存粮食，保证战时粮食供应并兼顾平时的使用。

地下粮库有大型的战略储备库，长期储存，不周转，一般建于山区岩石中；也有中小型的周转库，建于城市地下。

粮食储存的基本条件：具有可靠的防火洞室和设施；保证在储存期间保持规定的温度、湿度，防止霉烂发芽；具备良好的密封性与保鲜功能，既不发生虫、鼠害，又能保持一定新鲜度，便于检测。地下环境为储存粮食提供了非常有利的条件。

地下粮库具有存粮多、存期长、节省人力、减少损耗，粮情稳定等特点，保鲜程度和营养价值都高于相同存期的地上粮库的存粮。地下储粮的优点：储粮品质好、稳定性强；虫霉繁殖少、损耗降低；管理方便、不必翻仓。不足之处在于一次性投资较高和缺乏对其内部环境参数的检测手段。

地下粮库的布置应力争做到：合理的平面布置，以提高储粮面积的比例和粮仓储粮的效率；储粮要求的温湿度条件；运输方便及良好的单个粮仓设计。为了加大粮仓面积和充分利用空间，粮仓的顶部一般采用跨折板结构。

地下粮库的组成主要部分为粮仓，其他有运输通道、运输设备及少量管理用房、风机房等；大型的粮库可能还有米、面加工车间，有的还建有少量的食油库或冷藏库。

2. 地下冷库

地下冷库是建在地下用于在低温条件下储存物品的仓库，也称为地下藏库。主要存放食品、药品、生物制品等。地下冷库按照所要求的温度条件的不同，有"高温"冷库和"低温"冷库之分。"高温"冷库主要用于蔬菜、水果等的保鲜，库内温度为0℃左右。"低温"冷库则用于储存各种易腐烂变质的食品，如肉类、鱼类、蛋类等。地下冷库可建在岩石或土中，有单建和附建式冷库。

地下冷库具有如下优点：密闭性能好、温度稳定、节约材料、降低投资、能源消耗小、节省维修和运营费用，防护能力强、利于备战，还可以节约土地，保护环境。因此地下冷库得到世界各国的重视。挪威特隆赫姆城郊的一座地下冷冻库，库内温度维持在−20～−10℃。据统计，截至2008年，全球总体冷藏库容量大约是2.4777亿 m^3。但是，地下冷库也有一定的局限性，表现在：地下冷库的选址常常受到地理和地形条件的限制；地下冷库需要较长的预冷期，在这期间的能耗较大；如果建筑布置不合理，围护结构散冷面积过大，运行能耗并不一定比地面冷库小。

地下冷库的原理是利用一般制冷装置冷却洞内的空气，然后四周岩心中的热量传递给空气，紧靠洞室的岩石首先被冷却，以后逐渐深入扩展到岩石内部，在洞室周围岩体中形成一定范围的低温区，积蓄巨大的冷量，并维持洞室内稳定的低温。地下冷库可以少用或不用隔热材料，温度调节系统也较地面冷库简单，运营费用比地面冷库低得多。

地下冷库是埋置在地表以下一定深度的岩土体中，形成相对稳定温度场的一种建筑工程。位置选择非常重要，会影响到地下冷库的能耗大小和稳定性。地下冷库的位置选择要考虑岩层的性状、地质构造和地下水情况。地下水在地下冷库中危害性极大，会降低冷库围岩的稳定性，产生冻胀作用，增加运行费用并影响使用效果。

地下冷库的设计原则是：①确定地下部分规模、技术要求、冷藏物品的种类；②按照制冷工艺要求进行布局，把制冷工艺与功能结合起来；③高度6～7m为宜，洞口宽度不宜大于7m。

2.3.3　地下能源库

当今世界上使用的能源主要是石油、煤炭和天然气等，随着资源的消耗，地球上储备的能源越来越少，因此很多国家为储能做了大量研究，取得了丰富的经验。可按储存的能源分为地下油库和地下气库，地下空间对于能源的开发和利用，潜力巨大，是一个很有发展前途的领域。

气体液化后，体积大为缩小，有利于储存。把液体燃料储备在地下，具有容量大、损失少、安全和经济的特点，因此在各类地下仓库中，液体燃料库始终占有较大比重。

液体燃料与储存有关的特性有相对密度、黏度、温度、压力、易燃性、可燃性、挥发性等。如液体燃料的相对密度都小于1，因此遇水时总是浮在水的上部，不相混合，这一特点可利用于在稳定地下水位以下，靠水和液体的压力差来储存液体燃料，而且不会造成损失。液体燃料在一定温度和压力下可变成气体而挥发。挥发量随温度升高而增加。挥发的气体会造成储存的损耗以及空气污染，因此在储存液体燃料时，提高容器的保温和密闭性能对于减少挥发和减轻污染是很重要的。

在布置地下燃料库库时需要考虑：

1. 满足储能工艺和运输要求。

2. 保证必要的防火防爆距离。

3. 满足防护和隐蔽要求。

地下油库和气库的库存方式有：岩石中金属罐油库、地下水封石洞油库、软土水封油库；地下气库以及枯竭气层储气、地下含水层储气、地下洞穴储气等方式。

2.3.4　地下油库

地下油库是指用以储存油料的专用设备，应按油料的特异性，选用相对应的地下油库进行储藏。

燃油制品主要有航空煤油、航空汽油、车用汽油、柴油、煤油等，称为燃料油或轻油。一般在储存燃料油的同时，要求按 5%～8% 的比例储存一定数量的润滑油，称为重油或黏油，这些燃料不仅是常规能源的主要组成部分，还是重要的战略物资。

地下油库的主要作用有：

1. 生产基地用于集结或中转油料。

2. 供销部门用于平衡消费流通领域。

3. 企业部门用于保证生产。

4. 国家战略储备。

地下油库可分为以下几种类型：

1. 开凿洞室储库，如岩石中金属罐油库、地下水封石洞油库、地下岩盐洞式油库和软土水封油库等。

2. 岩盐溶淋洞室油库。

3. 废旧矿坑油库。

4. 其他油库，包括冻土库、海底油库等。

目前，地下油库多以开挖法形成地下空间进行储藏，即多以开凿洞室储库为主。

岩石中金属罐油库须按功能进行明确分区，油库规划方案中，应有铁路或公路通过库区，必要时库区应备有铁路专用线。行政区、生活区应布置在作业区的上风向处，各区之间力争联系方便。油库的地下储油区由岩石中的洞罐、操作间、通道、风机房等组成。洞罐有立式和卧式之分。立式罐体为圆柱形，顶为半球形或割球形。卧式罐又分离壁和贴壁两种。

地下水封石洞油库是利用油比水轻，油、水不相混合的特性，在稳定的地下水位以下完整坚硬岩石中开挖洞罐。不衬砌而直接储油，依靠岩石的承载力和地下水的压力将油品封存在洞罐中。水封石洞油库的容量大、造价低、节省建筑材料、不用金属油罐、防护能力强、污染程度低，不仅比地面钢罐油库有突出的优点，而且与地下钢罐库比较，也要节约投资、节省钢材和木材。它的原理如下：

1. 当储藏在基岩洞室内的原油液压和气压小于地下水的水压时，原油就不会泄露到洞室外。

2. 将渗透到洞室内的地下水适当排出，保持洞室内一定量的地下水流，可以维持一定的原油存储量。

3. 可以人工补给地下水，只需调节水封就能够长期安全、定量地储藏原油。

根据水封原油库原理，建造地下水封石洞油库必须具备以下 3 个基本条件：

1. 岩石完整、坚硬，岩性均一，地质构造简单。

2. 在适当深度有稳定的地下水位存在而水量又不是很大。

3. 所储存的油品相对密度小于 1，不溶于水，并且不与岩石或水发生化学反应。

根据洞罐内水垫层的厚度是否固定可分为固定水位法和变动水位法两类储油方法。

地下岩盐洞式油库是在岩盐层中用水浸析的方法构筑洞室来储藏石油的一种储存方法。石油在岩盐层中不渗透，长期储存性质不变。开挖费用低，又无需维修，因此成为一种理想的储油方法。

把混凝土结构的储油容器，埋置于稳定的地下水位以下的软土中，利用地下水的压力封存罐内油品的方式称为软土水封油库。软土水封油库工作原理及分类与地下水封石洞油库类似，也可分为固定水位法和变动水位法储油。但因这类油库多作为使用性油罐，收发油作业频繁，因此一般采用固定水位法。不过，若储存轻质油品，又是作为储备性油罐，则应采用变动水位法，这样对罐体结构有利。

2.3.5　地下气库

地下气库是利用地下气密的多孔岩层或洞穴来储存燃气。它是储存大量燃气经济和安全的方法。地下气库的主要作用是：调节燃气的季节供需不平衡，保证供气高峰的需求；使长距离输气管线和设备均衡运行，以提高管线和设备的利用率，降低输气成本；在发生事故等紧急情况下保障供气。地下气库应该建在靠近大量用气的地区。

现在使用的地下储气技术主要有枯竭油气层储气、地下含水层储气、地下洞穴储气、LNG 地下储罐、LPG 地下储罐以及最新的 LRC 技术。

LNG（Liquefied Natural Gas）是液化天然气的缩写，主要成分是甲烷。LNG 地下储罐占地面积小，不会泄露到地上，外观不会给周围危险感。

LPG（Liquefied Petroleum Gas）是液化石油气的缩写，主要成分是丙烷和丁烷，通常伴有少量丙烯和丁烯。加压冷却制成液体时，体积约缩为原来的 1/250。低温常压储藏一般采用特殊钢制成的双层箱储罐。LPG 油罐的储藏量比较小。

LRC（Lined Rock Cavern）是内衬岩洞储气的缩写。LRC 是在比较坚硬的岩石中人工挖出一个洞室，利用岩石的高抗压性，在洞内做一层比较薄的钢内衬，该内衬主要起密封作用，储存气体。LRC 的原理是在地下 100～200m 深的有内衬的岩石洞室中储存高压气体，高压气体所产生的荷载主要由围岩承受，内衬仅仅起到密封作用，承受的压力微乎其微。

2.3.6　地下物资库

人类自古就有利用地下空间储存物资的传统，例如我国古代在地下储粮，欧洲在地下储酒等。但是地下物资库只是在近几十年才有了大规模的发展，主要是伴随着军工业的发展而建设起来的，可以更安全地储存军火和各种武器装备。

地下商品库作为地下物资库的民用方式，近年来也得到了推广。地下商品库一般有商店用品库、生产厂家堆放商品库、运输站及码头的临时堆放库。总之，这些库的商品进出频繁、储留时间短、取货与存货较快，有些大的仓库可以直接用集装箱堆放。

地下商品库如建造在岩层中，一般造价仅为地面相同建筑物的 30%～50%。由于岩层的低温性可保持较长时间，所以能源消耗相当于地面的 50%，可见，地下商品库有不可比拟的优势，在有条件和有需要的城市应考虑大力推广。

2.3.7　地下废料库

地下废料库按储存的废料是否有核辐射可分为非核废料库和核废料库。

1. 非核废料库

在这类仓库储存的废料可能是无毒的或是有毒的，以专门的容器或大型散装形式交付以及原生产状态处理或存放。非核废料范畴是：工业废料、燃料废料的残渣、低公害的大量材料，例如来自燃煤烟气除硫设备中的石膏、不能再循环使用的危险废料等。

许多国家有专门的法规定义和分类非核废料，规定短期及长期情况下的环境要求，包括储存废料不应对生物圈或人类生存和健康造成任何危险，尤其是地下水不能受到污染，因此对废料库的屏障要求较高，选择屏障的形式和数量取决于存放废料的种类、现场具体地层条件和需要的环境保护标准，取决于选择可回收还是不可回收方式。

地下仓库选址取决于地层、渗透性、废料特征、长期安全性、可回收性等的要求。地下仓库结构多为竖井、岩盐溶解后的洞室、硬岩体中的废弃矿山等经加工而成。

2. 核废料库

随着核能技术的研究和应用，核电站的数量正在不断增加，所占的发电量比重也越来越大，但如何处理和储存高放射性的核废料是亟待解决的问题。增强地下空间封闭性，可解决这类问题。

地下核废料库大致分为两类：储存高放射性废物，一般构筑在地下 1000m 以下的均质地层中；储存低放射性废物，大多构筑在地下 300～600m 以下的地层中。

由于这种储库的要求标准高，必须在库的周围进行特殊的构造处理，以防对外部环境和地下水造成污染。在库址选择上，要通过仔细勘察和选择最佳地层后，才能最后确定。要保证把核废料严密地存在地下数千年，不至于影响生态环境。

任务 2.4　地下人防工程

人防工程（Human Defense Engineering）是为防御战时各种武器的杀伤破坏而修筑的地下空间建筑，通常有指挥所、掩蔽部、通信、水库、储库、医院、交通干线等。人防工程本质是以战时为主兼顾平时利用，做到平战结合，使人防工程在和平时期也能发挥经济和社会效益。

许多国家都非常重视人防体系建设。瑞典从 1938 年开始建设人防工程，目前已建工事

6800 个，面积 720 万 m^2，在战争时期，全国 90％的人员都能进入掩体。在设备方面也十分先进，包括通信、指挥、报警、防核化装备等。我国从 20 世纪 60 年代起进行人防工程建设，到 20 世纪 80 年代后期，已把地下空间开发同城市建设、人防建设相结合作为建设目标。进入 20 世纪 90 年代中期，地下空间开发把平时和战时功能转换作为人防工程的建设基调。现在，在大中城市中，已开始建设或筹建的地铁、地下街及地下综合设施都有一定的防护能力。

2.4.1 地下人防建筑规划

人防建筑规划必须同城市地下空间及城市建设相统一，在总体规划的指导下进行。

1. 规划原则

（1）城市的战略地位、重要程度。

（2）水文地质和工程地质、地形条件，选址时应尽可能避免重要的军事及战略地段，如桥梁、码头和车站等。

（3）施工和运输条件。

（4）原有的地面建筑及地下空间状况。

2. 规划内容

（1）街、企业、区的规划体系（单项体系服从于城市体系）。

（2）连接通道网，既能独立又连成整体。

（3）确定重点工程的项目、等级、数量、规模及位置。这些工程通常有指挥所（省、市、区）、食品加工、医疗、电站、消防车库、储藏等配套功能。

（4）完善人防工程系统，如具备战时生活、电力、抢救、医疗、指挥、动力、物资供应等系统。

2.4.2 人防工程有关设计

1. 设计原则

（1）足够的防护厚度，良好的口部防护。

（2）人防建筑必须按有关规定确实达到防护等级。

（3）按对"三防"（防核武器、生物武器和化学武器）的要求进行设计。

（4）保证覆土厚度，防层厚度；口部防冲击密闭，进风口除尘、滤毒。

2. 人防工程口部设计

口部通风方式有自然通风、机械通风及混合通风。自然通风是利用风压、地形的高差以及室内外温差等形成风流。进排风路线要畅通，防止出现涡流、死角，尽可能减少通风阻力。战时通风必须能消毒、过滤，有清洁式通风、滤毒式通风和隔绝式通风三种形式。

出入口形式有直通式、拐弯式、穿廊式、垂直式。形式须根据防灾要求、人员数量综合确定，通常不少于 2 个。出入口有主要出入口、次要出入口、备用出入口与连通口，在不同状态起不同的作用。

对于出入口和通风口采用不同的口部防护措施。防护门设在出入口第一道，作用是阻挡冲击波。密闭门设在第二道或第三道，作用是其密闭阻挡毒气进入室内的作用。防爆波活门通风口处抗冲击波的设备，能在冲击波超压作用下的一瞬间关闭，有悬摆式活门、压板式活门、门式活门等。为防活门不能全部阻止冲击波，余波伤及人员及设备，常在活门后设置一个矩形房间，称为活门室或扩散室，作用是将余压突然在空间里扩散，使单位面积的余压减小，不至于伤害人员及设备。

任务 2.5　其他地下工程

2.5.1　地下商业街

2.8 其地下其他工程

修建在大城市繁华的商业街下或客流集散量较大的车站广场下，内部由许多商店、人行通道和广场等组成的综合性地下建筑称为地下商业街（Underground Commercial Street）。地下商业街是利于城市可持续发展、具有多种功能的城市重要组成部分。随着地下商业街建设规模的不断扩大，将地下商业街同各种地下设施综合考虑，如将地铁、市政管线廊道、高速路、停车场、娱乐及休闲广场结合，形成具有城市功能的地下大型综合体，是地下城市（Underground City）的雏形。

1. 地下商业街的规划原则

（1）地下商业街的建设必须与城市再开发同步进行，纳入城市地下空间利用的总体规划。国家和地方政府颁发的有关法律法规是建筑工程规划的指导性文件，城市总体规划是根据社会对城市的需求而设计的城市发展规划，地下商业街规划应是城市规划的补充，应与城市总体规划相结合。

（2）在拟建地下商业街时，首先要明确其功能，并相应确定各组成部分的合理比例，特别是要与城市地下交通设施、公用设施等一起考虑。地下商业街规划应考虑人、车流量情况。

（3）进行经济、社会和环境效益综合分析，预测可能的投资偿还期。

（4）地下商业街规划要考虑发展成地下综合体的可能。

2. 地下商业街的分类

地下商业街按平面形式可分为道路交叉口型、中心广场型、复合型三种，按规模分有小型（小于 $3000m^2$）、中型（$3000\sim10000m^2$）、大型（大于 $10000m^2$）三种。

（1）道路交叉口型多处在城市中心区较宽阔的主干道下，平面布置大多为一字形或十字形。特点是地面交叉口处的地面空间也相应设交叉口，并沿街道走向布置，同地面有关建筑设施相连。

（2）中心广场型通常设在城市交通枢纽，如火车站、中心广场地下，并同车站首层或地下层相连，若为广场，出入口可设在下沉式露天广场，供人们休息。广场型地下商业平面布置通常为矩形，客流量、停车量大，常起分流作用，常与地下车库相连。

（3）复合型是中心广场型与道路交叉口型的复合。几个地下商业街连接成一体的复合型地下商业街带有地下综合体的意思，地下商业街可与中心广场、地面车站、地铁车站、高架桥立体交叉口相通，具有商业、文化娱乐、体育、宾馆等多种功能。

3. 地下商业街的设计标准

地下商业街主要由地下步行系统、地下营业系统、地下机动车运行和存放系统、地下商业街内部设备系统以及辅助用房等部分组成。

地下商业街的平面布置有矩形平面、带形平面、圆形和环形平面以及棋盘式平面四种。矩形平面布置多用于大、中跨度的地下空间，设计时要注意长、宽、高的比例，避免过高或过低，造成空间浪费或给人以压抑感。带形平面布置形式跨度较大，为坑道式，设计时应根据功能要求及货柜特点综合考虑。圆形和环形平面布置多用于大型商场或商业中心，四周设置商业街，中间为商场，其特点是充分体现商场功能、管理方便。棋盘式平面布置多用于综合型的地下商业街。

地下商业街一般埋深较浅，常采用明挖法施工，结构形式一般有直墙拱、矩形框架、梁板式结构三种，或者是这三种的组合。

地下商业街环境设计指生理环境设计和心理环境设计两个方面。生理环境是指空气、视觉和听觉等环境；心理环境是指方便和安全感以及商店布置是否合理，顾客是否舒服，有无休息和饮食条件，有无压抑感等。

2.5.2　地下综合体

城市地下商业街是地下空间开发的初级阶段，日本的地下商业街就叫地下综合体。规模很大且具有较强城市功能的项目可称为地下综合体。

1. 地下综合体的特征

（1）使用功能复杂，使用性质相异的功能组合在一个建筑体系中。

（2）设备管理要求高，地下综合体需设综合管线廊道。对水、电、热、气、防护、防水有更高的要求。

（3）综合体是地下城市的雏形，若干地下综合体连接将初步形成地下城市，因而可承担或补充城市的基本功能。

2. 地下综合体的功能组合

（1）商业中心，包括步行街及购物娱乐、出入口及休息厅等。

（2）以地铁为中心的交通集散系统，包括出入口、站厅、站台与隧道等。

（3）停车场系统，包括车辆出入口、车库、连接通道及相应设施。

（4）各种公共服务功能系统，如饮食、文娱、体育、银行、邮政等。

（5）综合管线廊道系统，如水源、变电、进排风、空调、煤气、供热等组成的管线廊道。

（6）防灾减灾防护体系，以平战结合为原则，如备有防护措施、防灾中心，临战前应加固体系和转移疏散及指挥系统。

2.5.3　城市公用设施（地下管网）

城市公用设施（Urban Public Utilities），在我国也称为市政设施，是城市基础设施的主要组成部分，是城市物流、能源流、信息流的输送载体，是维持城市日常生活和促进城市发展所必需的条件。市政设施属于城市的公共服务设施，具有同时为社会生产和社会生活服务的双重性质，既是城市聚集化和社会化的产物，也是为城市获得更高的经济、社会和环境效益所必需的前提。

因此，不论是建设新城市还是改造老城市，公用设施都应当首先实现现代化。

1. 地下管网的组成

城市公用设施一般包括以下七个系统：

（1）供水（或称给水、上水）系统。包括水源开采、自来水生产、水的输送与分配的沟渠或管道、加压泵站等。

（2）供电系统。包括电能的生产、输送与分配的线路、变配电站等。

（3）燃气系统。包括天然气、人工煤气、液化石油气的生产、储存、输送与分配管道，调压设施与装瓶设施等。

（4）供热系统。包括蒸汽和热水的生产、输送与分配管道，热交换站等。

（5）通信系统。包括市内有线电话、长途电话、移动电话的交换台和线路，有线广播、有线电视、互联网的传送系统。

（6）排水系统。包括雨水和生产、生活污水的排放和处理系统，又称下水系统；污水处理后再利用系统，称为中水系统。

（7）固体废弃物排除与处理系统。包括生产和生活垃圾、粪便、废土、废渣、废灰等的排出与处理系统。

上述城市公用设施埋设在城市地下的部分构成了地下管网，包括供水、供热、供气、下水、通信和电缆等。

城市的发展是一个非常复杂的过程，地下管网又是十分庞大的系统，要做到使两者完全协调一致的发展是相当困难的。近代城市的发展已有几百年的历史，然而在很多城市（特别是大城市）的发展过程中，无不在与地下管网的关系上发生不同程度的矛盾。一方面表现为设施能力长期不足，超负荷的运行使陈旧的设备经常发生事故，需要修理或改建；另一方面，由于分散直埋在道路之下，必须将道路挖开才能检修，不但降低道路的使用寿命，造成经济上的浪费，而且影响城市的正常交通。这种城市道路被反复挖、填的现象，使市民非常反感，不仅在我国城市相当普遍，在国外一些大城市也不少见。少数大城市在地下建造综合管线廊道，提供了解决这些难题的经验和途径。

2. 地下管网的布置

设计地下管网要综合考虑到城市的远景规划。管网的线路要取直，并尽可能平行于建筑红线。城市的工程管网基本上都沿着街道和道路布置，为此，在道路的横断面中必须考虑敷设地下管网的地方。

3. 地下综合管线廊道

地下综合管线廊道是指各种管道、电缆集中敷设在一起为管理、维修公用设施服务所占用的地下空间。地下综合管线廊道在世界各国尚无统一的名称。美国、加拿大称为 Pipe Gallery 或 Public Utility Conduit，英国称为 Mixed Services Subways，法国称为 Technical Gallery，德国称为 Collecting Channels，日本称为共同沟（英译为 Common Duct），地下综合管线廊道横断面示意如图 2-1 所示。

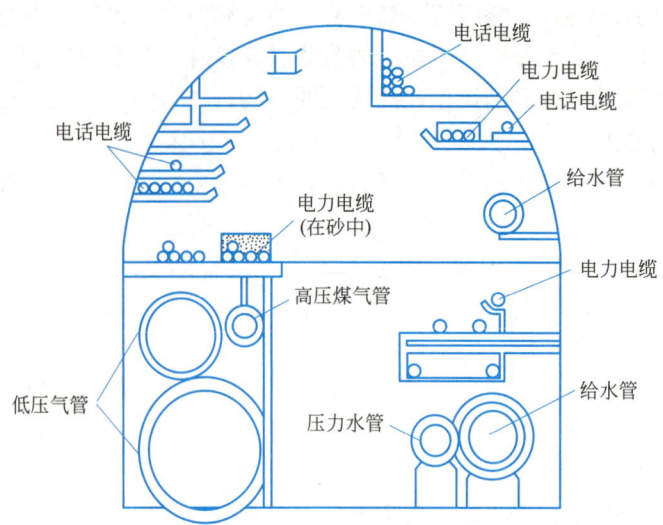

电话电缆
电力电缆
电话电缆
电话电缆
电力电缆
(在砂中)
给水管
电力电缆
高压煤气管
低压气管
压力水管
给水管

图 2-1 地下综合管线廊道横断面示意

地下综合管线廊道的主要优点是容易维修和便于更换，因而能延长公用设施系统的使用寿命，同时保持道路免遭经常性的破坏。据估计，在综合廊道中的管线比直埋在土中时要高 2～3 倍。

地下综合管线廊道的优点早已得到公认，然而至今仍未得到应有的发展，除少数国家（如瑞典、日本等）外，多数城市地下管网的综合化程度还比较低，主要的制约因素是造价高和与综合化相适应的投资和管理体制不够健全。

地下综合管线廊道对城市的现代化以及合理利用城市地下空间有着重要意义，有很大发展潜力，因此只要具备必要的条件，就应认真研究和克服发展中的障碍。从日本经验来看，主要有以下四个方面：首先，地下综合管线廊道的建设应与城市的发展密切结合起来；第二，应制定合理的投资政策，按照多投资多受益的原则合理确定各系统的投资比例和运行后应承担的义务；第三，应对廊道内部空间实行合理分配，严格按照技术要求敷设管线，以确保安全；第四，应充分发挥地下构筑物的防灾性能，在廊道结构和管线敷设等方面加强抗震措施和防水措施，使之在发生灾害时能不受或少受破坏，这样对于整个城市抗灾能力的提高和灾后的迅速恢复都有重要的意义。

从存在条件上看，地下管线廊道主要有两大类：一类是在岩层中开挖的隧道；另一类是在土层中建造的砖石或钢筋混凝土结构的廊道。从存在形式上看，一种是独立存在的廊道，还有一种是附建于其他地下工程之中。

凡土层较薄，岩层埋藏较浅，地质条件又比较好的城市，都可以在岩层中修建综合管线廊道，因为在岩层中开挖的隧道，横截面面积比较大，管线的容量较多，有利于公用设施系统的大型化和综合化。

在土层中的综合管线廊道又分为浅埋和深埋两种。浅埋时与道路结合在一起，廊道顶部用预制盖板、铺垫层后，面层可用混凝土块拼装（适于步行道）。这种做法由于可以开盖操作而较少破坏道路，因此廊道截面面积可以减小，降低造价，检修后可以很快恢复路面。

在城市再开发过程中，如能结合地铁或地下商业街的建设统一兴建综合管线廊道，功能上独立布置，结构上则组织在一起，可以利用主体工程的边、底、角等不好利用的空间敷设管线，节省投资和缩短工期。

课后练习

资源名称	项目 2　课后练习	项目 2　课后练习答案
资源类型	文档	文档
资源二维码		

项目3

明挖法施工

1. 知识目标

掌握基坑工程支护结构的类型和适用范围、基坑支护内支撑系统的优缺点及适用范围，并熟练掌握基坑地下水控制及地基处理方法，熟悉旋喷桩施工、土钉墙施工、深层搅拌桩施工概念及施工工序。

2. 能力目标

能够有效地应用所学知识，根据基坑支护结构的适用范围，选择基坑支护结构类型；能够根据水文地质条件，调整基坑工程降水方案，遇到基坑渗漏水事故，要会采取应急处理措施；能够掌握地基处理方法及适用条件。

3. 素质目标

培养学生劳模、工匠精神；培养学生地下工程设计或施工能力；培养学生团队协作精神的养成。列举富有新意的地下工程施工案例，对学生的思想进行引领，树立正确的价值观、人生观，自觉遵守建设地下工程施工技术与相关法规，培养学生具有高尚的道德素质和自我约束能力。

明挖法通常分为无支护放坡开挖和基坑支护开挖两种形式。（无支护）放坡开挖的优点是不必设置支护结构，而且主体结构施工时场地较大，便于施工布置；缺点是开挖工程量相对较大，而且占用场地大。在场地条件受限的情况下，如城市地下工程施工，常采用基坑支护开挖方法。为保证基坑侧壁稳定及邻近建筑物的安全，需采取基坑侧壁的支护加固措施，即设置基坑支护结构，包括支护桩墙、支撑系统、围檩、防渗帷幕、土钉及锚杆等。基坑支护结构是否安全，不仅直接关乎所建工程，而且关乎邻近已建工程。

施工时，是采用无支护放坡开挖还是基坑支护开挖，应根据工程地质条件、开挖工程规模、地面环境条件、交通状况等因素综合确定。

任务 3.1 放坡开挖基坑施工

3.1.1 放坡开挖基坑施工概述

无支护放坡开挖法也称作敞口基坑法，包括全放坡开挖和半放坡开挖，如图 3-1 所示。

3.1
基坑工程
总体设计
方案选型

全放坡开挖是指基坑采取放坡开挖不进行坑墙支护，根据地质条件采用相应的边坡坡度，分段开挖至所需位置进行结构施工，完成后进行回填，将地面恢复到原来状态。半放坡开挖是在基坑底部设置一定高度的悬臂式钢桩加强土壁稳定，其槽底宽度根据地下结构宽度的需要，并考虑施工操作空间确定。为了保持边坡稳定，常需要沿基坑两侧设置井点降水。

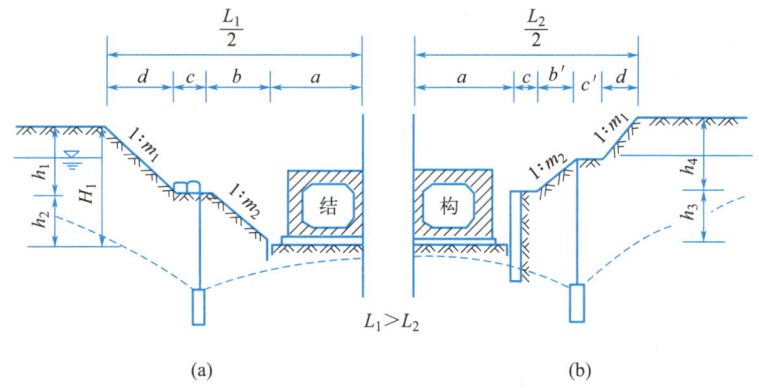

图 3-1 放坡开挖基坑断面
（a）全放坡开挖基坑断面；（b）半放坡开挖基坑断面

当基坑深度较浅，无不良地质作用且周边环境比较简单，没有需要保护的重要建筑物或构筑物时，可以直接采取全放坡开挖的方式进行基坑开挖施工。放坡开挖方法充分利用了土体的自稳能力，是最经济的一种基坑开挖方式。当场地条件允许并且经验计算能保证土坡稳定性时，可采用如图 3-2 所示的一级或多级放坡开挖方式。

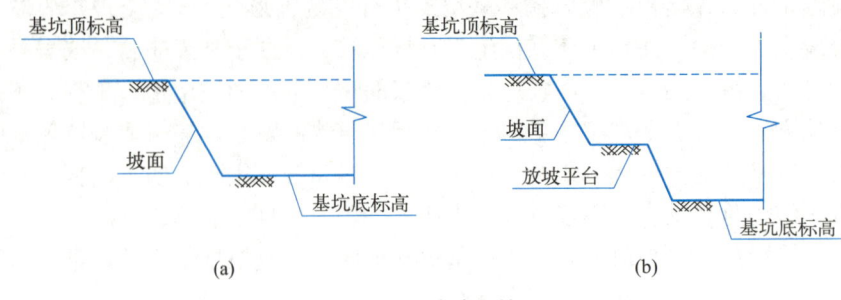

图 3-2　放坡开挖

（a）一级放坡开挖；（b）多级放坡开挖

3.1.2　适用范围

1. 当场地开阔、场地土质较好、地下水位较深及基坑开挖深度较浅时，可优先采用放坡支护。同一工程可视场地具体条件采用局部放坡或全深度、全范围放坡开挖。

2. 当放坡开挖深度不大于 5m 时，不需支护及降水的基坑工程，可采用一级放坡开挖，但应由基坑土方开挖单位对其施工的可行性进行评价。

3. 当放坡开挖深度大于 5m 时，应采用分级放坡开挖，分级设过渡平台，平台宽度一般为 1～1.5m。岩质边坡的分级平台宽度一般不小于 0.5m，并采用上半坡稍陡、下半坡稍缓的放坡原则。

4. 当有下列情况之一时，不应单独采用全放坡开挖，应与其他边坡支护方法联合使用：

（1）放坡开挖对相邻建（构）筑物有不利影响的边坡。

（2）地下水发育地段的边坡。

（3）软弱土层等稳定性差的边坡。

（4）坡体内有外倾软弱结构面或深层滑动面的边坡。

（5）单独采用坡率法不能有效改善整体稳定性的边坡。

（6）地质条件复杂的一级边坡。

3.1.3　基坑边坡设计

边坡设计需要确定两个基本参数，即边坡开挖深度和坡度。由于基坑的边坡稳定主要是由边坡土质的抗剪强度所决定的，所以边坡开挖的深度以及坡度都受到土体抗剪强度的限制。采用放坡开挖的基坑，应验算基坑边坡的整体稳定性。多级放坡应同时验算各级边坡的稳定性和多级边坡的整体稳定性。基坑坡脚附近有局部深坑且坡脚与局部深坑的距离小于 2 倍深坑的深度时，应按深坑的深度验算边坡稳定性。

1. 土方边坡开挖不加支撑的深度和坡度要求

根据《土方与爆破工程施工及验收规范》GB 50201—2012，当地下水位低于基层，在湿度正常的土层中开挖基坑（槽），且敞露时间不长时，可做成直立壁不加支撑，但挖方的深度不宜超过下列规定：①碎石土和砂土：1.0m；②黏质粉土及粉质黏土：1.25m；③黏土：1.5m；④坚硬的黏性土：2m。在施工过程中，应经常检查沟壁的稳定情况。当土的湿度、土质及其他地质条件较好且地下水位低于基底，基坑（槽）深度在 5m 以内且不加支撑的边坡的最大允许坡度见表 3-1。

基坑（槽）深度在 5m 以内且不加支撑的边坡最大允许坡度　　　　　表 3-1

土的类别	边坡坡度（高：宽）		
	人工挖土并将土抛于坑(槽)上边	机械挖土	
		在坑(槽)底挖土	在坑(槽)上边挖土
黏质粉土	1：0.67	1：0.50	1：0.75
粉质黏土	1：0.50	1：0.33	1：0.75
坚硬的黏性土	1：0.33	1：0.25	1：0.67
中密碎石土	1：0.67	1：0.50	1：0.75

注：① 如人工挖土不把土抛到基坑（槽）而随时将土运往弃土场时，则应改用机械挖土的坡度。
　　② 在有充足经验和足够资料时，可不受此表所限。

2. 建议放坡开挖坡率值

基坑深度超过垂直开挖的深度限值时，边坡的坡率允许值应根据经验，按工程类比的原则并结合既有稳定边坡的坡率值分析确定。当无经验，且土质均匀良好、地下水贫乏、无不良地质现象和地质环境条件简单时，土质基坑侧壁放坡坡率允许值可按表 3-2 确定。岩质基坑侧壁放坡坡率允许值可按表 3-3 确定。

土质基坑侧壁放坡坡率允许值　　　　　表 3-2

岩土类别	岩土性状	坑深在 5m 之内	坑深 5～10m
杂填土	中密密实	1：0.75～1：1.00	—
黄土	黄土状土	1：0.50～1：0.75	1：0.75～1：1.00
	马兰黄土	1：0.30～1：0.50	1：0.50～1：0.75
	麻石黄土	1：0.20～1：0.30	1：0.30～1：0.50
	午城黄土	1：0.10～1：0.20	1：0.20～1：0.30
粉土	稍湿	1：1.00～1：1.25	1：1.25～1：1.50
黏性土	坚硬	1：0.75～1：1.00	1：1.00～1：1.25
	硬塑	1：1.00～1：1.25	1：1.25～1：1.50
	可塑	1：1.25～1：1.50	1：1.50～1：1.75
碎石土(填充物为坚硬、硬塑状态的黏性土、粉土)	密实	1：0.35～1：0.50	1：0.50～1：0.75
	中密	1：0.50～1：0.75	1：0.50～1：0.75
	稍密	1：0.75～1：1.00	1：1.00～1：1.25
碎石土(填充物为砂土)	密实	1：1.00	—
	中密	1：1.40	—
	稍密	1：1.60	—

岩质基坑侧壁放坡坡率允许值   表 3-3

岩土类型	风化程度	坑深在 8m 之内	坑深 8~15m	坑深 15~30m
硬质岩石	微风化	1:0.10~1:0.20	1:0.20~1:0.35	1:0.30~1:0.50
	中等风化	1:0.20~1:0.35	1:0.35~1:0.50	1:0.50~1:0.75
	强风化	1:0.35~1:0.50	1:0.50~1:0.75	1:0.75~1:1.00
软质岩石	微风化	1:0.35~1:0.50	1:0.50~1:0.75	1:0.75~1:1.00
	中等风化	1:0.50~1:0.75	1:0.75~1:1.00	1:1.00~1:1.50
	强风化	1:0.75~1:1.00	1:1.00~1:1.25	1:1.25~1:2.0

3.1.4　基坑边坡稳定性要求

1. 影响基坑边坡稳定性的因素

基坑边坡坡度是直接影响基坑稳定的重要因素。当基坑边坡土体中的剪应力大于土体的抗剪强度时，边坡就会失稳坍塌。施工不当也会造成边坡失稳：

（1）没有按照设计坡度进行边坡开挖。

（2）基坑坡顶堆载过大。

（3）基坑降排水措施不利，地下水未降至基底以下，且地面雨水、基坑周围地下给水排水管线漏水渗流至基坑边坡的土层中，使土体湿化，土体自重加大，增加土体中的剪应力。

（4）基坑开挖后暴露时间过长，土体变松散。

（5）基坑开挖过程中，未及时刷坡，甚至挖反坡，使土体失去稳定性。

2. 边坡稳定性验算

遇到下列情况之一时，应进行边坡稳定性验算：

（1）有外倾软弱结构面的岩质边坡。

（2）土质较软的边坡。

（3）坡顶边缘附近有较大荷载的边坡。

（4）边坡坡率超过表 3-2 和表 3-3 范围的边坡。

3.1.5　基坑边坡失稳防治要求

1. 基坑边坡开挖注意事项

为确保基坑放坡开挖过程中的施工安全，应对施工工况和设计条件进行边坡稳定性验算，当出现安全度不足，应采取相应补救措施，施工过程中应注意以下事项：

（1）为确保基坑施工安全，一级放坡开挖的基坑，应验算边坡的稳定性；多级放坡开挖的基坑，应同时验算各级边坡的稳定性和多级边坡的整体稳定性。开挖深度一般不超过7m，可采用圆弧滑动法进行放坡开挖边坡稳定性的验算。

（2）放坡坡脚位于地下水位以下的情形，应在基坑坡顶或放坡平台上设置轻型井点降水，基坑降水对周边环境有影响时，应在基坑坡顶或放坡平台处设置封闭的止水帷幕。采取降水措施的放坡开挖基坑，开挖过程中宜保持基坑周边降水系统的正常运行。一级放坡的基坑，降水系统宜设置在坡顶；多级放坡的基坑，降水系统宜设置在平台和坡顶。坡顶、平台和坡脚位置应采取集水明排措施，保证排水系统畅通，明水能及时排除，排水沟或集水井与坡脚的距离应大于 1m。

（3）对基坑土质较差或施工周期较长的情形，基坑坡顶、放坡面及放坡平台表面应采取护坡措施。护坡可采用钢丝网（钢筋网）水泥砂浆、钢丝网（钢筋网）细石混凝土、钢丝网（钢筋网）喷射混凝土或仅喷射混凝土等方式。护坡面层宜扩展至坡顶一定的距离，也可与坡顶的施工道路结合。设置钢筋混凝土护坡面层时，面层厚度不宜小于 50mm，混凝土强度等级不宜低于 C20，钢筋直径不宜小于 6mm。面层钢筋应单层双向设置，间距不宜大于 250mm。

（4）对基坑坑底有局部深坑的情形，坡脚与坑底局部深坑的距离不宜小于 2 倍深坑的深度，不满足时宜采取土体加固等措施。填土区域应采用地基处理等措施，对土体性质进行改良后方可进行放坡开挖。

（5）放坡开挖采取机械挖土的形式，严禁超挖或造成边坡松动。边坡宜采用人工进行切削清坡，其坡度的控制应符合放坡设计要求。

（6）坡顶 1 倍开挖深度范围内和多级放坡平台上不宜设置堆场或作为施工车辆行驶通道。

（7）注意现场观测，发现边坡失稳先兆（如产生裂纹）时应立即停止施工，并采取有效措施，提高施工边坡稳定性，待符合安全度要求时方可继续施工。

2. 基坑边坡失稳的防治措施

（1）边坡修坡。改变边坡外形，将边坡修缓或修成台阶形，如图 3-3 所示。这种方法的目的是减少基坑边坡的下滑重量。因此必须结合在坡顶卸载（包括卸土）才更有效果。放坡开挖的基坑边坡坡度应根据土层性质、开挖深度确定，各级边坡坡度不宜大于 1：1.5，淤泥质土层中不宜大于 1：2.0；多级放坡开挖的基坑，坡间放坡平台宽度不宜大于3.0m，且不应小于 1.5m。

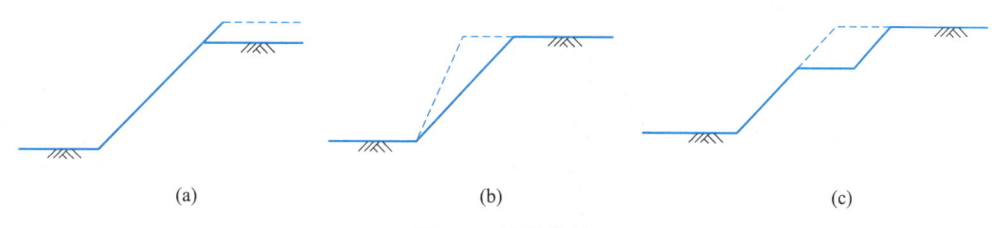

| (a) | (b) | (c) |

图 3-3 　边坡修坡

（a）坡顶卸土；（b）减小坡度；（c）台阶放坡

（2）设置边坡护面。设置基坑边坡混凝土护面目的是控制地表水经裂缝渗入边坡内部，从而减少因为水的因素导致土体软化和孔隙水压力上升的可能性。护坡面层宜扩展至坡顶和坡脚一定的距离，坡顶可与施工道路相连，坡脚可与垫层相连。护面可以做成10cm 混凝土面层。为增加边坡护坡面的抗裂强度，内部可以配置一定的构造钢筋。设置边坡护面如图 3-4 所示。

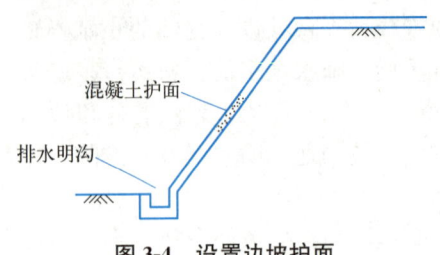

图 3-4　设置边坡护面

此范围应大于 5 倍桩径。

（3）边坡坡脚抗滑加固。当基坑开挖深度大，且边坡又因场地限制不能继续放缓时，可以对边坡抗滑范围的土层进行加固，如图 3-5 所示。采用的方法有：设置抗滑桩、旋喷法、分层注浆法、深层搅拌桩等。采用这些方法的时候必须注意加固区应穿过滑动面两侧且保持一定范围。一般对于混凝土抗滑桩，

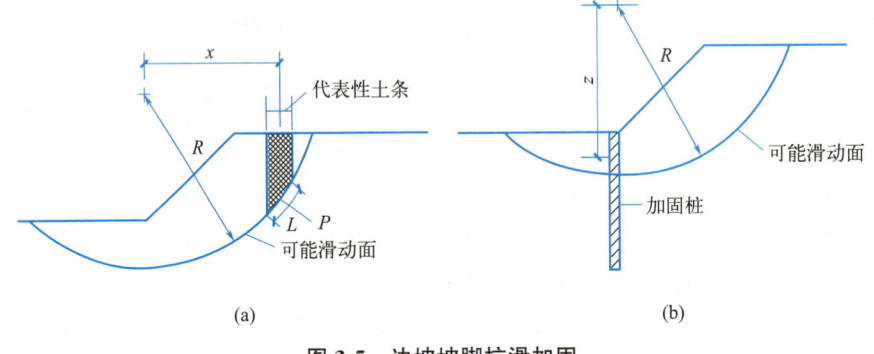

图 3-5　边坡坡脚抗滑加固

（a）边坡抗滑加固；（b）坡脚抗滑加固

3.1.6　基坑开挖施工

由于放坡开挖的基坑一般是针对浅埋地下工程而设的，土方开挖的工程量大，若采用人工开挖，则劳动强度大，工期在工程总工期中所占的比重达 25%～30%，成为影响施工进度的重要因素。因此，应尽可能采用生产效率高的大型挖土和运输机械施工。

对于放坡开挖，目前常用的方法有人工开挖、小型机械开挖和大型机械开挖。人工开挖效率低、劳动强度大，一般只在土方量小，如修坡或缺乏机械开挖的情况下采用。当用人工挖土，基坑挖好后不能立即进行下道工序时，应预留 15～30cm 不挖，待下道工序开始再挖至设计标高。小型机械常见的有蟹斗、绳索拉铲等简易挖土机械，小型开挖机械一般在施工空间受限制而无法采用大型机械的情况下采用。对于大面积的土方开挖，采用大型机械如单斗挖土机、铲运机。大型机械工作效率很高，一台大型机械可以代替数百人的劳动，可以大大节约人力，加快施工进度。

由于机械挖土对土的扰动较大，且不能准确地将基底挖平，容易出现超挖现象，为避免破坏基底土，应在基底标高以上预留一层，结合人工挖掘修整。使用铲运机、使用推土机时，保留土层厚度为 15～20cm，使用正铲、反铲或拉铲挖土时为 20～30cm。

相邻基坑开挖时，应遵循先深后浅或同时进行的施工顺序。挖土应自上而下水平分段分层进行，边挖边检查坑底宽度及坡度，不够时及时修整，至设计标高，再统一进行一次修坡清底，检查坑底宽度和标高。

雨期施工时，基坑应分段开挖，挖好一段浇筑一段垫层，并应在坑顶、坑底采取有效

的截排水措施；同时，应经常检查边坡和支撑情况，以防止坑壁受水浸泡，造成塌方。基坑开挖时，应经常对平面控制桩、水准点、平面位置、水平标高、边坡坡度、排水、降水系统等进行复测。

基坑挖完后应进行验槽，做好记录。如发现地基土质与地质勘探报告、设计要求不符时，应与有关人员研究并及时处理。

任务 3.2　基坑工程围护结构和支撑

3.2.1　支护结构的类型

基坑的支护结构主要承受基坑开挖卸荷所产生的土、水压力，并将此压力传递到支撑，是稳定基坑的一种临时性支护结构。相关的支护结构可归纳为六种，如图 3-6 所示。

以上各类支护结构的特点见表 3-4。

3.2
基坑工程
围护结构
和支撑

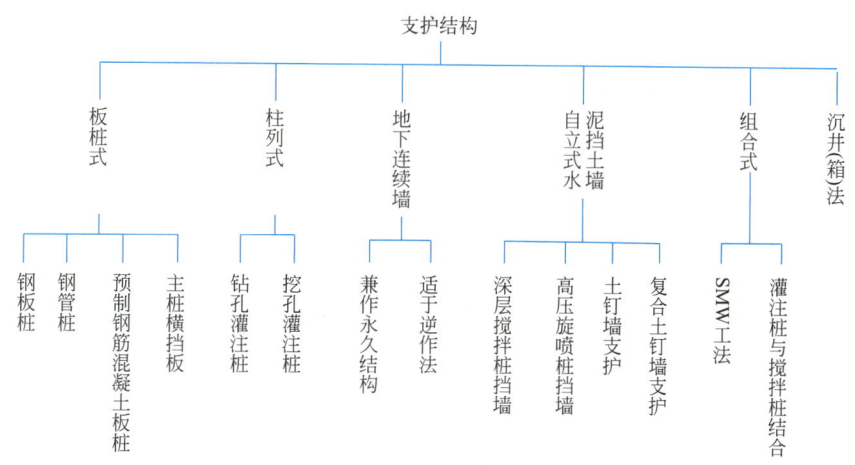

图 3-6　支护结构类型

各类支护结构的特点　　　　　　　　　　　　　　　　　　　　　表 3-4

类型	形式	特点
板桩式	钢板桩	(1)钢板桩是工厂成品，强度、品质、接缝精度等有质量保证，可靠性高； (2)具有耐久性，可回拔修正再行使用； (3)与多道钢支撑结合，适合软土地区的较深基坑； (4)施工方便、工期短； (5)施工中须注意接头防水，以防止桩缝因水土流失引起地层塌陷及失稳问题； (6)钢板桩刚度比排桩和地下连续墙小，开挖后挠度变形较大； (7)打拔桩振动噪声大，容易引起土体移动，导致周围地基较大沉陷

类型	形式	特点
板桩式	钢管桩	(1)承载力大、抗横向力强,能承受较大的冲击力,穿透和贯入性能优越; (2)设计的灵活性大,桩长易调节; (3)接缝安全; (4)管桩与上部结构容易结合; (5)施工扰动较小,适合于快速施工,相对而言可节省工程费用
	预制钢筋混凝土板桩	(1)施工方便、快捷,造价低、工期短; (2)可与主体结构结合; (3)打桩振动及挤土对周围环境影响较大,不适合在建筑密集城市市区使用; (4)接头防水性差; (5)不适合在硬土层中施工
	主桩横挡板	(1)施工方便、造价低,适合开挖宽度较窄、深度较浅的市政排管工程; (2)止水性较差,软弱地基施工容易产生坑底隆起和覆土后的沉降; (3)容易引起周围地基沉降
柱列式	钻孔灌注桩	(1)噪声低、振动小,刚度较大,就地浇筑施工,对周围环境影响小; (2)适合软弱地层,接头防水性差,要根据地质条件从注浆、搅拌桩、旋喷桩等方法中选用适当方法解决防水问题; (3)在砂砾层和卵石中施工慎用; (4)整体刚度较差,不适合兼作主体结构; (5)桩质量取决于施工工艺及施工技术水平,施工时需做排污处理
	挖孔灌注桩	(1)施工方便、造价较低廉,成桩质量容易保证; (2)施工、劳动保护条件较差; (3)不能用于地下水位以下不稳定地层
地下连续墙		(1)施工噪声低、振动小,就地浇筑,墙接头止水效果较好、整体刚度大,对周围环境影响小; (2)适合于软弱地层和建筑设施密集城市市区的深基坑; (3)墙接头构造有刚性和柔性两种类型,并有多种形式,高质量的刚性接头的地下连续墙可作永久性结构,还可施工成 T 形、I 形等,以增加抗弯刚度作自立式结构; (4)施工的基坑范围可达基地红线,可提高基地建筑物的使用面积,若建筑物工期紧、施工场地小,可将地下连续墙作主体结构并可采用逆作法、半逆作法施工; (5)泥浆处理、水下钢筋混凝土浇筑的施工工艺较复杂,造价较高; (6)为保证地下连续墙质量,要求较高的施工技术和管理水平
自立式水泥挡土墙	深层搅拌桩挡墙	(1)适合于软土地区、环境保护要求不高的挖深≤7m 的基坑; (2)施工噪声低、振动小,结构止水性较好,造价经济; (3)挡墙较宽,一般需 3～4m,需占用基地红线内一部分面积
	高压旋喷桩挡墙	(1)适合于软土地区、环境要求不很高的挖深≤7m 的基坑; (2)施工噪声低、振动小,对周围环境影响小,止水性好; (3)如做自立式水泥挡土墙,墙体较厚,需占用基坑红线内一部分面积; (4)施工需做排污处理,工艺复杂,造价高; (5)作为支护结构的止水加固措施,旋喷桩深度可达 30m

类型	形式	特点
自立式水泥挡土墙	土钉墙支护/复合土钉墙支护	(1)土钉墙充分利用了土体自身的强度及自稳能力,加固了土层,增强了其抗滑移的能力; (2)土钉墙可在无构件打入坑底的情况下直接开挖到坑底,施工工作面开阔;施工所需场地小,移动灵活,可贴近相邻建筑物开挖; (3)其施工进度快,所需的材料较省,机械设备较少,造价低廉; (4)支护结构轻、柔性大,适应性、抗震性好; (5)由于土钉的数目多,一旦遇到孤石、基桩、地下结构物及其他障碍物,可以通过局部变化土钉的位置、角度和长度而避开; (6)土钉墙在土体发生一定量变形后,才能充分发挥其抗力,因而所产生的位移和沉降量偏大,不适于对变形要求较高的场地条件
组合式	SMW工法	(1)噪声低,对周围环境影响小; (2)结构止水性好、强度可靠,适合于各种土层,配以多道支撑,可适用于深基坑; (3)此施工方法在一定条件下可取代作为支护的地下连续墙,具有较大的发展前景
	灌注桩与搅拌桩结合	(1)灌注桩作为受力结构,搅拌桩作为止水结构; (2)适用于软弱地层中的挖深≤12m的深基坑,当开挖深度超过12m且地层可能发生流砂时要慎用; (3)施工噪声低、振动小、施工方便、造价经济、止水效果较好; (4)搅拌桩与灌注桩结合可形成连拱形结构,搅拌桩作为受力拱,灌注桩作为支承拱脚,沿灌注桩竖向设置数道适量的支撑,这种组合式结构可因地制宜取得较好的技术经济效果
	沉井(箱)法	(1)施工占地面积小,挖土量少; (2)应用于用地与环境条件受到限制或埋深较深的地下构筑物工程; (3)沉井(箱)施工只要措施选择恰当、技术先进,可适用于环境保护要求较高和地质条件较差的基坑工程

3.2.2 支护结构选型

1. 基坑支护结构的安全等级

基坑支护设计时,应综合考虑基坑周边环境和地质条件的复杂程度、基坑深度等因素,按照表3-5确定支护结构的安全等级。对同一基坑的不同部位,可采用不同的安全等级。

支护结构的安全等级   表3-5

安全等级	破坏后果
一级	支护结构失效、土体过大变形对基坑周边环境或主体结构施工安全的影响很严重
二级	支护结构失效、土体过大变形对基坑周边环境或主体结构施工安全的影响严重
三级	支护结构失效、土体过大变形对基坑周边环境或主体结构施工安全的影响不严重

2. 基坑支护形式分类

在基坑工程中应用的支护形式非常多,通常可将基坑工程常用的支护形式大体分为以下四大类:

(1) 放坡开挖及简易支护

放坡开挖及简易支护的支护形式主要包括:放坡开挖;放坡开挖为主,辅以坡脚采用短桩、隔板及其他简易支护;放坡开挖为主,辅以喷锚网加固等。

（2）加固边坡土体形成自立式支护

对基坑边坡土体进行土质改良或加固，形成自立式支护。包括水泥土重力式支护结构、各类加筋水泥土墙支护结构、土钉墙支护结构、复合土钉墙支护结构、冻结法形成冻土墙支护结构等。

（3）挡墙式支护结构

挡墙式支护结构又可分为悬臂式结构、支撑式结构和锚拉式结构等。

挡墙式结构中常用的挡墙形式有排桩墙、地下连续墙、板桩墙、加筋水泥土墙等。

排桩墙中常采用的桩型有钻孔灌注桩、沉管灌注桩等，也有采用大直径薄壁筒桩、预制桩等桩型。

（4）其他形式支护结构

其他形式支护结构常用形式有门架式支护结构、重力式门架支护结构、拱式组合型支护结构、沉井支护结构等。

3. 基坑支护结构选型

支护结构选型时，应综合考虑下列因素：

（1）基坑深度。

（2）土的性状及地下水条件。

（3）基坑周边环境对基坑变形的承受能力及支护结构一旦失效可能产生的后果。

（4）主体地下结构及其基础形式、基坑平面尺寸及形状。

（5）支护结构施工工艺的可行性。

（6）施工场地条件及施工季节。

（7）经济指标、环保性能和施工工期。

3.3 基坑工程与锚杆体系

每种基坑支护结构都有一定的适用范围，且由于工程地质和水文地质条件以及周围环境条件的差异，其合理支护高度可能产生较大的差异。如当土质较好时，地下水位以上10多米深的基坑可能采用土钉墙支护，而对软黏土地基土钉墙支护极限高度只有5m左右，且变形较大。常用基坑支护形式分类及适用范围见表3-6，对表中提及的适用范围应根据当地经验合理选用。

常用基坑支护形式及适用范围　　　　　　表3-6

结构形式		适用范围	
		安全等级	基坑深度、环境条件、土类和地下水条件
挡墙式结构	锚拉式结构	一级、二级、三级	适用于较深的基坑 |（1）排桩适用于可采用降水或止水帷幕的基坑； （2）地下连续墙宜同时用作主体地下结构外墙，可同时用于截水； （3）锚杆不宜用在软土层和高水位的碎石土、砂土层中，应用时，需要地基加固或降水； （4）当邻近基坑有建筑物地下室、地下构筑物等，锚杆的有效锚固长度不足时，不应采用锚杆； （5）当锚杆施工会造成基坑周边建（构）筑物的损害或违反城市地下空间规划等规定时，不应采用锚杆
	支撑式结构		适用于较深的基坑	
	悬臂式结构		适用于较浅的基坑	
	双排桩		当锚拉式、支撑式和悬臂式结构不适用时，可考虑采用双排桩	
	支护结构与主体结构结合的逆作法		适用于基坑周边环境条件很复杂的深基坑	

续表

结构形式		适用范围	
		安全等级	基坑深度、环境条件、土类和地下水条件
土钉墙	单一土钉墙	二级、三级	适用于地下水位以上或经降水的非软土基坑，且基坑深度不宜大于12m
	预应力锚杆复合土钉墙		适用于地下水位以上或经降水的非软土基坑，且基坑深度不宜大于15m
	水泥土桩垂直复合土钉墙		用于非软土基坑时，基坑深度不宜大于12m；用于淤泥质土基坑时，基坑深度不宜大于6m；不宜用在高水位的碎石土、砂土、粉土层中
	微型桩垂直复合土钉墙		适用于地下水位以上或经降水的基坑，用于非软土基坑时，基坑深度不宜大于12m；用于淤泥质土基坑时，基坑深度不宜大于6m

当基坑潜在滑动面内有建筑物、重要地下管线时，不宜采用土钉墙

结构形式	安全等级	基坑深度、环境条件、土类和地下水条件
重力式水泥土墙	二级、三级	适用于淤泥质土、淤泥基坑且基坑深度不宜大于7m
放坡	三级	(1)施工场地应满足放坡条件； (2)可与上述支护结构形式相结合

注：① 当基坑不同部位的周边环境条件、土层性状、基坑深度等不同时，可在不同部位分别采用不同的支护形式；

② 支护结构可采用上、下部以不同结构类型组合的形式。

任务 3.3　基坑支护内支撑系统

在基坑场地狭小、无法施工锚杆或控制变形严格的基坑支护工程中，采用内支撑支护体系可以有效地保证地下工程开挖和结构施工的安全。内支撑可以直接平衡两端挡墙上承受的侧压力，构造简单、受力明确。

内支撑系统由水平支撑和竖向支撑两部分组成，深基坑开挖中采用内支撑系统的支护方式已得到广泛的应用，尤其对于软土地区基坑面积大、开挖深度深的情况，内支撑系统由于具有无须占用基坑外侧地下空间资源、可提高整个支护体系的整体强度和刚度，可有

效控制基坑变形等特点而得到了大量的应用。内支撑体系的基本构件包括围檩、水平支撑、钢立柱和立柱桩。

1. 围檩是协调支撑和在围护墙结构间受力与变形的重要受力构件，可加强围护墙的整体性，并将其所受的水平力传递给支撑构件，因此要求具有较好的自身刚度和较小的垂直位移。

2. 水平支撑是平衡围护墙外侧水平作用力的主要构件，要求传力直接、平面刚度好且分布均匀。

3. 钢立柱和立柱桩的作用是保证水平支撑的纵向稳定，加强支撑体系的空间刚度和承受水平支撑传来的竖向荷载，要求具有较好的自身刚度和较小的垂直位移。支撑材料可以采用钢或混凝土，也可以根据实际情况采用钢和混凝土组合的支撑形式。

内支撑系统按照材料类型分类，可分为钢结构支撑和钢筋混凝土支撑。

1. 钢结构支撑，除了自重轻、安装和拆除方便、施工速度快以及可以重复使用等优点外，其安装后还能立即发挥支撑作用，对减少由于时间效应而增加的基坑位移是十分有效的，因此如有条件，应优先采用钢结构支撑。但是钢结构支撑的节点构造和安装相对复杂，如处理不当，会由于节点的变形或节点传力的不直接从而引起基坑过大的位移，因此提高节点的整体性和施工技术水平是至关重要的。

2. 钢筋混凝土支撑，由于其刚度大、整体性好，可以采取灵活的布置方式以适应不同形状的基坑，而且不会因节点松动而引起基坑的位移，施工质量相对容易保证，所以使用面也较广。但是混凝土支撑在现场需要较长的制作和养护时间，制作后不能立即发挥支撑作用，需要达到一定的强度后才能进行后续的作业，施工周期相对较长；且混凝土支撑采用爆破方法拆除时，对周围环境（包括震动、噪声和城市交通等方面）也有一定的影响，爆破后的清理工作量很大，支撑材料也不能再重复利用。

3.3.1 内支撑结构的优缺点及适用范围

1. 内支撑支护结构的优点

（1）施工质量易控制，工程质量的稳定程度高。

（2）内撑在支撑过程中是受压构件，可充分发挥出混凝土受压强度高的材性特点，达到经济目的。

（3）内支撑支护结构的适用土性范围广泛，尤其适合在软土地基中使用。

2. 内支撑支护结构的缺点

（1）内支撑形成必要的强度以及内支撑的拆除都需占据一定工期。

（2）基坑内布置的内支撑减小了作业空间，增加了开挖、运土及地下结构施工的难度，不利于提高劳动效率和节省工期，随着开挖深度的增加，这种不利影响更明显。

（3）当基坑平面尺寸较大时，不仅要增加内支撑的长度，内支撑的截面尺寸也随之增加，经济性较差。

3. 内支撑支护结构的适用范围

（1）适用于侧壁安全等级为一、二、三级的各种土层和深基坑支护工程，特别适合在软土地基中使用。

（2）适用于平面尺寸不太大的深基坑支护工程，对于平面尺寸较大的，可采用空间结构支撑改善支撑布置及受力情况。

（3）适用于对周围环境保护及变形控制要求较高的深基坑支护工程。

3.3.2 内支撑施工要求

无论何种支撑，其总体施工原则都是相同的，土方开挖的顺序、方法必须与设计工况一致，并遵循"先撑后挖、限时支撑、分层开挖、严禁超挖"的原则进行施工，尽量减少基坑无支撑暴露时间和空间。同时应根据基坑工程等级、支撑形式、场内条件等因素，确定基坑开挖的分区及其顺序。宜先开挖周边环境要求较低的一侧土方，并及时设置支撑。周边环境要求较高一侧的土方开挖，宜采用抽条对称开挖、限时完成支撑或垫层的方式。基坑应按支护结构设计、降排水要求等确定开挖方案，开挖过程中应分段、分层，随挖随撑，按规定时限完成支撑的施工，做好基坑排水，减少基坑暴露时间。在开挖过程中，应采取措施防止碰撞支护结构、工程桩或扰动原状土。支撑的拆除过程必须遵循"先换撑、后拆除"的原则进行施工。

任务 3.4 基坑地下水控制

3.4.1 地下水概述

在影响基坑稳定性的诸多因素中，地下水占有突出地位，基坑工程事故多数与地下水的作用及对其处理不当有关。地下水对基坑工程的危害包括增加支护结构上的水土压力作用，引起土的抗剪强度降低，抽（排）水也会引起地层不均匀沉降与地面沉陷，基坑涌水，渗流破坏（流砂、管涌、坑底突涌）等。基坑工程地下水的控制，应根据场地的工程地质、水文地质及岩土工程特点，采取可靠措施，防止因地下水引起基坑失稳及其对周边环境造成影响。

3.4
基坑地下
水控制

基坑工程地下水控制的方法分为降排水和隔渗两大类。其中又各包括多种形式。根据地质条件、周边环境、开挖深度和支护形式等因素，可分别采用不同方法或几种方法的合理组合，以达到有效控制地下水的目的。基坑降排水是指在开挖基坑时，地下水位高于开挖底面，地下水会不断渗入坑内，为保证基坑能在干燥条件下施工，防止边坡失稳、基底流砂、坑底隆起、坑底管涌和地基承载力下降而做的降水工作。

3.4.2 地下水的分类

地下水按照含水层埋藏条件和水力特征分为上层滞水、潜水和承压水。上层滞水是指地层的包气带中局部的、不成为连续含水层的土层中的地下水，多为孔隙水、无压力水头。如人工填土、淤泥透镜体和多年冻土融冻层中的地下水。它一般与周边环境、其下的其他含水层无水力联系。

潜水是指地表以下至第一个隔水底板之上的含水层中的地下水，有孔隙水，也有裂隙水（裂隙孔隙水）或浅部岩溶带中地下水，其自由水面处无压力水头。

承压水是指上下两个隔水层之间含水层中的地下水，亦称层间水，有孔隙水，也有裂隙水或岩溶发育带中的地下水。当顶板倾斜、含水层厚度变化，特别是补给区水位高于本区隔水层顶板时，该含水层形成压力水头并高于顶板，故称承压水。

工程中地层透水性的强弱，主要衡量标准是地层的渗透系数 k 值。按地层渗透系数 k 值划分的岩土透水性等级可参见表 3-7。

岩土透水性等级   表 3-7

类别	强透水	透水	弱透水	微透水	不透水
渗透系数 k 值/$(m \cdot d^{-1})$	>10	10~1	1~0.01	0.01~0.001	<0.001

3.4.3 基坑地下水控制方法

基坑地下水控制方法有集水井明沟排水法和井点降水法两种。具体基坑地下水降水方法及适用范围见表 3-8。

基坑地下水降水方法及适用范围   表 3-8

降水方法		适用地层	渗透系数/$(m \cdot d^{-1})$	降水深度/m	水文地质特征
集水井明沟排		黏性土、砂土	<10	≤5	潜水或地表水
轻型井点	一级	砂土、粉土、含薄层粉砂的淤泥质（粉质）黏土	0.1~20	3~6	潜水
	二级			6~9	
	三级			9~12	
喷射井点				<20	潜水、承压水
电渗井点		黏土、淤泥质（粉质）黏土	<0.1	根据选用的井点确定	潜水、承压水
管井井点	疏干	砂性土、粉土、粉质黏土	0.02~0.1	不限	潜水
	减压	砂性土、粉土	0.1	不限	承压水

1. 集水井明沟排水法（集水明排法）

当基坑开挖不很深，基坑涌水量不大时，集水明排法是应用最广泛，亦是最简单、经济的方法。明沟、集水井排水多是在基坑的两侧或四周设置排水明沟，在基坑四角或每隔30~40m 设置集水井，使基坑渗出的地下水通过排水明沟汇集于集水井内，然后用水泵将其排出基坑外，如图 3-7 所示。

排水明沟宜布置在拟建建筑基础边 0.4m 以外，沟边缘离边坡坡脚应不小于 0.3m。

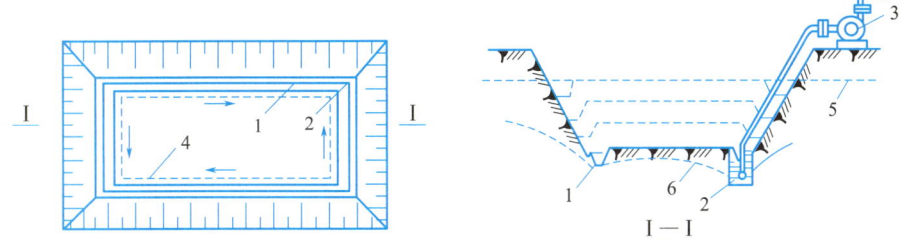

图 3-7　集水明排法

1—排水沟；2—集水井；3—离心式水泵；4—设备基础或建筑物基础边线；

5—原地下水位线；6—降低后地下水位线

排水明沟的底面应比挖土面低 0.3～0.4m。集水井底面应比沟底面低 0.5m 以上，并随基坑的挖深而加深，以保持水流畅通。明沟的坡度不宜小于 0.3%，沟底应采取防渗措施。集水井的净截面尺寸应根据排水流量确定。集水井应采取防渗措施。明沟、集水井排水，视水量多少进行连续或间断抽水，直至基础施工完毕、回填土为止。明沟排水设施与市政管网连接口之间应设置沉淀池。明沟、集水井、沉淀池使用时应排水畅通并应随时清理淤积物。当基坑开挖的土层由多种土组成，中部夹有透水性的砂类土，基坑侧壁出现分层渗水时，可在基坑边坡上按不同高程分层设置明沟和集水井构成明排水系统，分层阻截和排除上部土层中的地下水，避免上层地下水冲刷基坑下部边坡造成塌方。

2. 轻型井点

轻型井点设备主要由管路系统和抽水设备组成。管路系统包括井点管（包括过滤器）、弯联管、总管；抽水设备由抽水泵、真空泵等组成。轻型井点系统降低地下水位的布置如图 3-8 所示，沿基坑周围以一定的间距插入井点管（下端为滤管），在地面上用水平铺设的集水总管将各井点管连接起来，在一定位置设置真空泵和离心泵。当开动真空泵和离心泵时，地下水在真空吸力的作用下经滤管进入管井，然后经集水总管排出。轻型井点具有机具简单、使用灵活、装拆方便、降水效果好、可防止流砂现象发生、提高边坡稳定、费用较低等优点，但须配置一套井点设备。适于渗透系数为 0.1～20.0m/d 的土以及土层中含有大量的细砂和粉砂的土或明沟排水易引起流砂、塌方等情况使用。

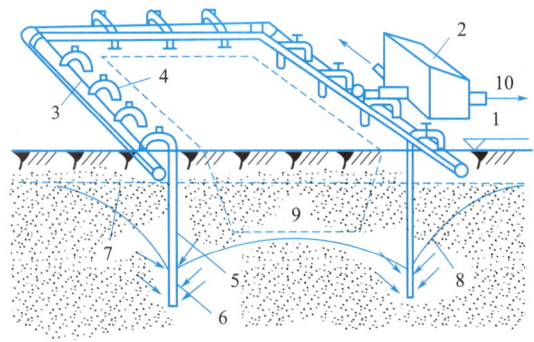

图 3-8　轻型井点

1—地面；2—水泵房；3—总管；4—弯联管；5—井点管；6—滤管；7—原有地下水位线；

8—降低后地下水位线；9—基坑；10—降水排放河道

（1）平面布置

轻型井点布置应根据基坑平面形状与大小、土质与水文情况、工程性质、降水深度等确定。当基坑（槽）宽度小于 6m 且降水深度不超过 6m 时，可采用单排井点布置，如图 3-9 所示；当基坑（槽）宽度大于 6m 或土质较差，渗透系数较大时，宜采用双排井点降水，井点管布置在基坑（槽）的两侧。井点管布置在靠近地下水上游处基坑（槽）一侧，两端延伸长度不小于基坑（槽）的宽度，井点管距基坑（槽）的边缘不小于 0.7～1.0m，以免造成局部漏气，影响抽水效果。

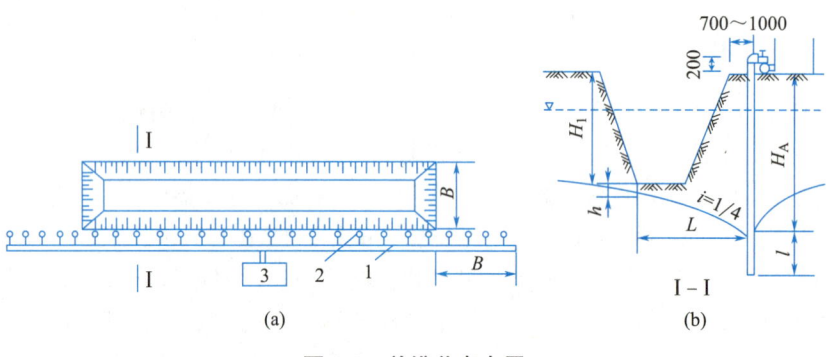

图 3-9　单排井点布置
（a）平面布置；（b）高程布置
1—总管；2—井点管；3—抽水设备

当基坑面积较大时，宜采用环形井点布置，如图 3-10 所示。提前预留出挖土运输设备出入通道不封闭，间距不小于 4m，一般留设在地下水下游方向。

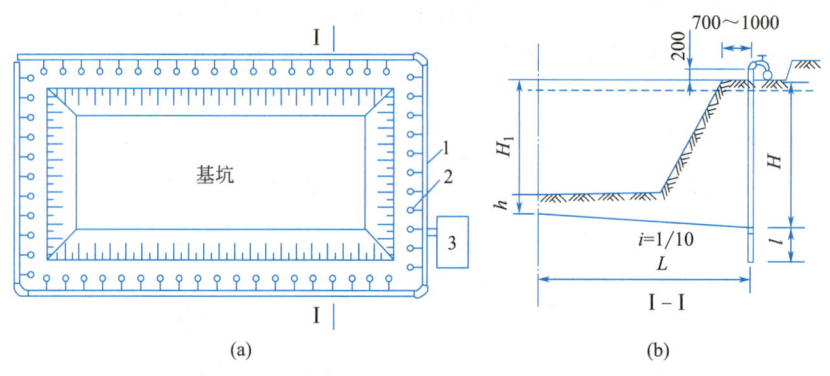

图 3-10　环形井点布置
（a）平面布置；（b）高程布置
1—总管；2—井点管；3—抽水设备

井点管采用直径 38～55mm 的钢管，长度为 5～7m，井点管的下端装有滤管。滤管直径常与井点管直径相同，长度为 1.0～1.7m，管壁上钻直径 12～18mm 的孔，呈梅花形分布。井点管的上端用弯管接头与总管相连。

弯联管用胶皮管、塑料透明管或钢管制成，直径为 38～55mm。每个连接管均宜装设阀门，以便检修井点。集水总管一般用直径为 100～127mm 的钢管分节连接，每节长 4m，一般每隔 0.8～1.6m 设一个连接井点管的接头。

抽水设备通常由一台真空泵、两台离心泵（一只备用）和一台气水分离器组成一套抽水机组。

（2）高程布置

井点管的入土深度应根据降水深度及储水层所有位置决定，但必须将滤水管埋入含水层内，并且比挖基坑（沟、槽）底深 0.9～1.2m，井点管的埋置深度应经公式（3-1）计算确定。

$$H \geqslant H_1 + h + iL \tag{3-1}$$

式中：H_1——井点管埋设面基坑底面的距离，m；

　　　A——降低后的地下水位至基坑中心底面的距离，一般取 0.5～1.0m；

　　　i——水力坡度，单排井点为 1/4，双排井点为 1/7，环形井点为 1/10；

　　　L——井点管至基坑（槽）中心的水平距离，m。

当计算出的 H 值大于降水深度时，则应降低总管水平面标高，以适应降水深度要求。此外，还要考虑井点管一般的标准长度，井点管露出地面 0.2～0.3m。

3. 喷射井点

喷射井点降水是在井点管内部装设特制的喷射器，用高压水泵或空气压缩机通过井点管中的内管向喷射器输入高压水（喷水井点）或压缩空气（喷气井点）形成水射流或气射流，将地下水经井点外管与内管之间的间隙抽出排走，如图 3-11 所示。本法采用设备较简单，排水深度大，可达 8～20m，比多层轻型井点降水设备少，基坑土方开挖量少、施工快、费用低。适于基坑开挖较深、降水深度大于 6m、渗透系数为 0.1～20.0m/d 的填土使用。

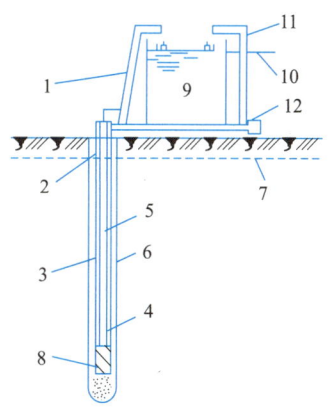

图 3-11 喷射井点

1—排水总管；2—黏土封口；3—填砂；
4—喷射器；5—给水总管；6—井点管；
7—地下水，8—过滤器；9—水箱；
10—溢流管；11—调压管；12—水泵

4. 电渗井点

电渗井点排水是利用井点管（轻型或喷射井点管）本身作阴极，沿基坑外围布置，以钢管（$\phi50～\phi75$mm）或钢筋（$\phi25$mm 以上）作阳极，垂直埋设在井点内侧，阴阳极分别用电线等连接成通路，并对阳极施加强直流电流，如图 3-12 所示。应用电压降使带负电的土粒向阳极移动（即电泳作用），带正电荷的孔隙水则向阴极方向集中，产生电渗现象。在电渗与真空的双重作用下，强制黏土中的水在井点附近积集，由井点管快速排出，通过井点管连续抽水使地下水位逐渐降低。电极间的土层则形成电帷幕，由于电场作用，可阻止地下水从四面流入坑内。在饱和黏土中，特别是淤泥和淤泥质黏土中，由于土的透水性较差，持水性较强，用一般轻型井点和喷射井点降水效果较差，此时宜增加电渗井点来配合轻型或喷射井点降水，以便对透水性差的土起疏干作用，使水排出。

5. 管井井点

管井井点由滤水井管、吸水管和抽水机械等组成，如图 3-13 所示。管井井点设备较简单、排水量大、降水较深，较轻型井点具有更大的降水效果，可代替多组轻型井点作用，水泵设在地面，易维护。管井埋设的深度和距离根据需降水面积、深度及渗透系数确定，一般间距 10～50m，最大埋深可达 10m。适用于在渗透系数较大、地下水丰富的土层、砂层，或在用明沟排水法易造成土粒大量流失引起边坡塌方及用轻型井点难以满足要求的情况下使用，但管井属于重力排水范畴，吸程高度受到一定限制，要求渗透系数较大（1～200m/d）。

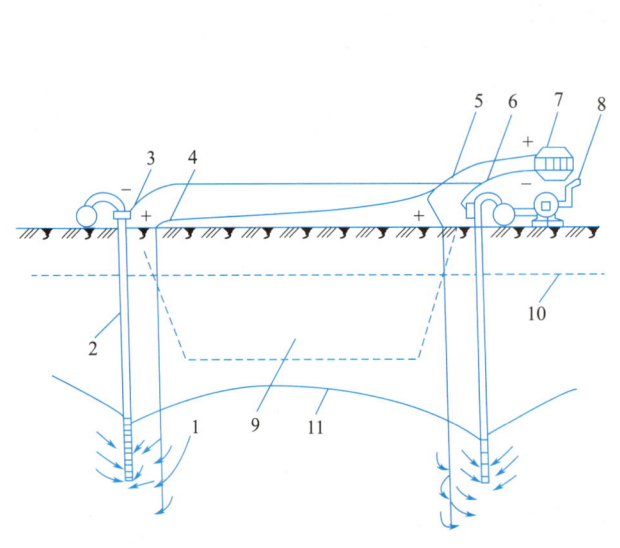

图 3-12　电渗井点布置

1—阳极；2—阴极；3—用扁钢、螺栓或电线将阴极连通；4—用钢筋或电线将阳极连通；5—阳极与发电动机连接电线；6—阴极与发电动机连接电线；7—直线发电动机（或直流电焊机）；8—水泵；9—基坑；10—原有水位线；11—降水后的水位线

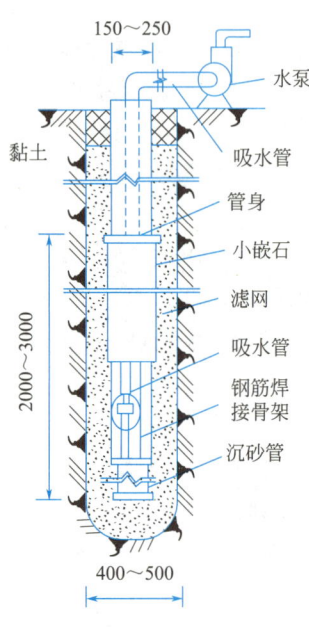

图 3-13　管井井点

3.4.4　隔水帷幕与降水井的共同作用

1. 隔水帷幕

采用隔水帷幕的目的是切断基坑外的地下水，防止地下水流入基坑内部，或减小地下水沿基坑帷幕的水力梯度。隔水帷幕的厚度应满足基坑防渗要求，隔水帷幕的渗透系数宜小于 1.0×10^{-6} cm/s。当基坑底存在连续分布、埋深较浅的隔水层时，应采用底端进入下卧隔水层的落底式帷幕；当坑底以下含水层厚度较大时需采用悬挂式帷幕，其深度要满足地下水从帷幕底绕流的渗透稳定要求，并应分析地下水位下降对周边建（构）筑物的影响。隔水帷幕可选用旋喷法或摆喷注浆帷幕、水泥土搅拌桩帷幕、地下连续墙或咬合式排

桩。支护结构采用排桩时，可采用高压旋喷或摆喷注浆与排桩相互咬合的组合帷幕。基坑的隔水帷幕（或可以隔水的围护结构）周围的地下水渗流特征与降水目的、隔水帷幕的深度和含水层位置有关，利用这些关系布置降水井可以提高降水的效率，减少降水对环境的影响。隔水帷幕与降水井布置需要依据有关条件综合考虑。

2. 隔水帷幕与降水井布置

（1）隔水帷幕深入降水含水层的隔水底板中

隔水帷幕深入降水含水层的隔水底板中，井点降水以疏干基坑内的地下水为目的，如图 3-14 所示。这类隔水帷幕将基坑内的地下水与基坑外的地下水分隔开来，基坑内、外地下水无水力联系。此时，应把降水井布置于坑内，降水时，基坑外地下水不受影响。

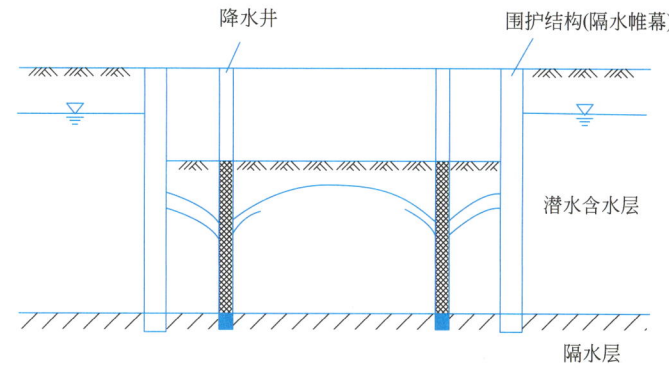

图 3-14　隔水帷幕隔断深入降水含水层的隔水底板中

（2）隔水帷幕底位于承压水含水层隔水顶板中

隔水帷幕底位于承压水含水层隔水顶板中，通过井点降水降低基坑下部承压含水层的水头，以达到防止基坑底板隆起或承压水突涌为目的，如图 3-15 所示。这类隔水帷幕未将基坑内、外承压含水层分隔开。由于不受围护结构的影响，基坑内、外地下水连通，这类井点降水影响范围较大。此时，应把降水井布置于基坑外侧。因为即使布置在坑内，降水依然会对基坑外围有明显影响，反而会多出封井问题。

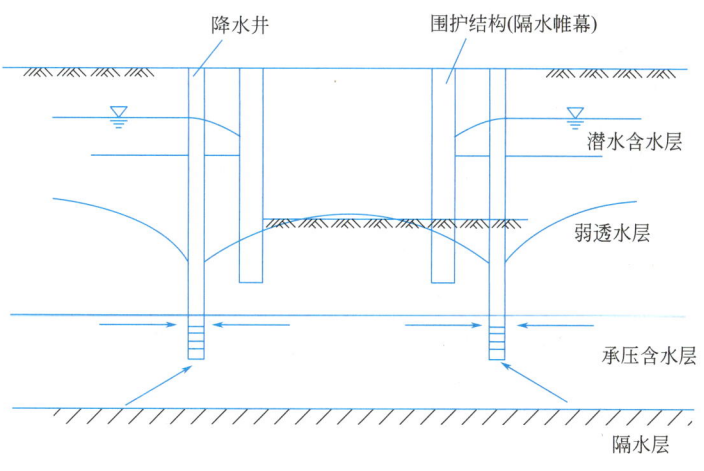

图 3-15　隔水帷幕底位于承压水含水层隔水顶板中

（3）隔水帷幕底位于承压水含水层中

隔水帷幕底位于承压水含水层中，如果基坑开挖较浅，坑底未进入承压水含水层，井点降水以降低承压水水头为目的；如果基坑开挖较深，坑底已经进入承压水含水层，井点降水前期以降低承压水水头为目的，后期以疏干承压含水层为目的，如图3-16所示。这类隔水帷幕底位于承压水含水层中，基坑内、外承压含水层部分被隔水帷幕隔开，仅含水层下部未被隔开。由于受围护结构的阻挡，在承压含水层上部基坑内、外地下水不连续，下部含水层连续相通，地下水呈三维流态。随着基坑内水位降深的加大，基坑内、外水位相差较大。在这类情况下，应把降水井布置于坑内侧，这样可以明显减少降水对环境的影响，而且隔水帷幕插入承压含水层越深，这种优势越明显。

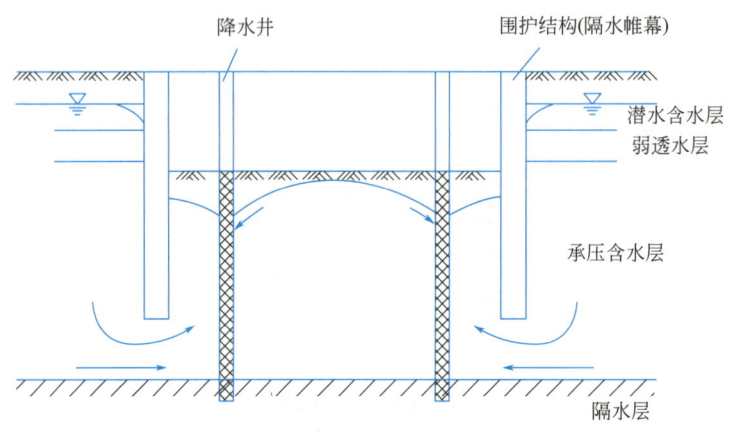

图3-16　隔水帷幕底位于承压水含水层中

任务 3.5　地基处理

在地下工程中，无论是给水排水构筑物，还是给水排水管道，其荷载都作用于地基上，导致地基产生附加应力，附加应力引起地基的沉降，沉降量取决于土的孔隙率和附加应力的大小。在荷载作用下，若同一高度的地基各点沉降量相同，这种沉降称为均匀沉降；反之，称为不均匀沉降。无论是均匀沉降，还是不均匀沉降都有一个容许范围值，称为极限均匀沉降量和最大不均匀沉降量。沉降量在允许范围内，构筑物才能稳定安全，否则，结构就会失去稳定或遭到破坏。

地基在构筑物荷载作用下，不会因地基产生的剪应力超过土的抗剪强度而导致地基和构筑物破坏的承载力称为地基容许承载力。因此，地基应同时满足容许沉降量和容许承载力的要求，如不满足时，则采取相应措施对地基进行加固处理。地基处理的目的是：

（1）改善土的剪切性能，提高抗剪强度。

（2）降低软弱土的压缩性，减少基础的沉降或不均匀沉降。

（3）改善土的透水性，起隔水、防渗的作用。

（4）改善土的动力特性，防止砂土液化。

（5）改善特殊土的不良地基特性（主要指消除或减少湿陷性和膨胀土的胀缩性等）。

地基处理的方法有换土垫层、碾压夯实、挤密振实、排水固结和注浆加固五类。地基处理方法及其原理与作用可参考表 3-9。

地基处理方法及其原理与作用　　　　　　　　　表 3-9

分类	处理方法	原理及作用	适用范围
换土垫层	素土垫层 砂和砂石垫层 灰土垫层	挖除浅层软土，用砂、石等强度较高的土料代替，以提高持力层的承载力，减少部分沉降量；消除或部分消除土的湿陷性胀缩性及防止土的冻胀作用；改善土的抗液化性能	适用于处理浅层软弱土地基、湿陷性黄土地基（只能用灰土垫层）、膨胀土地基、季节性冻土地基
碾压夯实	机械碾压法 振动压实法 重锤夯实法 强夯法	通过机械或夯击压实土的表层，强夯法则利用强大的夯击，迫使深层土液化和动力固结而密实，从而提高地基的强度，减少部分沉降量，消除或部分消除黄土的湿陷性，改善土的抗液化性能	一般适用于砂土、含水量不高的黏性土及填土地基。强夯法应注意其振动对附近（约 30m 内）建筑物的影响
挤密振实	砂桩挤密法 灰土桩挤密法 石灰桩挤密法 振冲法	通过挤密或振动使深层土密实，并在振动挤压过程中回填砂、石等材料，形成砂桩或碎石桩，与桩周土一起组成复合地基，从而提高地基承载力，减少沉降量	适用于处理砂土、粉土或部分黏土颗粒含量不高的黏性土
排水固结	堆载顶压法 砂井堆载顶压法 排水纸板法 井点降水顶压法	通过改善地基的排水条件和施加顶压荷载，加速地基的固结和强度增长，提高地基的强度和稳定性，并使基础沉降提前完成	适用于处理厚度较大的饱和软土层，但需要具有顶压的荷载和时间，对于厚的泥炭层则要慎重对待
注浆加固	硅化法 旋喷法 碱液加固法 水泥灌浆法 深层搅拌法	通过注入水泥、化学浆液将土粒粘结；或通过化学作用机械拌合等方法，改善土的性质，提高地基承载力	适用于处理砂土、黏性土、粉土、湿陷性黄土等地基，特别适用于对已建成的工程地基事故处理

3.5.1　换土垫层

换土垫层是一种直接置换地基持力层软弱土的处理方法。施工时将基底下一定深度的软弱土层挖除，分层填回砂、石、灰土等材料，并加以夯实振密。换土垫层是一种较简易的浅层地基处理方法，在各地得到广泛应用。

1. 素土垫层

素土垫层一般适用于处理湿陷性黄土和杂填土地基。素土垫层是先挖去基础下边部分土层或全部软弱土层，然后分层回填，分层夯实素土而成。

软土地基的垫层厚度，应根据垫层底部软弱土层的承载力决定，其厚度不应大于 3m。素土垫层的土料，不得使用淤泥、耕土、冻土、垃圾、膨胀土以及有机物含量大于 8% 的土作为填料。土料含水量应控制在最佳含水量范围内，误差不得大于 ±2%。填料前应将基底的草皮、树根、淤泥、耕植土铲除，清除全部的软弱土层。施工时，应做好地面水或地下水的排除工作，填土应从最低部分开始进行，分层铺设、分层夯实。垫层施工完毕后，应立即进行下道工序施工，防止水浸、晒裂。

2. 砂和砂石垫层

砂和砂石垫层适用于处理在坑（槽）底有地下水或土的含水量较大的黏性土地基。

（1）材料要求

砂和砂石垫层所需材料，宜采用颗粒级配良好，质地坚硬的中砂、粗砂、砾石、卵石和碎石，也可采用细砂，宜掺入按设计规定数量的卵石或碎石。最大粒径不宜大于 50mm。

（2）施工要点

1）施工前应验槽，坑（槽）内无积水，边坡稳定，槽底和两侧如有孔洞应先填实。同时将浮土清除。

2）采用人工级配的砂石材料，按级配拌和均匀，再分层铺筑、分层捣实。

3）每铺好一层垫层，经压实系数检验合格后方可进行上一层施工。

4）分段施工时，接槎处应做成斜坡，每层错开 0.5～1.0m，并应充分捣实。

5）砂垫层和砂石垫层的底面宜铺设在同一标高上，如深度不同时，施工应按先深后浅的顺序进行，土面应挖成台阶或斜坡搭接，搭接处应注意捣实。

3. 灰土垫层

灰土垫层是用石灰和黏性土拌和均匀，然后分层夯实而成。适用于一般黏性土地基加固或挖深超过 15cm 时或地基扰动深度小于 1.0m 等，该种方法施工简单、取材方便、费用较低。

（1）材料要求

土料中含有有机质的量不宜超过规定值，土料应过筛，粒径不宜大于 15mm。石灰应提前 1～2d 熟化，不含有生石灰块和过多水分。灰土的配合比可按体积比，一般石灰∶土为 2∶8 或 3∶7。

（2）施工要点

施工前应验槽，清除积水、淤泥，待干燥后再铺灰土。

灰土的含水量应适宜，以手紧握土料成团，两指轻捏能碎为宜。

灰土应拌和均匀，颜色一致，拌好后应及时铺好夯实，避免未夯实的灰土受雨淋，铺土应分层进行，每层铺土厚度参照《建筑地基基础工程施工质量验收标准》GB 50202—2018 确定。垫层质量控制其压实系数不小于 0.93～0.95。

灰土打完后，应及时进行基础施工，及时回填，否则要临时遮盖，防止日晒雨淋。冬期施工时，不得采用冻土或夹有冻土的土料，并应采取防冻措施。

3.5.2　碾压夯实

（1）机械碾压

机械碾压法采用压路机、推土机、羊足碾或其他压实机械来压实松散土，常用于大面积填土的压实和杂填土地基的处理。碾压的效果主要取决于压实机械的压实能量和被压实土的含水量。应根据具体的碾压机械的压实能量，控制碾压土的含水量，选择合适的铺填厚度和碾压遍数。最好是通过现场试验确定，在不具备试验条件的场合，可参照表 3-10 选用。

垫层的每层铺填厚度及压实遍数　表 3-10

施工设备	每层铺填厚度/cm	每层压实遍数/次
平碾	20～30	6～8
羊足碾	20～35	8～16
蛙式夯	20～25	3～4
振动碾	60～130	6～8
振动压实机	120～150	10
插入式振动器	20～50	—
平板式振动器	15～25	—

（2）重锤夯实法

重锤夯实法是利用移动式起重机悬吊夯锤至一定高度后，自由下落，夯实地基。适用于地下水位 0.8m 以上稍湿的黏性土、砂土、湿陷性黄土、杂填土等地基加固。

夯锤形状宜采用截头圆锥体，如图 3-17 所示。重锤采用钢筋混凝土块、铸铁块或铸钢块，锤重一般为 14.7～29.4kN，锤底直径一般为 1.13～1.15m。起重机采用履带式起重机，起重机的起重量应不小于 1.5～3.0 倍的锤重。

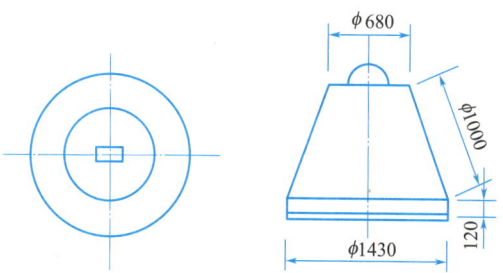

图 3-17　钢筋混凝土夯锤

重锤夯实施工前，应进行试夯，确定夯实方案，其内容包括锤重、夯锤底面直径、落点形式、落距及夯击遍数。

在起重能力允许的条件下，采用较重的夯锤、底面直径较大为宜。落距一般采用 2.5～4.5m，还应使锤重与底面积的关系符合锤重在底面上的单位静压力 1.5～2.0N/cm²。重锤夯击遍数应根据最后下沉量和总下沉量确定，最后下沉量是指重锤最后两击平均土面的沉降值，黏性土为 10～20mm，砂土为 5～10mm。夯锤的落点形式及夯打顺序：条形坑（槽）采用一夯挨一夯顺序进行。在一次循环中同一夯位应连夯两下，下一循环的夯位，应与前一循环错开 1/2 锤底直径；非条形基坑，一般采用先周边后中间的顺序。夯实完毕后，应检查夯实质量，一般采用在地基上点夯击检查最后下沉量，夯击检查点数，每一单独基础至少应有一点；沟槽每 30m² 应有一点；整片地基每 100m² 不得少于两点。检查后，如质量不合格，应进行补夯，直至合格为止。

（3）振动压实法

振动压实法是利用振动压实机压实浅层地基的一种方法。适用于处理砂土地基和黏性土含量较少、透水性较好的松散杂填土地基。振动压实机的工作原理是由电动机带动两个偏心块以相同速度、相反方向转动而产生很大的垂直振动力（图 3-18）。这种振动机的频率为 1160～1180r/min，振幅为 3.5mm，自重 20kN，振动力可达 50～100kN，并能通过操纵机使它前后移动或拐弯。

振动压实效果与填土成分、振动时间等因素有关，一般地说，振动时间越长效果越好，但超过一定时间后，振动引起的下沉已基本稳定，再振也不能起到进一步的压实效

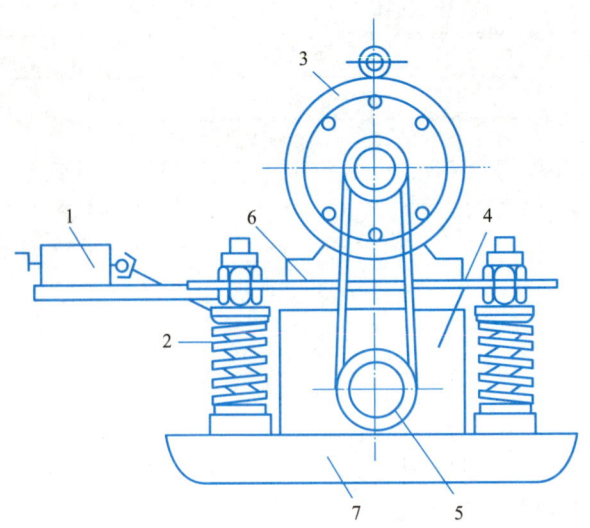

图 3-18　振动压实机示意图

1—操纵机构；2—弹簧减振器；3—电动机；4—振动器；5—振动机槽轮；6—减振架；7—振动夯板

果。因此，需要在施工前进行试振，以测出振动稳定下沉量与时间的关系。对于主要由炉渣、碎砖、瓦块等组成的建筑垃圾，其振动时间在 1min 以上。对于含炉灰等细颗粒填土，振动时间为 3~5min，有效振实深度为 1.2~1.5m。施工时注意振动对周围建筑物的影响，一般情况下振源离建筑物的距离不应小于 3m。

3.5.3　挤密桩与振冲法

1. 挤密桩

挤密桩加固是在承压土层内，打入很多桩孔，在桩孔内灌入各种密实物，以挤密土层，减小土体孔隙率，增加土体强度。挤密桩除了挤密土层加固外，还起换土作用，在桩孔内以工程性质较好的土置换原来的弱土或饱和土，在含水黏土层内，砂桩还可作为排水井。挤密桩体与周围的原土组成复合地基，共同承受荷载。根据桩孔内填料不同，有砂桩、土桩、灰土桩、砾石桩、混凝土桩之分。本文以砂桩施工为例。

（1）一般要求

砂桩的直径一般为 $\phi220\sim\phi320$mm，最大可达 $\phi700$mm。砂桩的加固效果与桩距有关，桩距较密时，土层各处加固效果较均匀。其间距为 1.8~4.0 倍桩直径。砂桩深度应达到压缩层下限处，或压缩层内的密实下卧层。砂桩布置宜采用梅花形，如图 3-19 所示。

（2）施工过程

1）桩孔定位：按设计要求的位置准确确定桩位，并做上记号，其位置的允许偏差为桩直径。

2）桩机设备就位：使桩管垂直吊在桩位的上方，如图 3-20 所示。

3）打桩：通常采用振动沉桩机将工具管沉下、灌砂、拔管即成。振动力以 30~70kN 为宜，砂桩施工顺序应从外围或两侧向中间进行，桩孔的垂直度偏差不应超过 1.5%。

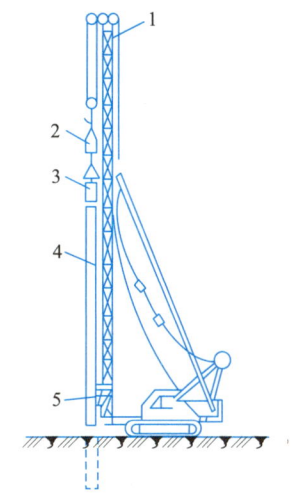

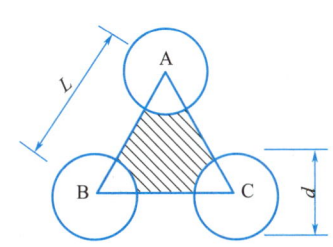

图 3-19　砂桩布置

A、B、C—砂桩中心位置；d—砂桩直径；
L—砂桩间距

图 3-20　振动砂桩机

1—桩机导架；2—减振器；3—振动锤；
4—工具式桩管；5—上料斗

4）灌砂：砂子粒径以 0.3～3mm 为宜，含泥量不大于 5％，还应控制砂的含水量，一般为 7％～9％。砂桩成孔后，应保证桩深满足设计要求，此时，将砂由上料斗投入工具管内，提起工具管，砂从舌门漏出，再将工具管放下，舌门关闭与砂子接触，此时，开动振动器将砂击实，往复进行，直至用砂填满桩孔。每次填砂厚度应根据振动力而定，保证填砂的干密度满足要求。砂桩施工过程如图 3-21 所示。

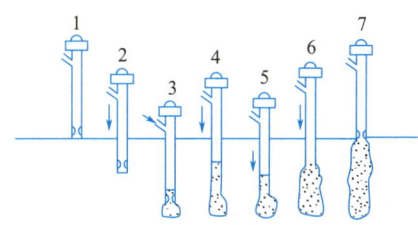

图 3-21　砂桩施工过程

1—工具管就位；2—振动器振动，将工具管打入土中；3—工具管达到设计深度；4—灌砂、拔管；5—振动器打入工具管；6—再灌砂、拔管；7—重复操作，直到地面

2. 振冲法

在砂土中，利用加水和振动可以使地基密实，振冲法就是根据这个原理而发展起来的一种方法。振冲法施工的主要设备是振冲器。它类似于插入式混凝土振捣器，由潜水电动机、偏心块和通水管等组成。振冲器由吊机就位后，同时启动电动机和射水泵，在高频振动和高压水流的联合作用下，振冲器下沉到预定深度，周围土体在压力水和振动作用下变密，此时地面出现一个陷口，往口内填砂，一边喷水振动，一边填砂密实，逐段填料振密，逐段提升振冲器，直到地面，从而在地基中形成一根较大直径的密实的碎石桩体，一般称为振冲碎石桩。振冲法施工程序如图 3-22 所示。

从振冲法所起的作用来看，振冲法分为振冲置换和振冲密实两类。振冲置换法适用于处理不排水、抗剪强度不小于 20kPa 的黏性土、粉土、饱和黄土和人工填土等地基。它是在地基中制造一群以石块、砂砾等材料组成的桩体，这些桩体与原地基一起构成复合地基。而振动密实法适用于处理砂土、粉土等，它是利用振动和压力水使砂层发生液化，砂粒重新排列，孔隙减少，从而提高砂层的承载力和抗液化能力。

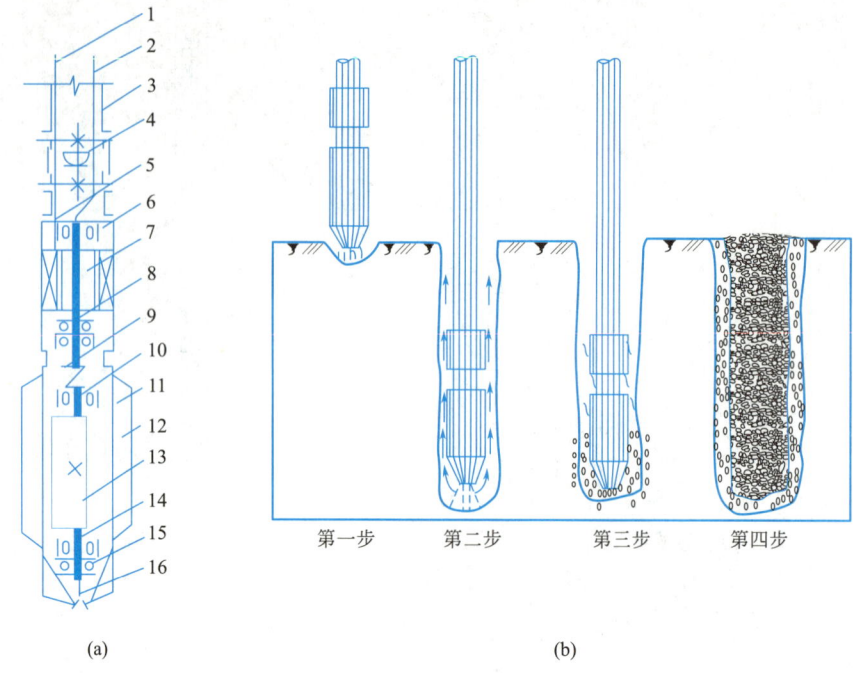

图 3-22　振冲法施工程序

（a）振冲器构造图；（b）施工程序

1—电缆；2—通水管；3—吊管；4—活节头；5—电机垫板；6—潜水电动机；7—转子；8—电动轴；9—联轴节；
10—空心轴；11—壳体；12—翼板；13—偏心块；14—同心轴承；15—推力轴承；16—射水管

3.5.4　注浆加固

在软弱土层或饱和土层内，注入水泥或化学药剂，使之填塞孔隙，并发生化学反应，在颗粒间生成胶凝物质，固结土颗粒，称为注浆加固。

注浆加固可以提高地基容许承载力，降低土的孔隙比，降低土的渗透性，适合修建人工防水帷幕等各种用途，如图 3-23 所示。浆液种类繁多，要正确选用。

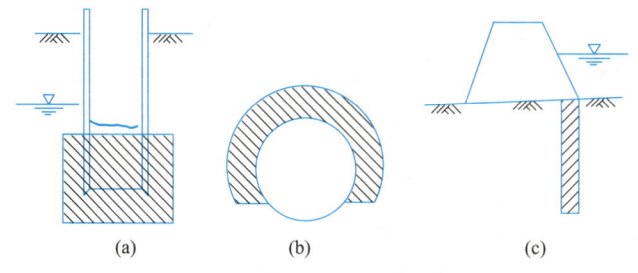

图 3-23　注浆加固的各种用途

（a）沉井下沉时弱土固结；（b）盾构掘进时弱土加固；（c）防水帷幕

1. 浆液要求

（1）化学反应生成物凝胶质安全可靠，有一定耐久性和耐水性。

（2）凝胶质对土颗粒着力良好。

（3）凝胶质有一定强度，施工配料和注入方便，化学反应速度调节可由调节配合比来实现。

（4）浆液注入后，一昼夜土的容许承载力不应小于 490kPa。

（5）浆液应无毒、价廉、不污染环境。

2. 浆液种类

（1）水泥类浆液

水泥类浆液就是用不同种水泥配制水泥浆，水泥浆液可加固裂隙、岩石、砾石、粗砂及部分中砂，一般加固颗粒粒径范围为 0.4～1.0mm，水泥固结时间较长，当地下水流速超过 100m/d 时，不宜采用水泥浆加固。水泥浆的水灰比应根据需要加固强度、土颗粒粒径和级配、渗透系数、注入压力、注管直径和布置间距等因素，结合现场试验确定，一般为 1∶1～1.5∶1。为了提高水泥的凝固速度，改善可注性，提高土体早强强度，可掺入适量的早强剂、悬浮剂和填料等附加剂。水泥浆液均为碱性，不宜用于强酸性土层。

（2）水玻璃类浆液

在水玻璃溶液中加进氯化钙、磷酸、铝酸钠等制成复合剂，可适应不同土质加固的需要。对于不含盐类的砂砾、砂土、轻粉质黏土等，可用水玻璃加氯化钙双液加固。对于粉土，可用水玻璃加磷酸溶液双液加固。也可以将水泥浆掺入水玻璃液作为速凝剂制成悬浊液，其配合比（体积比）为：当水灰比大于 1 时，为 1∶0.4～1∶0.6；当水灰比小于 1 时，为 1∶0.6～1∶0.8。水灰比愈小、水璃浓度愈低、其固结时间愈短。水泥强度等级愈高、水灰比愈小、其固结后强度就愈高。水玻璃水泥浆也是一种用途广泛、使用效果良好的注浆材料。

（3）聚氨酯浆液

聚氨酯浆液分为水溶性聚氨酯和非水溶性聚氨酯两类。注浆工程一般使用非水溶性聚氨酯，其黏度低、可灌性好，浆液遇水即反应成含水凝胶，故而可用于动水堵漏。其操作简便、不污染环境、耐久性好。非水溶性聚氨酯一般把主剂合成聚氨酯的低聚物（预聚体），使用前把预聚体和外掺剂配成浆液。

（4）丙烯酰胺类浆液

其亦称 MG-646 化学浆液，它是以有机化合物丙烯酰胺为主剂，配合其他外加剂，以水溶液状态灌入地层中，发生聚合反应，形成具有弹性的不溶于水的聚合体，这是一种性能优良和用途广泛的注浆材料。但该浆液具有一定毒性，它对神经系统有害，且对空气和地下水有污染。

（5）铬木素类浆液

铬木素类浆液是由亚硫酸盐纸浆液和重铬酸钠按一定的比例配制而成，适用于加固细砂和部分粉砂，加固土颗粒粒径 0.04～10mm，固结时间在几十秒至几十分钟之间，固结体强度可达到 980kPa。铬木素类溶液凝胶的化学稳定性较好、不溶于水、弱酸和弱碱，抗渗性好、价格低，但是浆液有毒，应注意安全施工。铬木素浆液为强酸性，不宜用于强碱性土层。

3. 施工方法

施工中通常采用的方法是旋喷法、注浆法以及深层搅拌法，无论采用哪种方法，必须使浆液均匀分布在需要加固的土层中。

（1）旋喷法

旋喷法是利用钻机钻孔到预定深度，然后用高压泵将浆液通过钻杆端头的特殊喷嘴，以高压水平喷入土层，喷嘴在喷浆液时，一面缓慢旋转，一面徐徐提升，借高压浆液水平射流不断切削土层并与切削下来的土充分搅拌混合，在有效射程内，形成圆柱状凝固体。旋喷法施工工艺示意如图3-24所示。

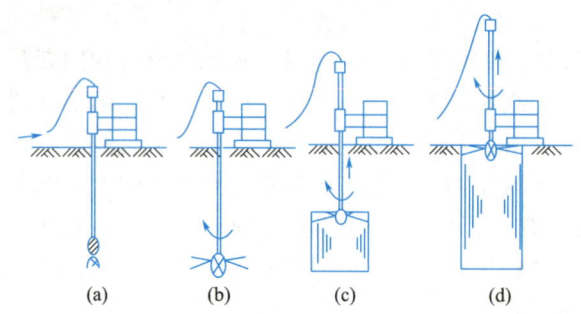

图3-24　旋喷法施工工艺示意

（a）钻孔至设计标高；（b）旋喷开始；（c）边旋喷边提升；（d）旋喷结束成桩

旋喷法采用单管法、二重管法、三重管法，常用机具、设备参数见表3-11。

旋喷法常用机具、设备参数　　　　　　　　　表3-11

项目		单管法	二重管法	三重管法
参数	喷嘴孔径/mm	$\phi 2\sim 3$	$\phi 2\sim 3$	$\phi 2\sim 3$
	喷嘴个数/个	2	1~2	1~2
	旋转速度/(r/min)	20	10	5~15
	提升速度/(mm/min)	200~250	100	50~150
机具性能	高压泵　压力/MPa　流量/(L/min)	20~40　60~120	20~40　60~120	20~40　60~120
	空压机　压力/MPa　流量/(L/min)	—	0.7　1~3	0.7　1~3
	泥浆泵　压力/MPa　流量/(L/min)	—	—	3~5　100~150
配合比		按设计要求		

旋喷法施工要点：

1）钻机定位要准确，保持垂直，倾斜度不得大于1.5%。检查各设备运转是否正常。

2）单管法、二重管法可用喷管射水冲孔或用锤击振动等使喷管到达设计深度，然后再进行旋喷。三重管法需先由钻机钻孔，然后将三重管插至孔底，进行旋喷。

3）旋喷开始时，先送高压水，再送浆液和压缩空气。在桩底部边旋转边喷射1min，当达到预定的喷射压力及喷浆量后，再逐渐提升喷射管。旋喷中冒浆量应控制在10%~25%之间。

4）相互两桩旋喷间隔时间不小于48h，两桩间距应不小于1~2m。

5）检查旋喷桩的质量及承载力。

（2）注浆法

注浆管用内径 20～50mm，壁厚不小于 5mm 的钢管制成，由管尖、有孔管和无孔管三部分组成。管尖是一个 25°～30° 的圆锥体，尾部带有丝扣。有孔管，一般长 0.4～1.0m，孔眼呈梅花状布置，每米长度内应有孔眼 60～80 个，孔眼直径为 13～30mm，管壁外包扎滤网。无孔管，每节长度 1.5～2.0m，两端有丝扣，可根据需要接长。注浆管有效加固半径，一般根据现场试验确定，其经验数据（有效加固半径）见表 3-12。

有效加固半径

表 3-12

土的类型及 加固方法	渗透系数/ （m/d）	加固半径/ m	土的类型及 加固方法	渗透系数/ （m/d）	加固半径/m
砂土双液加固法	2～10	0.3～0.4	湿陷性黄土 单液加固法	0.1～0.3	0.3～0.4
	10～20	0.4～0.6		0.3～0.5	0.4～0.6
	20～50	0.6～0.8		0.5～1.0	0.6～0.9
	50～80	0.8～1.0		1.0～2.0	0.9～1.0

（3）深层搅拌法

深层搅拌法是通过深层搅拌机将水泥、生石灰或其他化学物质（称固化剂）与软土颗粒相结合而硬结成具有足够强度、水稳性以及整体性的加固土。它改变了软土的性质，并满足强度和变形要求。在搅拌固化后，地基中形成柱状、墙状、格子状或块状的加固体，与地基构成复合地基。深层搅拌法常用机械和施工程序如图 2-25 和图 3-26 所示。

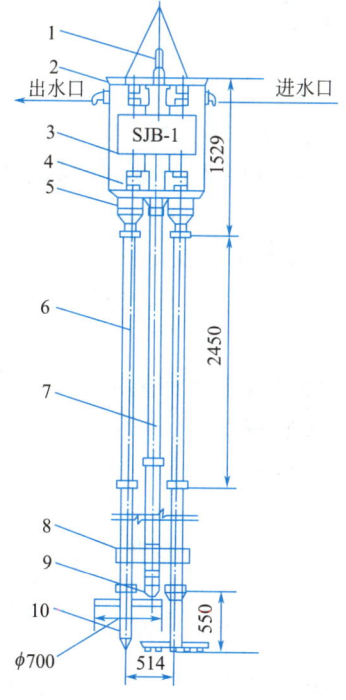

图 3-25　SJB-1 型深层搅拌机

1—输浆管；2—外筒；3—电动机；4—导向滑块；5—减速器；6—搅拌轴；7—中心管；
8—横向系板；9—球形阀；10—搅拌头

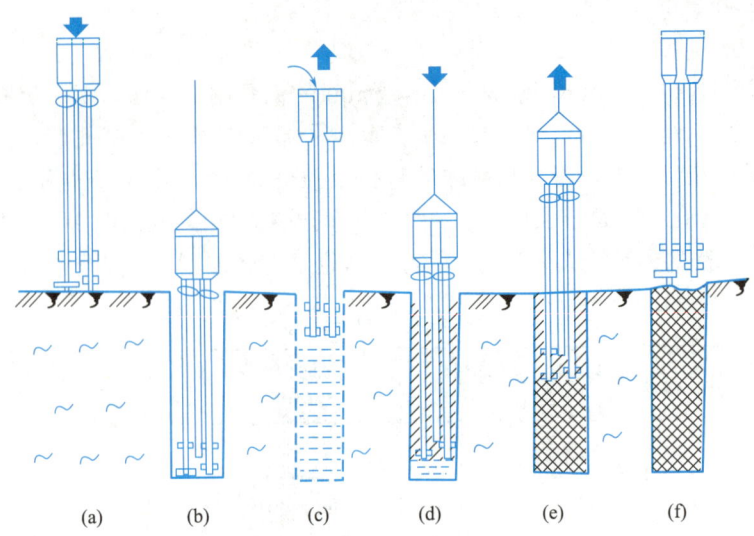

图 3-26 深层搅拌法施工程序

（a）定位下沉；（b）沉入底部；（c）喷浆搅拌上升；（d）重复搅拌（下沉）；
（e）重复搅拌（上升）；（f）加固完毕

任务 3.6 基坑工程案例

1. 工程概况

3.5
基坑工程
实例

某地铁站为明挖两层车站，标准段为双层单柱两跨框架结构；出入段线为双层三跨框架结构；车站东侧设盾构始发井，西侧左、右线设盾构吊出井，出入线设始发井。车站总长 339.86m，标准段宽 19.1m，站台为 10.4m 岛式站台。车站主体基坑开挖深度 16.6m，两端盾构井加宽加深段基坑开挖深度约 17.5m。主体结构采用明挖顺作法施工，地下结构采用混凝土结构自防水与柔性全包防水层相结合的防水方案。

基坑围护结构有地下连续墙和钻孔桩两种类型。钻孔灌注桩围护结构为 $\phi 1200$mm 钻孔桩，钻孔桩外侧布设 3 排等长旋喷桩；其他部位的围护结构全部为 1000mm 厚地下连续墙。基坑内采用大口径井点降水工法降水。

2. 工程地质

在 ZDK1＋958.21～ZDK2＋020 段，车站地层从上到下依次为素填土、粉细砂、中砂、全新统冲洪积粉质黏土、粗砂、上更新统冲洪积粉质黏土、残积硬塑状砂质黏土、强风化混合片麻岩、中风化混合片麻岩、微风化混合片麻岩。车站底板位于粉质黏性土层或强风化混合片麻岩层。车站地层从上到下依次为素填土、粉细砂、细砂、中砂、粗砂、砾砂、全风化混合片麻岩、强风化混合片麻岩、中风化混合片麻岩，车站底板主要位于中、粗砂及砾砂层，有局部位于细砂层。

3. 基坑排水施工

（1）基坑地表水排水系统

由于基坑虽用连续墙护壁，但开挖期间必定存在一定的地下水和地表降水，因而需要边开挖边设置汇水沟，通过汇水沟将水流流入集水坑。具体做法是沿基坑四周设置周边排水沟，在井长轴中点上平行于短轴设置一道中间排水沟并与周边排水沟连通，在井四角各设 1 个集水井，使开挖面的雨水通过排水沟排入集水坑内，并由潜水泵抽至地面排水沟内。

具体要求如下：

1）汇水沟低于基坑底面，沟深 0.3m，底宽 0.3m，水沟的边坡为 1：（1～1.5），或方形明沟，沟底设置 0.2％～0.5％的纵坡，使水流不致阻塞。

2）将水抽排出基坑外。基坑面排水沟横断面为 300mm×300mm。

3）集水坑截面按照 0.8m（长）×0.8m（宽）×1.0m（深），井壁用竹笼、木板加固。

4）积水坑内放置砾石、块石滤层，利用离心泵从井内抽除。

5）在作底板垫层混凝土时，水沟和积水井应用石粉渣回填密实。

（2）地面排水

1）地面水沟的设置

基坑顶部沿导墙周围用混凝土砌筑 300mm×300mm（宽×深）排水沟，用于承接基坑抽排水及地面雨水。排水沟经过沉淀池后，将水排入下水道。排水沟具体设置如图 3-27 所示。

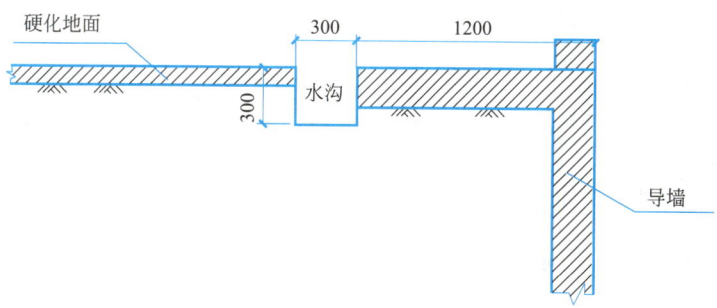

图 3-27　排水沟设置

在导墙边缘修筑宽和高为 20m 的挡水，防止地表水倒灌入基坑内。

2）地面积水坑的设置

对于从基坑内抽出的水，由于含有一定量的泥砂，为有利于环保和防止堵塞下水道，设置沉淀池 1 个，沉淀池有 3 个小池，每个小池尺寸为 2.0m（宽）×1.5m（长）×2.0m（深），3 个小池分别为进水池、沉淀池、出水池。沉淀池应及时清理沉渣，防止将泥砂带入下水道，堵塞管道。沉淀后的水流入城市下水道井口，通过市政管网排出。

4. 基坑降水施工

本基坑内采用大口径井点降水法降水。根据设计图纸明挖基坑内降水井间距 15m，间隔布置，井深 20m，共设 46 口。基坑开挖前将地下水降至底板以下 2m。施工时严格按照相关规程规范进行施工，科学管理，保证成井质量，通过信息化施工逐渐缓慢降低地下水位，确保施工安全。在正式施工前先进行降水试验，通过降水效果确定实际井点布置数目。降水井保留至相邻底板施工完成。

（1）施工部署

1）施工准备：施工设备进场并通过报验，作业人员进场并完成三级教育、安全技术交底，特种作业人员持证上岗。

2）成孔：由施工技术部测量室进行放线，施工队按照技术部计划进行钻机调平对中，经监理和技术人员同意方可进行钻孔施工，成孔自检合格后通知技术部验孔，由技术部、质安部和监理方验孔，合格后安装井管。成孔结束后，必须提供原始记录资料。

3）洗井及抽水管理：降水井洗井过程每 2h 做一次施工抽水记录。抽水管理人员每天将各井的水位和井深进行量测，并和抽水台班一起报施工技术人员。

（2）施工准备

1）劳动力：施工两班 24h 作业，每班钻孔施工 8 人，洗井 6 人，抽水管理及维护 6 人，现场管理人员 3 人。

2）施工机具配备见表 3-13。

施工机具配备 表 3-13

施工机具	冲击钻钻机	电焊机	泥浆机	洗井设备	绞磨机	抽砂泵
数量（台）	5	3	5	3	5	2

3）物资准备：豆石、膨润土、CMC、竹片、PVC 集水管、滤网、测绳、水泵出水管及其他为完成降水井施工必备的物资。

（3）施工工艺流程

排水管道安装→测量放点→定井位→开挖泥浆池、排水渠→钻机就位、调整→钻孔至设计井深→换浆→下井管、包砂网、填滤料→洗井→水泵安装、抽水试验→正式抽水→记录→正常降水 1 个月。

（4）施工方法及措施

1）选用冲击钻成孔，钻孔直径 1000mm，钻至设计深度后用正循环方法清孔，施工中控制孔斜偏差小于 1%。做好机械设备和劳动力的准备工作，根据技术人员的安排，做好各项施工前的组织工作，如施工用水、用电、泥浆池等。

2）埋设护筒。钢护筒用厚 3～4mm 钢板制成，内径比桩径宽 20～40cm，护筒制成长 2m 整体，护筒顶端留有高 0.4m，宽 0.2m 的出浆口，底节护筒下端设刃脚。钢护筒埋设时先在桩位处挖出比护筒外径宽，深 80～100cm 的圆坑。然后在坑底填筑 30～50cm 厚的黏土，分层夯实，然后安设护筒，周围用黏土填筑，其埋置深度不小于 1.5m，护筒顶面宜高出地面 0.3m。

3）钻孔施工。钻机定位准确、水平、稳固，钻机定位后，用钢丝绳将护筒上口挂带在钻架底盘上，成孔过程中，钻机塔架头部滑轮组与钻头始终保持在同一铅垂线上，保证钻头在吊紧的状态下钻进。成孔直径须达到设计桩径。施工中控制孔斜偏差小于 1%。

4）探测孔深足够后按顺序下 $\phi600mm$（壁厚 5mm）的钢管。先仔细检查滤网（3 层 60 目的尼龙布）包扎质量，然后轻提慢放并使井管居中，当上部孔壁缩径或孔底淤塞时，边向孔内注水边缓慢放入，禁止上下提拉或强行冲击。基坑降水井构造如图 3-28 所示。

5）在井壁间隙回填砾石至地面以下 1～1.5m，孔口部分用黏土填实。回填时利用井管上设的对中线确保井壁四周填层厚度均匀。

6）下管填砂后及时进行洗井，用真空泵抽水至井口返出清水为止。洗井控制标准：洗井前后两次抽水，涌水量相差小于 15%；洗井后，井内沉渣不上升。

7）抽水试验。为了确定该场地水文地质参数，根据设计要求，抽水试验必须在井群正式施工前进行。试验选用井位图上降水井作为抽水井，另一降水井暂作为观测井。水泵采用深井潜水泵，打好后，先各抽 1～2d 或更长时间，以确保抽水时流量稳定，待水位恢复后，再次抽水开始前应测定孔内水位变化情况，抽水试验应选在井内水位波动相对平稳的时段。开始进行抽水试验时，要测量 2 口井的初始水位，抽水开始 0～10min，每分钟观测 1 次共 10 次；10～30min 内，每 2min 观测 1 次；30～100min 内，每 5min 观测 1 次；100min 以后，每 50min 观测一次。如

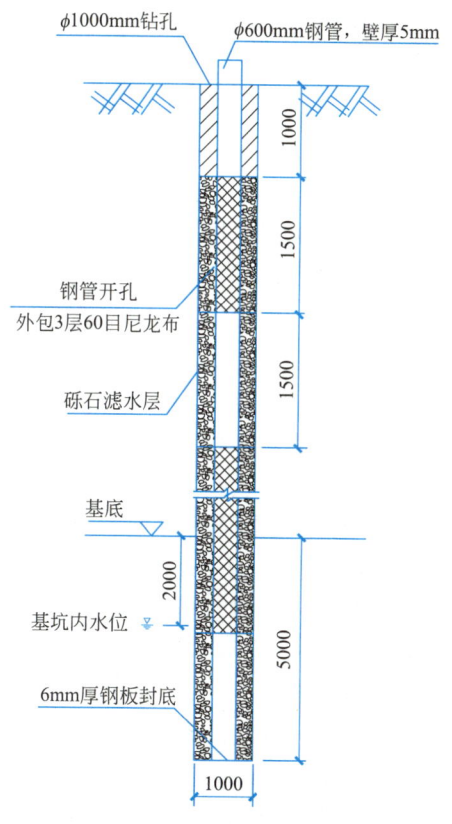

图 3-28　基坑降水井构造

48h 仍无法大致完整绘出 S-$\lg T$ 和 $\lg S$-$\lg T$ 曲线（S、T 分别为水位降深和抽水时间），时间还可能继续延长，根据抽水试验得到参数分析，可能存在的水力联系情况，选用合适公式确定相关水文地质参数，根据测得的水文地质参数，再重新进行井群计算，优化降水方案，选配适当流量的抽水泵，制订相应的降水运行方案。

8）正式抽水，水井在主体结构顶板混凝土强度达到设计要求后关闭。各井排水电缆等统一铺设，在基坑边设排水沟排水，井口搭设检测及维修台。降水采用重力降水法，局部辅以真空泵抽水加强降水效果。

抽水需要 24h 派人现场值班，并做好抽水记录，每天报水位、流量。记录内容包括降水井涌水量 Q 和水位降深 S，并在现场绘制 S-T，Q-T、S-Q 曲线，与基坑开挖深度附近监测资料绘于同一图上，了解其相关关系，以掌握抽水动态。选择有代表性的井，抽干井内的水后观测恢复水位数值，以掌握水位降深。抽水运行期间还必须注意观测基坑开挖进展情况，注意收集基坑监测数据的变化资料。

5. 质量保证措施

（1）施工前期准备

1）针对工程的特点，选择适合本工程施工条件及能满足本次降水技术要求的洗井、降水机械设备。井管采用优质井管，填砾采用 3～5mm 豆石。

2）排水管道安装。

3）电缆线、配电箱的布置要合理，不影响挖土施工作业。

（2）降水井施工技术措施

1）降水井成孔、下井严格按照技术规范和交底施工。成孔严格控制泥浆相对密度和水位高度，防止孔壁不稳或坍塌。井管包裹双层滤布（网），严防管井出砂，并根据试验井确定双层滤布（网）包裹长度。成井后立即洗井确保井壁进水畅通，以防止孔壁与井管间的泥粒沉淀而影响出水量，导致降水困难。

2）为了保证在开挖时能将地下水降至开挖面以下，需在开挖前15d进行抽水。

3）降水设备（主要是潜水泵）在施工前要及时做好调试工作，并根据试验井情况，及时优化和调整，确保降水设备在降水运行阶段正常运行，并达到降低成本的要求。

4）工作现场要备足抽水泵，数量多于井数3台。使用的抽水泵要做好日常保养工作，发现坏泵应立即修复，无法修复的要及时更换。

5）降水工作应与开挖施工密切配合，根据开挖的顺序、开挖的进度等情况及时调整降水井的运行数量。

（3）抽水施工管理

1）降水管理：管理人员不少于2人，配备电工1名，机械修理工1名。管理人员负责每2h检查一次降水的流量、水面深度、沉降观测点的沉降数值，检查日常排水管道是否有渗漏现象，水泵工作是否正常。汇总每天的降水数据，及时上报给技术部。电工负责降水水泵的接线、配电箱的保护等事项。机修工负责降水管道的修理，水泵的修理工作。

2）降水按照设计水泵的最大流量进行降水，为保证能把水降至设计标高，可先采用调节水井的开启次序、开启时间方法等，如果不能满足要求就采用调节降水流量法。

3）日常检查中还要对降水井端部的砂层沉淀厚度进行测量，并做好记录。若发现井底沉砂厚度超过8cm，则需用高压泥浆循环法清理砂层。

4）结构施工基本完成以后，即可停止降水。停止降水的顺序与开始降水的顺序相反，先减少降水井的出水量，再分批关闭降水井，让降水水位缓慢恢复。降水水位恢复到自然水位后就可完全停止降水。

6. 案例总结与分析

本案例为基坑工程降水排水工程，在交代完整的工程概况、场地工程地质和水文地质等条件的基础上，对基坑降水工艺流程，施工方法和措施、质量保证措施等几方面展开了详细叙述。同时，本案例对地面排水的组织也很详细，构建了一个完整的降水排水系统。本基坑降水排水案例具有很好的工程实际意义，对类似工程有较好的参考价值。

任务 3.7 旋喷桩施工

3.7.1 概述

旋喷桩是注浆法施工的一种，又称喷射注浆法，就是利用高压喷射水流边切割土体边将配置好的水泥浆与土体搅拌混合，形成水泥土加固体。其工作原理是利用钻机把带有喷嘴的注浆管钻入指定的土层后，通过地面的高压设备使装置在注浆管上的喷嘴喷出 20～50MPa 的高压射流（浆液或水流），以冲刷切割指定土层土体，同时钻杆以一定速度缓慢向上提升，将水泥浆与土颗粒强制进行搅拌，待水泥浆凝结后，在土中形成具有一定强度的固结体，以达到改良土体的目的。由于用喷射流形成的加固体形状灵活，适用多种加固要求，在地铁隧道和其他交通隧道建设中用于盾构机工作井和进洞、出洞的工作面加固以及在建筑物基坑的加固中多与保护相邻地铁车站、隧道、地下主要管线等有关；也用于形成挡水墙或底板，以阻止基坑侧壁或基坑底部地下水的涌入。

高压喷射注浆有三种形式，与喷射流的方向有关，一般分为旋转喷射（旋喷）、定向喷射（定喷）和摆动喷射（摆喷）三种形式，如图 3-29 所示。

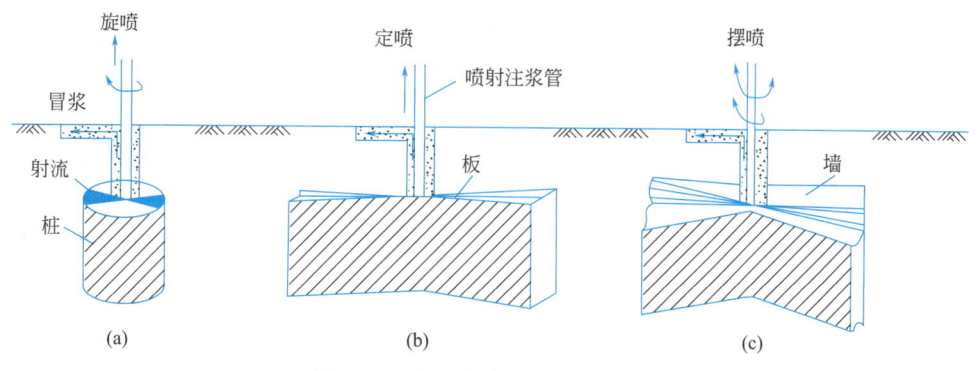

图 3-29 高压旋喷注浆的三种形式
（a）旋转喷射；（b）定向喷射；（c）摆动喷射

旋喷法施工时，喷嘴一面喷射一面旋转和提升，形成的固结体呈圆柱状，该法主要用于加固土体，提高地基土的抗剪强度，改善土的变形性质；也可以组成封闭的帷幕，用于截阻地下水流和治理流砂。旋喷法施工在地基中形成的圆柱体称为旋喷桩。

3.7.2 旋喷桩分类

目前，施喷桩注浆法的基本工艺类型有单管法、二重管法、三重管法三种方法。

1. 单管法

单管法即单管旋喷注浆法，是利用钻机把安装在注浆管（单管）底部侧面的特殊喷嘴钻入土层设计深度后，用高压泥浆泵等高压发生装置，以 20MPa 左右的压力把浆液由喷嘴中喷射出去冲刷破坏土体，同时借助注浆管的旋转和提升运动使浆液与被切削下来的土体进行搅拌混合，经过一定时间的凝结，便在土中形成了圆柱状的固结体，直径为 0.4～1.0m，如图 3-30 所示。

2. 二重管法

使用双通道的二重注浆管，当二重注浆管钻到指定土层设计深度后，在管底部侧面的一个同轴双重喷嘴中，同时喷射出高压浆液和空气两种介质的喷射流冲击破坏土体。即以高压泥浆泵等高压发生装置喷出 20MPa 左右压力的浆液，从内喷嘴中喷出，并用

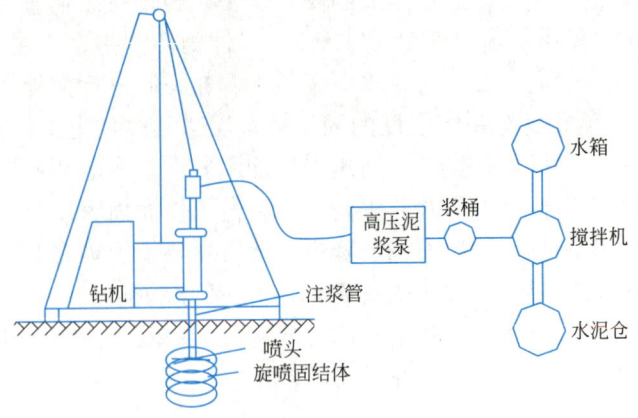

图 3-30   单管法高压喷射注浆示意

0.7MPa 左右的压力把压缩空气从外喷嘴中喷出。在高压浆液和外环气流的共同作用下，破坏土体的能量显著增加，喷嘴边喷射边旋转提升，最后在土体中形成圆柱状加固体，固结体的直径为 0.6～1.5m，如图 3-31 所示。

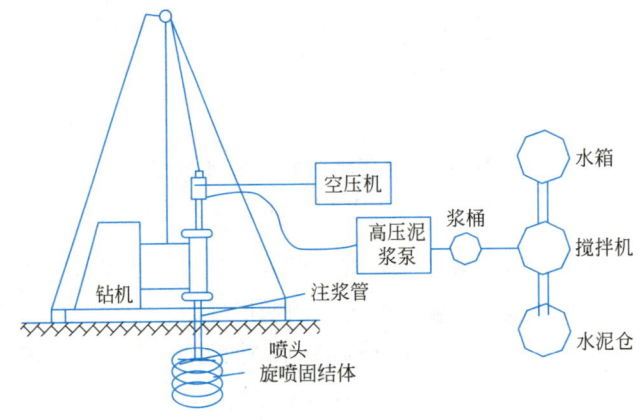

图 3-31   二重管法高压喷射注浆示意

3. 三重管法

使用输送水、气、浆三种介质的三重管，在以高压泵产生的 20MPa 左右的高压水环绕一股 0.7MPa 左右的圆筒状气流，进行高压水喷射流和气流同轴喷射冲切土体，形成较大的空隙，再另外用泥浆泵压入压力为 2～5MPa 的浆液填充空隙，喷嘴做旋转和提升运动，最后在土体中固结为直径较大的圆柱状固结体，直径为 0.8～2.0m。如图 3-32 所示。

3.7.3   旋喷桩施工机具

旋喷桩施工的主要机具包括以下几种：

1. 高压泵

高压泵包括高压泥浆泵和高压清水泵。高压泵的压力通常要求能在 15MPa 以上，有的泵高达 40～60MPa。一个良好的高压泵应能在高压下持续工作，设备的主体结构和密封

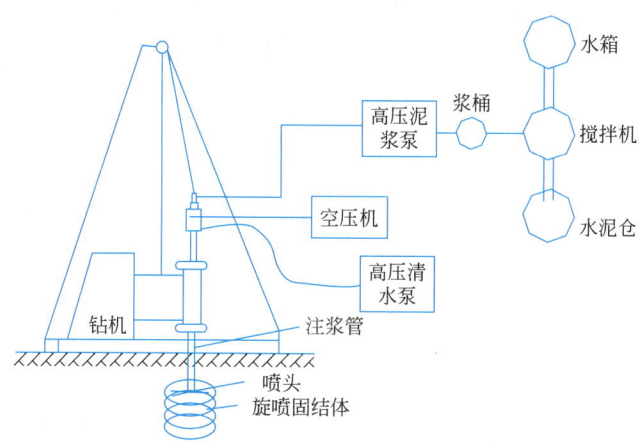

图 3-32　三重管法高压喷射注浆示意

系统应有良好的耐久性，否则高压泥浆泵输送水泥时，就会经常发生故障，给施工带来很大困难。除此之外，高压泵在流量和压力方面还应具有适当的调节范围，以利于施工中选用。高压泵动力设备一般可分为柴油机和电动机两大类。前者不受电力的限制，但压力往往不稳定；而后者的压力较稳定。仅用于喷射清水的高压泵，一般不像高压泥浆泵那样容易损坏。

2. 喷射机及钻机

喷射注浆法采用的喷射机，通常是专用特制的，有时也可对一般勘探用钻机根据喷射工艺的要求加以适当改造。机械的灵活性及功能对喷射注浆法的施工工艺起着重要作用。

3. 其他机具

（1）喷射管

喷射管构造，根据所采用的单管法、二重管法、三重管法而有所不同。单管法的喷射管仅喷射高压泥浆；二重管法的喷射管则同时输送高压水泥浆和压缩空气，而压缩空气是通过围绕浆液喷嘴四周的环状喷嘴喷出的；三重管法的喷射管要同时输送水、压缩空气和水泥浆，而这三种介质均有不同的压力，因此，喷射管必须保持不漏、不串、不堵，加工精度严格，否则将难以保证施工质量。三重管法的喷射管可以由独立的三根构成，这种结构在加工制作上难度较小。

（2）喷嘴

喷嘴是将高压泵输送来的液体压能最大限度地转换成射流动能的装置，它安装在喷头侧面，其轴线与钻杆轴线成 90°或 120°角。喷嘴是直接影响射流质量的主要因素之一。根据流体力学的理论，射流破坏土体冲击力的大小与流速平方成正比，而流速的大小除和液体出喷嘴前的压力有关外，喷嘴的结构对射流特性值的影响也很大。高压液体射流喷嘴通常有圆柱形、收敛圆锥形和流线形三种。试验结果表明，流线形喷嘴的射流特性最好，但这种喷嘴极难加工，在实际工作中很少采用；收敛圆锥形喷嘴的流速系数、流量系数与流线形喷嘴相比所差不大，又比流线形喷嘴容易加工，经常被采用。在实际应用中，圆锥形喷嘴的进口端增加了一个渐变的喇叭口形的圆弧角，使其更接近于流线形喷嘴，出口端增加一段圆柱形导流孔，通过试验，其射流收敛性较好。为了保持喷射管管道的畅通，及时冲洗是十分必要的，绝对不能让水泥浆在管道中硬化。因此，每一节喷射管、每一个泵和接头的部位都要仔细冲洗干净，只有这样，才能保持施工机具连续正常使用。

3.7.4　旋喷桩的检验

旋喷固结体系在地层下直接形成，属于隐蔽工程，因而不能直接观察到旋喷桩体的质量，必须用比较切合实际的各种检查方法来鉴定其加固效果。喷射质量的检查方法，有开挖检查、室内试验、钻孔检查及载荷试验。

1. 开挖检查

旋喷完毕，待凝固具有一定强度后，即可开挖。这种检查方法，因开挖工作量很大，一般限于浅层。由于固结体完全暴露出来，因此能比较全面地检查喷射固结体质量，也是检查固结体垂直度和固结形状的良好方法，这是当前较好的一种质量检查方法。

2. 室内试验

在设计过程中，先进行现场地质调查，并取得现场地基土，以标准稠度求得理论旋喷固结体的配合比，在室内制作标准试件，进行各种力学物理性能的试验，以求得设计所需的理论配合比。施工时可依此作为浆液配方，先做现场旋喷试验，开挖观察并制作标准试件进行各种力学物理性能试验，检查与理论配合比相比较是否符合一致。它是现场试验的一种补充试验。

3. 钻孔检查

（1）钻取旋喷加固体的岩芯：可在已旋喷好的加固体中钻取岩芯来观察判断其固结整体性，并将所取岩芯做成标准试件进行室内物理力学试验，以求得其强度特性，鉴定其是否符合设计要求。取芯时的龄期根据具体情况确定，有时采用在未凝固的状态下"软取芯"。

（2）渗透试验：现场渗透试验，一般有钻孔压力注水和抽水观测两种。

4. 载荷试验

在对旋喷固结体进行载荷试验之前，应对固结体的加载部位进行加强处理，以防加载时固结体受力不均而损坏。施工前应进行成桩工艺性试验（不少于3根），在确定各项工艺参数并报监理单位确认后，方可进行施工。旋喷桩大面积施工前，应进行单桩或复合地基承载力试验，以确认设计参数。

任务 3.8　土钉墙施工

3.8.1　概述

在基坑支护工程中，当放坡不能满足坡体的稳定时，可向坡体内打入土钉，形成土钉墙支护结构以保障坡体的稳定性。土钉墙是一种原位土体加筋技术，将基坑边坡通过由钢筋制成的土钉进行加固，边坡表面铺设一道钢筋网再喷射一层混凝土面层和土方边坡相结合的边坡加固型支护施工方法。其构造为设置在坡体中的加筋杆件（即土钉或锚杆）与其周围土体牢固粘结形成的复合体以及面层所构成的类似重力挡土墙的支护结构。

3.8 土钉墙施工

3.9 土钉墙设计计算

3.8.2　土钉的分类

土钉的形式有多种，应根据地下土质分布情况、地面和地下水情况及成本造价等多种因素选用。常用的土钉有以下几种类型：

1. 钻孔注浆型

先用钻机等机械设备在土体中钻孔，成孔后置入土钉，然后沿土钉全长注水泥浆。钻孔注浆土钉适用土层较广、抗拔力高、质量较可靠、造价较低，是最常用的土钉类型。

2. 直接打入型

在土体中直接打入钢管、型钢、钢筋、毛竹、原木等，不再注浆。由于打入式土钉直径小、承载力低，钉长又受限制，所以布置较密。直接打入土钉的优点是不需要预先钻孔，对原位土的扰动相对较小、施工速度快，但在坚硬黏性土中很难打入，而且易腐蚀，不适用于永久支护工程，由于杆体采用金属材料造价稍高，应用相对较少。

3. 打入注浆型

在钢管中部及尾部设置注浆孔形成钢花管，直接打入土中后压灌水泥浆形成土钉。钢花管注浆土钉可直接打入土钉且抗拔力较高，特别适用于成孔困难的淤泥、淤泥质土等软弱土层以及各种填土及砂土，应用较为广泛，缺点是造价比钻孔注浆土钉略高，抗腐蚀性较差，不适用于永久性工程。

3.8.3　土钉墙的施工工艺

1. 土钉墙施工流程

土钉墙的施工流程一般为：开挖工作面→修整坡面→喷射第一层混凝土→土钉定位→钻孔→清孔→制作、安装土钉→浆液制备、注浆→加工钢筋、绑扎钢筋网→安装泄水管→复喷混凝土→养护→开挖下一层工作面→重复以上工作直到施工至基坑底部。

打入式钢管注浆型土钉无须钻孔清孔过程，直接用机械或人工打入。

2. 土钉墙的施工工艺

（1）开挖工作面

挖土分层厚度应与土钉竖向间距协调同步，逐层开挖并施工土钉，禁止超挖；分段挖土段长不得超过设计规定值；预留土墩尺寸不应小于设计值。分层开挖深度主要取决于暴露坡面的稳定能力，每层土方开挖的底标高应低于相应土钉位置，且距离不宜大于200mm，每层分段长度不应大于30m。土钉墙应按"自上而下，分层开挖，分层锚固，分层喷护"的原则组织施工，并及时挂网喷护，不得使坡面长期暴露风化失稳。开挖后应及时封闭临空面，应在24h内完成土钉安设和喷射混凝土面层，在淤泥质地层开挖时，应在12h内完成土钉安设和喷射混凝土面层。

（2）喷射第一层（底层）混凝土

喷射前，应将坡面上残留的土块、岩屑等松散物质清扫干净。一次喷射厚度要适中，喷射厚度为 30~80mm，一般以 50~80mm 为宜，加速凝剂后可适当提高。厚度较大时应分层，在上一层初凝后即喷下一层，一般间隔 2~4h。应采用从下到上的喷射次序。

（3）制作、安装土钉

土钉墙宜采用洛阳铲成孔的钢筋土钉。对易塌孔的松散或稍密的砂土、稍密的粉土、填土，或易缩径的软土宜采用打入式钢管土钉。对洛阳铲成孔或钢管土钉打入困难的土层，宜采用机械成孔的钢筋土钉。土钉水平间距和竖向间距宜为 1~2m；当基坑较深、土的抗剪强度较低时，土钉间距应取小值。土钉倾角宜为 5°~20°，其夹角应根据土性和施工条件确定。土钉长度应按各层土钉受力均匀、各土钉拉力与相应土钉极限承载力的比值近于相等的原则确定。

钻孔注浆型钢筋土钉的构造应符合下列要求：

1）成孔直径宜取 70~120mm。

2）土钉钢筋宜采用 HRB400 级钢筋，钢筋直径应根据土钉抗拔承载力设计要求确定，且宜取 16~32mm。

3）应沿土钉全长设置对中定位支架，其间距宜取 1.5~2.5m，土钉钢筋保护层厚度不宜小于 20mm。

4）土钉孔注浆材料可采用水泥浆或水泥砂浆，其强度不宜低于 20MPa。

打入土钉的构造应符合下列要求：

1）钢管的外径不宜小于 48mm，壁厚不宜小于 3mm；钢管的注浆孔应设置在钢管 $L/2$~$2L/3$ 范围内，L 为钢管土钉的总长度；每个注浆截面的注浆孔宜取 2 个，且应对称布置，注浆孔的孔径宜取 5~8mm，注浆孔外应设置保护措施。

2）钢管土钉的连接采用焊接时，接头强度不应低于钢管强度；可采用数量不少于 3 根、直径不小于 16mm 的钢筋沿截面均匀分布拼焊，双面焊接时钢筋长度不应小于钢管直径的 2 倍。对空隙较大的土层，应采用较小的水灰比并应采取二次注浆方法保证土钉的设计承载力。

（4）浆液制备及注浆

应避免人工拌浆，机械搅拌浆液时间一般不应小于 2min，要拌合均匀。水泥浆应随用随拌，一次拌合好的浆液应在初凝前用完，一般不超过 2h，在使用前应不断缓慢搅动。要防止石块、杂物混入浆中。

钻孔注浆土钉通常采用简便的重力式注浆。将金属管或 PVC 管注浆管插入孔内，管口距离孔底 200~500mm 时，启动注浆泵开始送浆。因土钉孔洞倾斜，浆液靠重力即可填满全孔。孔口快溢浆时拔管，边拔边送浆。水泥浆凝结硬化后常会产生干缩，在孔口要二次高压注浆甚至多次补浆。重力式注浆不可太快，防止喷浆及孔内残留气孔。钢管注浆土钉注浆压力不宜小于 0.6MPa，且应增加稳压时间。若久注不满，在排除水泥浆渗入地下管道或冒出地表等情况后，可采用间歇注浆法，即暂停一段时间，待已注入浆液初凝后再次注浆。

（5）绑扎钢筋网

钢筋直径宜为 6~10mm，间距宜为 150~300mm。土钉墙坡面上下段钢筋网搭接长度应大于 300mm，钢筋与坡面的间隙应大于 20mm。钢筋网可采用绑扎固定，钢筋连接宜采用搭接焊，焊缝长度不应小于钢筋直径的 10 倍。采用双层钢筋网时，第二层钢筋网应在第一层钢筋网被喷射混凝土覆盖后铺设。土钉与加强钢筋宜采用焊接连接，其连接应满足承受土钉拉力的要求；当在土钉拉力作用下喷射混凝土面层的局部受冲切承载力不足时，应采用设置承压钢板等加强措施。

（6）复喷射混凝土

细骨料宜选用中粗砂，含泥量应小于 3％，粗骨料宜选用粒径不大于 20mm 的级配砾石。水泥与砂石的重量比宜取 1∶4～1∶4.5，砂率宜取 45％～55％，水灰比宜取 0.4～0.45。使用速凝剂等外掺剂时，应做外加剂与水泥的相容性试验及水泥净浆凝结试验，并应通过试验确定外掺剂掺量及掺入方法。喷射作业应分段依次进行，同一分段内喷射顺序应自下而上均匀喷射，一次喷射厚度宜为 30～80mm，喷射混凝土强度等级不宜低于 C20，面层厚度不宜小于 80mm。喷射混凝土时，喷头与土钉墙墙面应保持垂直，其距离宜为 0.6～1.0m，喷射混凝土终凝 2h 后应及时喷水养护。

（7）养护

喷射 2～4h 后应洒水养护，一般养护 3～7d。

任务 3.9　深层搅拌桩施工

3.9.1　概述

深层搅拌桩又称水泥土搅拌桩，是采用水泥作固化剂，通过深层搅拌桩机在地基土中就地将原状土和水泥强制拌合，形成具有一定强度和整体结构的深层搅拌水泥土墙。其典型平面布置一般有壁状布置、锯齿形布置、格栅状布置形式，如图 3-33 所示。

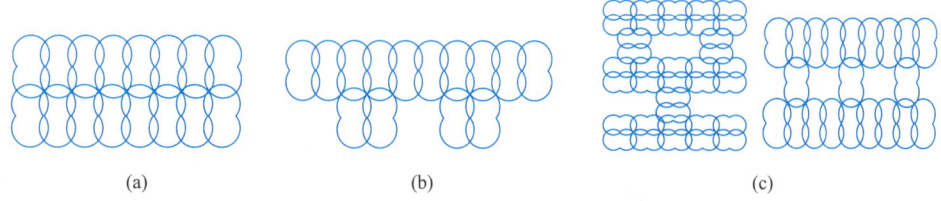

(a)　　　　　　　　　　(b)　　　　　　　　　　(c)

图 3-33　重力式水泥土墙的平面布置

（a）壁状布置；（b）锯齿形布置；（c）格栅状布置

采用格栅状布置时，要满足一定的面积转换率，对淤泥质土，不宜小于 0.7；对淤泥，不宜小于 0.8；对一般黏性土、砂土，不宜小于 0.6。由于采用重力式结构，开挖深度不宜大于 7m。对嵌固深度和墙体宽度也要有所限制，对淤泥质土，嵌固深度不宜小于 1.2h（h 为基坑挖深），宽度不宜小于 0.7h；对淤泥，嵌固深度不宜小于 1.3h，宽度不宜小于 0.8h。

水泥土挡墙的 28d 无侧限抗压强度不宜小于 0.8MPa。当需要增加墙体的抗拉性能时，可在水泥土桩内插入钢筋、钢管或毛竹等杆筋。杆筋插入深度宜大于基坑深度，并应锚入面板内。面板厚度不宜小于 150mm，混凝土强度等级不宜低于 C20。

3.9.2 施工工艺

1. 施工流程（图 3-34）

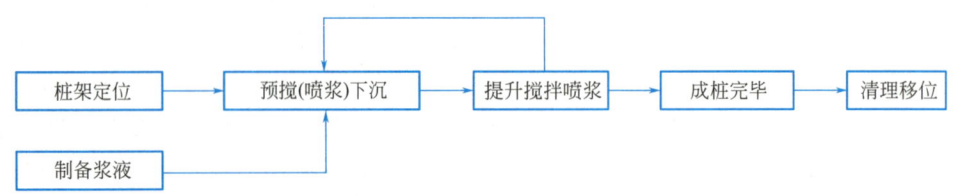

图 3-34 深层搅拌桩施工流程

2. 深层搅拌桩施工工艺

水泥土墙通常布置成格栅状，格栅的置换率（加固土的面积与水泥土墙的总面积之比）一般为 0.6～0.8。墙体的宽度 b、插入深度 d 根据基坑开挖深度 h 估算，一般采用 $b = （0.6～0.8）h$，$d = （0.8～1.2）h$。

深层搅拌桩施工工艺可采用"一次喷浆、二次搅拌"或"二次喷浆、三次搅拌"工艺，主要依据水泥掺入量及土质情况而定。水泥掺量较小，土质较松时，可用前者；反之，水泥掺量较大，土质较密实，可用后者。"一次喷浆、二次搅拌"喷浆型深层搅拌法施工工艺如图 3-35 所示。当采用"二次喷浆、三次搅拌"工艺时，可在图 3-35 中第 5 步骤作业时也进行注浆，以后再重复一次图 3-35 中第 4 步骤、第 5 步骤作业过程。

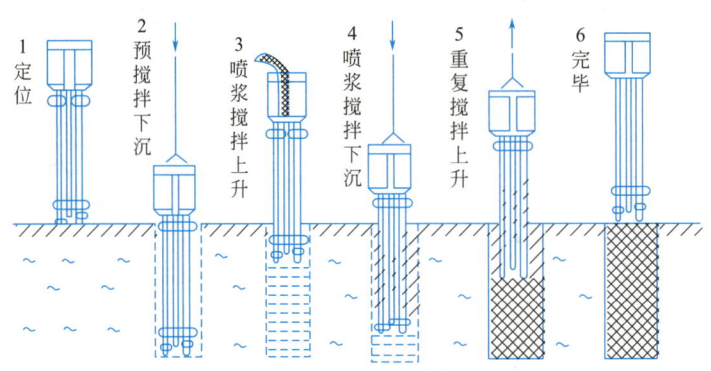

图 3-35 "一次喷浆、二次搅拌"喷浆型深层搅拌法施工工艺

（1）定位。使用起重机或塔架悬吊搅拌机到指定桩位对中，并保持起吊设备水平。

（2）预搅拌下沉。待深层搅拌机冷却水循环正常后，启动电机，放松起重机钢丝绳，使搅拌机沿导向架搅拌切土下沉，下沉速度由电流监测表控制，使工作电流不大于 70A，以防烧毁电机。如遇较硬地层下沉速度过慢时，可通过中心管压入少量稀浆，以润湿土体，加快下沉。严格控制桩底标高，搅拌头必须沉至设计桩底标高。

（3）喷浆搅拌上升。搅拌机下沉到设计深度后，即刻上提 20cm 并开启灰浆泵将水泥浆压入地基中，并用反转在桩底原位搅拌，当水泥浆液到达出浆口后应喷浆搅拌，在水泥浆与桩端土充分搅拌后，再开始以设计提升速度开反转边搅拌边提升，直至设计桩顶标高。在此步骤之前，应提前制备水泥浆。按设计的配合比制备好水泥浆，在压浆前将水泥浆倒入集料斗中。

（4）喷浆搅拌下沉。注浆搅拌提升至桩顶标高后，停止送浆。为了使软土和水泥浆搅拌均匀，再次开正转搅拌下沉至设计桩底标高。

（5）重复搅拌上升。下沉至设计桩底标高后，正转搅拌 20～30s 后，开反转边搅拌边提升至设计桩顶标高。

（6）完毕。施工完毕，立即清洗钻杆、送浆管道及机具，进行桩架移位。

当按照设计参数施工时，经过喷浆搅拌，集料斗中的水泥浆应正好排空，否则，应该补浆并重复搅拌。

3.9.3　施工质量控制及检验

根据《建筑基坑支护技术规程》JGJ 120—2012 和《建筑地基基础工程施工质量验收标准》GB 50202—2018 相关条文要求，对水泥土搅拌桩不同施工阶段的质量进行相应控制和检验，及时发现问题，防患于未然。

1. 施工前的质量检验

对于水泥土搅拌桩，应检查水泥及外掺剂的质量、桩位、搅拌机工作性能及各种计量设备完好程度（主要是水泥浆流量计及其他计量装置）。

2. 成桩施工期的质量检验

（1）逐根检查桩位、桩长、桩顶标高、桩身垂直度、水泥用量、钻进提升速度、水灰比、外加剂掺量、灰浆泵压力档次、搅拌次数、搭接桩施工间歇时间等。

（2）施工一定量后（施工 1 周后），可抽样进行开挖检验或采用取样（钻孔取芯）等手段检查成桩质量，发现问题及时补救并纠正，若不符合设计要求，应及时调整施工工艺。

1）开挖检验：根据工程要求，选取一定数量的桩体进行开挖，检查桩身的外观质量、搭接质量、整体性等。

2）取样（钻孔取芯）检验：从开挖外露桩体中凿取试块或采用岩芯钻孔取样制成试块，检查桩身的均匀性，并与室内制作的试块进行强度比较，取样（钻孔取芯）检查项目见表 3-14。

取样（钻孔取芯）检查项目　　　　　　　　　表 3-14

项目	序号	检查项目	允许偏差或允许值		检查方法
			单位	数值	
主控项目	1	水泥及外掺剂质量	设计要求		查合格证书或抽样送检
	2	水泥用量	参数指标		查看流量计
	3	桩体强度	设计要求		按规定办法

续表

项目	序号	检查项目	允许偏差或允许值		检查方法
			单位	数值	
一般项目	1	机头提升速度	m/min	≤0.5	量机头上升距离及时间
	2	桩底标高	mm	±200	测机头深度
	3	桩顶标高	mm	+200,−50	水准仪（最上部500mm不计入）
	4	桩位偏差	mm	50	用钢尺量
	5	桩径	mm	0.04D	用钢尺量，D为桩径
	6	垂直度	—	≤1.5	经纬仪
	7	搭接	mm	200	用钢尺量

课后练习

资源名称	项目3 课后练习	项目3 课后练习答案
资源类型	文档	文档
资源二维码		

项目4

暗挖法施工

1. 知识目标

了解浅埋暗挖法的概念，掌握浅埋暗挖法的施工工艺；理解钻爆法施工的概念及开挖方法；熟悉顶管法施工的概念、历史与发展，理解顶管法施工的原理，掌握顶管法施工技术；了解逆作法施工的概念，掌握逆作法施工程序。了解盖挖法施工概念，理解盖挖顺作法和盖挖逆作法的区别。

2. 能力目标

能够有效地应用所学知识，分析浅埋暗挖法的工程特征，具备使用暗挖法进行地下工程施工的能力，并解决施工中存在的问题。

3. 素质目标

培养学生团队协作和交流沟通的能力，培养学生遵守城市地下工程施工规范的意识。

隧道及地下建筑工程施工时，须先开挖出相应的空间，然后在其中修筑衬砌。施工方法的选择，应以地质、地形及环境条件以及埋置深度为主要依据，其中对施工方法有决定性影响的是埋置深度。埋置较浅的工程，施工时先从地面挖基坑或堑壕，修筑衬砌之后再回填，这就是明挖法。当埋深超过一定限度后，明挖法不再适用，而要改用暗挖法。

暗挖法即不挖开地面，采用在地下挖洞的方式施工。

任务 4.1　浅埋暗挖法施工

4.1.1　概述

4.1
浅埋暗挖
法（一）

近年来，采用浅埋暗挖法施工的地下隧道工程已越来越多，它的优越性也越来越明显，目前它已经成为城市地下隧道施工的主要方法之一。

浅埋暗挖法是在距离地表较近的地下进行各种类型地下洞室暗挖施工的一种方法。在城镇软弱围岩地层中，在浅埋条件下修建地下工程，以改造地质条件为前提，以控制地表沉降为重点，以格栅或其他钢结构和喷锚作为初期支护手段，按照"十八字"要求（详见"4.1.2"）进行施工，称为浅埋暗挖法。

应用浅埋暗挖法设计、施工时，同时采用多种辅助工法，超前支护，改善加固围岩，调动部分围岩的自承能力；并采用不同的开挖方法及时支护、封闭成环，使其与围岩共同作用形成联合支护体系；在施工过程中应用监控量测、信息反馈和优化设计，实现不塌方、少沉降、安全施工等，并形成多种综合配套技术。

与其他施工方法相比，浅埋暗挖的法具有如下特点：

1. 适用于各种地质条件和地下水条件。

2. 具有适合各种断面形式（单线、双线及多线、车站等）和变化断面（过渡段、多层断面等）的高度灵活性。

3. 通过分部开挖和辅助施工方法，可以有效地控制地表下沉和坍塌。

4. 与盾构法相比较，在较短的开挖地段使用，也很经济。

5. 与明挖法相比较，可以极大地减轻对地面交通的干扰和对商业活动的影响，避免大量的拆迁。

6. 从综合效益观点出发，是比较经济的一种施工方法。

4.1.2　浅埋暗挖法施工要求与工艺

4.2
浅埋暗挖
法（二）

1. 施工要求

施工中应坚持按"十八字"要求进行施工：

（1）"管超前"：指采用小导管超前注浆防护，实际上就是采用超前支护的各种手段提高掌子面的稳定性，防止围岩松弛和坍塌。

（2）"严注浆"：指在导管超前支护后，立即压注水泥浆或其他化学浆液，填充围岩空隙，使隧道周围形成一个具有一定强度的壳体，以增强围岩的自稳能力。

（3）"短开挖"：指一次注浆，多次开挖，即限制一次进尺的长度，减少对围岩的松弛影响。

（4）"强支护"：指在浅埋的松软地层中施工，初期支护必须十分牢固，具有较大的刚度，以控制开挖初期的变形。

（5）"快封闭"：指在台阶法施工中，如上台阶过长时，变形增加较快，为及时控制围岩松弛，必须采用临时仰拱封闭措施，开挖一环，封闭一环，提高初期支护的承载能力。

（6）"勤量测"：指对隧道施工过程进行经常性的量测，掌握施工动态，及时反馈，这是浅埋暗挖法施工成败的关键。

2. 施工工艺

（1）预支护技术

1）导管超前注浆

在城市地下隧道浅埋暗挖法施工中，经常遇到砂砾土、砂性土、黏性土或强风化基岩等不稳定地层，采用小导管超前注浆提高掌子面的稳定性、防止围岩松弛和坍塌，来提高地层自稳能力。这是在地下隧道单线区间隧道开挖过程中常采用的方法。

注浆小导管由直径为 38～50mm 的焊接钢管制成，导管沿上半断面周围轮廓线布置，间距 0.2～0.3m，仰角控制在 10°～15°，注浆小导管管头为 25°～30°的锥体，管长 3～5m，其中端头花管长 2.0～2.5m，花管部分钻有 $\phi6$～10mm 的孔眼，每排 4 个孔，交叉排列，间距 10～20cm。注浆小导管用风钻打入。注浆材料及配合比应根据地质条件和施工要求，通过现场试验确定。

控制注浆压力是这项作业的又一重要技术环节，应根据地质条件、周围建筑物情况及施工要求，通过现场试验确定，一般控制在 0.3～0.7MPa 之间。

2）开挖面深孔注浆

对于断面比较大的双线隧道或跨度比较大的渡线部分，因注浆小导管加固范围有限，故一般采用开挖面深孔注浆。对于断面面积 70～100m² 的隧道可布置 12～18 个注浆孔，其中 15m 左右的长孔布置 6～11 个，5m 左右的短孔布置 6～7 个，并采用隔孔注浆的方法。水泥浆的配合比及注浆压力通过现场试验确定。

（2）土方开挖

根据不同的地质条件及隧道断面，选用不同的开挖方法，但其总原则是预支护、预加固一段，开挖一段；开挖一段，支护一段；支护一段，封闭成环一段。初期支护封闭成环后，隧道处于暂时稳定状态，通过监控量测，确认达到基本稳定状态时，可以进行二次衬砌的混凝土灌注工作。

当周围地层稳定性较好时，可采用长台阶半断面施工方法，这时施工机械可布置到上台阶进行施工，以加快施工进度。

浅埋暗挖法施工中所选用的施工机械，除局部遇有坚硬岩石需要爆破以外，各类土层或严重风化的基岩均可采用短臂反铲机械进行开挖，或采用 S50 型单臂掘进机。

施工用的竖井或斜井应尽可能设在未来的区间风道位置上，这样待工程结束后，便于将其改建成通风井，减少废弃工程量。

（3）初期支护

在软弱破碎及松散、不稳定的地层中采用浅埋暗挖法施工时，仅仅对地层进行预加固和预支护还远不够，为保证开挖后隧道的稳定性以及减少地层扰动和地表沉降，隧道初期支护施作的及时性和支护的刚度与强度，具有决定性的影响。在浅埋暗挖法施工中时，初期支护采用由钢拱支撑的锚喷混凝土是最佳支护形式。

1）支护的特点：

① 开挖后能及时施作，并且施作后能尽快承受荷载；

② 施工简便，不需要大型施工场地及大型施工机械；

③ 支护与周围地层之间密贴不留空隙，减少地层扰动；

④ 适用于不同断面形式和断面尺寸；

⑤ 支护的强度和刚度便于调整，便于后期补强；

⑥ 工程造价相对比较便宜。

2）喷射混凝土

喷射混凝土是借助喷射机械，利用压缩空气或其他动力，将按照一定配合比配制的拌合料通过管道输送并高速喷射到受喷面上，凝结硬化而成的一种混凝土。

喷射混凝土在高速喷射时（速度可达到 70m/s），水泥和骨料反复连续撞击而使混凝土密实，故可采用较小的水灰比（0.4～0.5），以获得较高的强度和良好的耐久性。特别是混凝土与受喷面之间具有一定的粘结强度，可以在结合面上传递拉应力和剪应力。对于任何形状的受喷面都可以良好地结合，不留空隙。喷射混凝土拌合料中加入速凝剂后，可使水泥在 10min 内终凝，并很快获得强度、承受外界荷载、约束周围土体变形。

3）锚杆

目前，锚杆的种类很多，浅埋暗挖法中常用的锚杆有预应力或无预应力的砂浆锚杆或树脂锚杆。锚杆杆体由热轧钢筋制成，锚杆灌注的水泥砂浆，其胶骨比为 1∶1～1∶2，水灰比为 0.38～0.45，属于富水泥砂浆。对水泥品种的要求与喷射混凝土相同，宜采用强度不低于 42.5MPa 的普通硅酸盐水泥。砂子宜用中砂。

4）钢拱支撑

钢拱支撑的作用主要是在喷射混凝土尚未达到必要强度以前，承担地层压力及约束地层变形。钢拱架支撑既是临时支撑也是永久支撑的一部分。钢拱架支撑按照材料可分为两大类：第一类是型钢拱架支撑，包括钢管支撑、H 型钢支撑、U 型钢支撑等；第二类是格栅拱架支撑。

格栅拱架，又称为格构钢拱架，由 3～4 根 $\phi18$～22mm 的热轧钢筋焊接而成，本身重量轻，便于制作、运输和安装。钢筋组成的格栅钢拱架具有足够的支撑刚度和强度，而且与混凝土接触面大，结合好，能够共同变形、受力，不会出现型钢拱架那样的收缩裂缝。格栅拱架中间空隙大，不会出现背后混凝土不密实的现象。再有一个优点就是造价低。目前，浅埋暗挖法施工中，较多使用的是格栅钢拱架。

（4）二次砌衬

1）基本要求

二次衬砌施工前应做好以下几点：

① 为确保衬砌不进入限界，允许放样时将设计外轮廓线尺寸扩大 3～5cm，作为施工误差及模板拱架的预留沉落量；

② 隧道断面和地质条件变化的交界处，应设沉降缝；

③ 洞口附近及根据设计要求的部位应设伸缩缝，对以上各种缝及施工缝均应做防水处理。

2）衬砌模板

二次衬砌模板可采用临时木模板或金属定型模板，更多情况则使用衬砌台车，因为区间隧道的断面尺寸基本不变，使用衬砌台车便于加快立模及拆模的速度。衬砌所使用的模板、墙架、拱架均应式样简单、拆装方便、表面光滑、接缝严密。使用前应在样板台车上校核。重复使用时，应随时检查并整修。

3）混凝土的浇筑与振捣

混凝土浇筑以前，应做好地下水引排工作，基础部位的浮渣积水清除干净，不允许带水作业。浇筑混凝土时，自由落高不得超过 2m，应按搅拌能力、运输距离、浇筑速度、振捣等因素确定一次浇筑厚度、次序、方向，分层施工。一般情况应保持连续浇筑，浇筑混凝土允许间隙时间应符合表 4-1 要求。振捣选用的振捣器，其振幅、频率、振动速度等参数，应视混凝土的坍落度及骨料粒径而定。

浇筑混凝土允许间隙时间　表 4-1

浇筑时气温/℃	允许间隙时间/min	
	普通硅酸盐水泥	矿渣及火山灰水泥
20～30	90	120
10～20	135	180
5～10	195	—

注：① 未考虑外加剂等特殊施工措施；
　　② 尚应考虑混凝土本身的温度。

任务 4.2　钻爆法施工

4.2.1　概述

钻爆法施工是指通常在开挖过程中采用钻眼爆破的方式进行开挖，最早被用于矿山开采，所以也被称为矿山法。钻爆法施工的主要工序有开挖、出渣、支护和衬砌。它是在地层中爆破挖出土石，形成符合设计要求的隧道断面轮廓，然后对裸露的围岩进行支护和衬砌，来控制围岩的变形，确保隧道长期稳定的施工方法。

4.2.2 开挖方法

隧道钻爆法施工，按其开挖断面的大小和位置，可分为全断面开挖法、台阶法和分部开挖法三大类及若干变化方案。

1. 全断面开挖法

全断面开挖法常用在Ⅰ～Ⅲ类自稳定性好的硬岩中，利于组织大型机械化作业，提高施工速度，可采用深孔爆破。隧道长度或施工区段长度不宜太短，否则采用大型机械化施工的经济性差。根据经验，这个长度不应小于1km。根据围岩稳定程度，也可以不设锚杆或设短锚杆。可先出渣，然后再施作初期支护，但一般仍先施作拱部初期支护，以防止应力集中而造成围岩松动剥落，如图4-1所示。

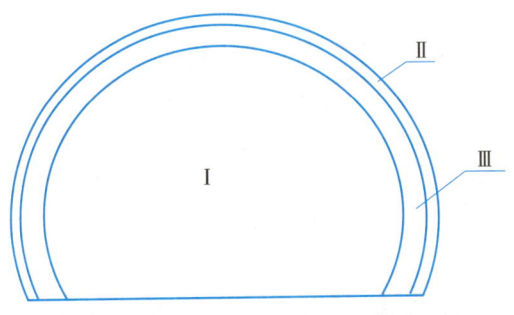

图4-1 全断面法施工顺序

Ⅰ—全断面开挖；Ⅱ—初期衬砌；Ⅲ—洞身二次衬砌

2. 台阶法

根据台阶长度不同，开挖方法等可划分为长台阶法、短台阶法和超短台阶法三种，如图4-2所示。

1) 长台阶法。一般上台阶超前50m以上或大于5倍洞跨，施工中上下部可配属同类型较大型机械平行作业或交替作业。在短隧道可一次将上半断面挖通后，再挖下半断面，施工干扰少，机械配套，测量较简单，可进行单项作业。

2) 短台阶法。上台阶长度小于5倍洞跨，但大于1～1.5倍洞跨，上、下断面基本上可以采用平行作业，其作业顺序和长台阶法相同。由于短台阶可缩短支护结构封闭时间，改善初期支护受力条件，有利于控制隧道收敛速度和量值，但上台阶施工干扰较大。

3) 超短台阶法。上台阶仅超前3～5m，称为超短台阶法。由于超短台阶法初期支护全断面闭合较快，此法多用于机械化程度不高的各类围岩地段，当遇软弱围岩时需慎重考虑，必要时采用辅助施工措施稳定开挖工作面以保证施工安全。

采用台阶法施工时，下部断面的落底和封闭应在上部断面初期支护基本稳定后进行。

3. 分部开挖法

1) 台阶分部开挖法（环形开挖留核心法）。适用于一般土质或易坍塌的软弱围岩地段。核心土支挡开挖工作面，利于及时施作拱部初期支护，增强开挖工作面稳定。在拱保护下开挖核心土，安全性好，一般环形开挖进尺为0.5～1.0m，不宜过长，上、下台阶可用单臂掘进机开挖。上、下台阶距离在洞跨10m左右时取1倍洞跨，洞跨为5m左右时可

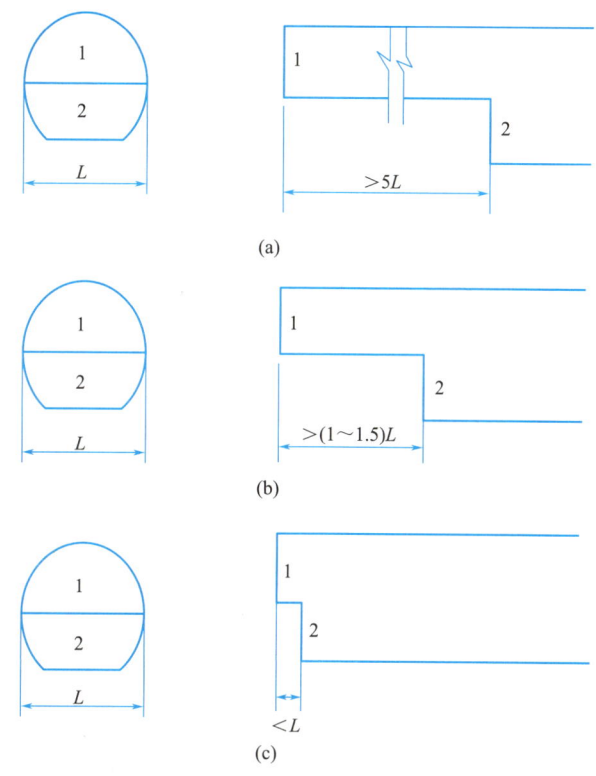

图 4-2　台阶法

（a）长台阶法；（b）短台阶法；（c）超短台阶法

取 2 倍洞跨。其施工顺序如图 4-3 所示。

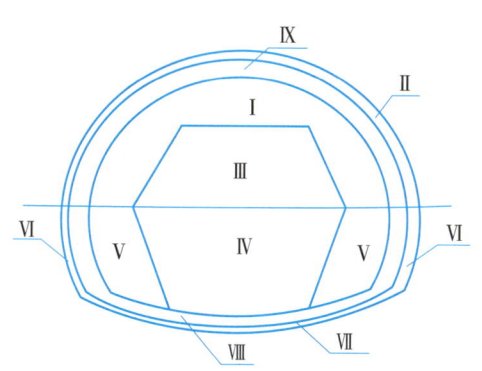

图 4-3　台阶分布开挖法施工顺序

Ⅰ—上弧形导坑；Ⅱ—拱部初期支护；Ⅲ—核心土开挖；Ⅳ—下台阶中槽开挖；Ⅴ—边墙开挖；
Ⅵ—边墙初期支护；Ⅶ—仰拱初期支护；Ⅷ—仰拱衬砌；Ⅸ—洞身二次衬砌

　　2）单侧壁导坑法。适用于围岩较差、跨度大、地表沉陷难于控制的地段。此法单侧壁导坑超前，中部和另一侧断面采用正台阶法施工，故兼有正台阶法和双侧导坑法的优点，且洞跨可根据机械设备和施工条件决定。单侧壁导坑施工顺序如图 4-4 所示。

　　3）双侧壁导坑法。适用于浅埋大跨度隧道，地表下沉量要求严格，围岩条件特别差时配合辅助施工方法安全可靠，但是速度慢、造价高。总之，根据新奥法的原则，双侧壁导

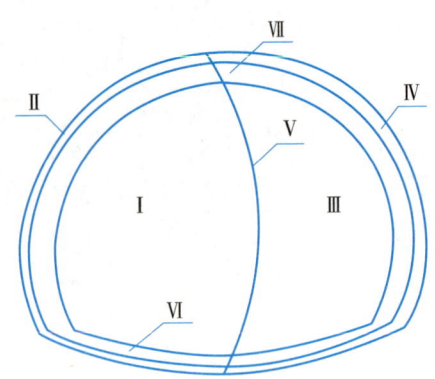

图 4-4 单侧壁导坑施工顺序

Ⅰ—先行导坑开挖；Ⅱ—先行导坑初期支护；Ⅲ—后行导坑开挖；Ⅳ—后行导坑初期支护；Ⅴ—拆除中墙；
Ⅵ—仰拱衬砌；Ⅶ—洞身二次衬砌

坑法施工应根据施工机具条件，结合现场围岩情况，尽量采用对围岩扰动少的开挖支护方法，并及时封闭成环，充分发挥围岩自身的稳定能力。双侧壁导坑施工顺序如图 4-5 所示。

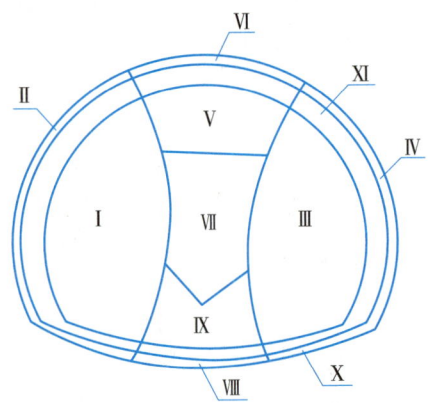

图 4-5 双侧壁导坑施工顺序

Ⅰ—先行导坑开挖；Ⅱ—先行导坑初期支护；Ⅲ—后行导坑开挖；Ⅳ—后行导坑初期支护；Ⅴ—中央部拱顶开挖；
Ⅵ—中央部拱顶初期支护；Ⅶ—中央部下部开挖；Ⅷ—中央部仰拱初期支护；Ⅸ—拆除中墙；
Ⅹ—仰拱衬砌；Ⅺ—洞身二次衬砌

4.2.3　控制爆破施工

1. 光面爆破与预裂爆破

光面爆破是指爆破后断面轮廓整齐，超挖和欠挖符合规定要求的爆破。其主要标准是：开挖轮廓成型规则，岩面平整；岩面上保存 50% 以上孔痕，并无明显的爆破裂缝；爆破后围岩壁上无危石。

预裂爆破实质上也是光面爆破的一种形式，其爆破原理与光面爆破原理相同。在爆破的顺序上，光面爆破是先引爆掏槽眼，接着引爆辅助眼，最后才引爆周边眼；而预裂爆破则是首先引爆周边眼，使沿周边眼的连心线炸出平顺的预裂面。由于这个预裂面的存在，对后爆的掏槽眼和辅助眼的爆炸波能起反射和缓冲作用，可以减轻爆炸波对围岩的破坏影响，爆破后的开挖面整齐规则。由于成洞过程和破岩条件不同，在减轻对围岩的扰动程度上，预裂爆破较光面爆破的效果更好一些。

根据围岩特点合理选择周边眼间距及周边眼的最小抵抗线，严格控制周边眼的装药量和装药结构，采用小直径药卷和低爆速炸药，采用毫秒微差有序起爆，爆破参数可采用工程类比或根据爆破漏斗及成缝试验确定，无条件试验时，可参照表 4-2 和表 4-3 选用。

光面爆破参数　　　　　　　　　　　　　　　　　　表 4-2

岩石种类	饱和单轴抗压极限强度 R_b/MPa	装药不耦合系数 K	周边眼间距 E/cm	周边眼最小抵抗线 W/cm	相对距 E/W	周边眼装药集中度 q/(kg/m)
硬岩	>60	1.25～1.50	55～70	70～85	0.8～1.0	0.30～0.35
中硬岩	30～60	1.50～2.00	45～60	60～75	0.8～1.0	0.20～0.30
软岩	≤30	2.00～2.50	30～50	40～60	0.5～0.8	0.07～0.15

预裂爆破参数　　　　　　　　　　　　　　　　　　表 4-3

岩石种类	饱和单轴抗压极限强度 R_b/MPa	装药不耦合系数 K	周边眼间距 E/cm	周边眼至内圈崩落眼间距/cm	周边眼装药集中度 q/(kg/m)
硬岩	>60	1.2～1.3	40～50	40	0.35～0.40
中硬岩	30～60	1.3～1.4	40～45	40	0.25～0.35
软岩	≤30	1.4～2.0	30～40	30	0.09～0.19

2. 爆破振动速度要求

若采用光面爆破，爆破振动速度应小于下列数值：硬岩 15cm/s、中硬岩 10cm/s、软岩 5cm/s。隧道上方有建筑物时，爆破振动对建筑物的破坏作用，取决于爆破地震波到达建筑物时的强度，爆破振动地震波的传播方向与建筑物相对位置，爆破地震波延续时间，建筑物的类型、形状、高度、破损程度，爆破振动频率与建筑物固有频率之间的关系等。

为了减少爆破对环境的影响，国外发明了岩石隧道全断面掘进机（隧道掘进机），使隧道掘进速度加快，效率提高，大大减轻劳动强度，有的月进度达到 1km 以上。此外，采用隧道掘进机还有施工安全、开挖面平整、超挖小、节约衬砌混凝土、没有爆破振动、对围岩振动破坏小等优点。但在较短的隧道中使用是不经济的，一般要求隧道长度与直径之比大于 600 时才适用。隧道掘进机对有溶洞、断层的地层适应能力差，因此在选用前应对工程地质进行详细勘察。对于较软的岩石也可使用机械预切槽法及水利切割法等工艺。

3. 初期支护

围岩开挖后应立即进行必要的支护，并使围岩与支护尽量密贴，以稳定围岩。围岩条件比较好时，可简单支护或不支护。采用喷射混凝土、锚杆作为初期支护时，施工顺序一般为先喷射混凝土后打锚杆；围岩条件恶劣时，施工顺序为初喷混凝土→架钢支撑→打锚杆→二次喷射混凝土。锚杆杆位、孔径、孔深及布置形式应符合设计要求，锚杆杆体露出岩面的长度不宜大于喷射混凝土层厚度，锚杆施工质量应符合有关规范要求。

对有水地段的锚杆施工，经常采取以下措施：如遇孔内流水，可在附近另钻一孔，再设锚杆，亦可采用管缝锚杆，或采用速凝早强药包锚杆，或采用管形锚杆并向围岩压力注浆等。

任务 4.3 顶管法施工

4.3.1 概述

顶管法施工是继盾构施工之后发展起来的地下管道施工方法，是隧道或地下管道穿越铁路、道路、河流或建筑物等各种障碍物时采用的一种暗挖式施工方法。在施工时，通过传力顶铁和导向轨道，用支承于基坑后座上的液压千斤顶将管段压入土层中，同时挖除并运走管段正面的泥土。当第一节管段全部顶入土层后，接着将第二节管段接在后面继续顶进，这样将一节节管段顶入，做好管段之间的连接接口而将管段连成一体。

4.3
顶管法施工（一）

4.3.2 顶管法的历史与发展

顶管法施工最早始于 1896 年美国的北太平洋铁路铺设工程的施工中，已有百余年历史。1948 年，日本第一次采用顶管施工方法，在尼崎市的铁路下顶进了一根 $\phi600mm$ 的铸铁管，顶距只有 6m。在国内，1953 年，北京第一次进行顶管施工，1956 年，上海也开始进行了顶管试验。1978 年，上海开发了适用于软黏土和淤泥质黏土的挤压法顶管。1984 年，北京、上海、南京等地先后开始引进国外先进的机械式顶管设备，使我国的顶管技术上了一个新台阶。1988 年，上海研制成功我国第一台 $\phi2720mm$ 多刀盘土压平衡掘进机，先后在虹漕路、浦建路等许多路段使用，取得了令人满意的效果。1992 年，上海研制成功国内第一台加泥式 $\phi1440mm$ 土压平衡顶管掘进机，用于广东省汕头市金砂东路的繁忙路段施工，施工结束所测得的最终地面最大沉降仅有 8mm。该类型的掘进机目前已成系列，最小的为 $\phi1440mm$，最大的为 $\phi3540mm$。

到目前为止，顶管施工随着城市建设的发展已越来越普及，应用的领域也越来越广。顶管施工最初主要用于下水道施工，近年来已广泛应用到自来水管、煤气管、动力电缆、通信电缆、发电厂循环水冷和人行通道等许多管道的施工中。

过去顶管大多只能直线顶进，而现在已发展出曲线顶管。顶管的曲线形状也越来越复杂，不仅有单一曲线，而且有复合曲线，如 S 形曲线；不仅有水平曲线，而且有垂直曲线以及水平和垂直曲线兼有的复杂曲线等。另外，顶管曲线的曲率半径也越来越小，这些都使顶管施工的难度增加了许多。

顶管施工技术是作为一种特殊的施工手段，过去不到万不得已一般不轻易采用，而且施工的距离一般也比较短，大多在 20～30m。现在，顶管施工已经作为一种常规施工工艺被广泛接受，一次连续顶进的距离也越来越长，一次连续顶进数百米已是司空见惯的事，最长的一次连续顶进距离达数千米之远。为了适应长距离顶管需要，目前已开发出一种玻璃纤维加强管，它的抗压强度可达 90～100MPa，可用其取代小口径的混凝土管或钢管作为顶管用管。

常用的顶管口径也日渐增大，实际施工中，最大的顶管口径已达 4m。我国和日本都把 3m 口径的混凝土管列入顶管口径系列之中。顶管技术除了向大口径管的顶进发展以外，也向小口径管的顶进发展，最小顶进管的口径只有 75mm，称得上微型顶管。这类管子具有覆土浅、距离短的特点，在电缆、供水、煤气等工程中有较多的应用。

为了克服长距离大口径顶进过程中所出现的推力过大的问题，注浆减摩成了重点研究课题。现在顶管的减摩浆有单一的也有由多种材料配制而成的，减摩效果已被广大施工单位所认同。在黏性土中，混凝土管顶进的综合摩擦阻力可降到 3kPa，钢管则可降到 1kPa。

4.3.3　顶管法施工原理

顶管法是采用液压千斤顶或具有顶进、牵引功能的设备，以顶管工作井作为承压壁，管子按设计高程、方位、坡度逐根顶入土层直至到达目的地，顶管法是修建隧道和地下管道的一种方法。顶管施工技术是指在不开挖地表的情况下，利用液压缸从顶管工作井将顶管和待铺设的管节在地下逐节顶进直到接收井的非开挖地下管道敷设施工工艺。顶管施工过程如图 4-6 所示。

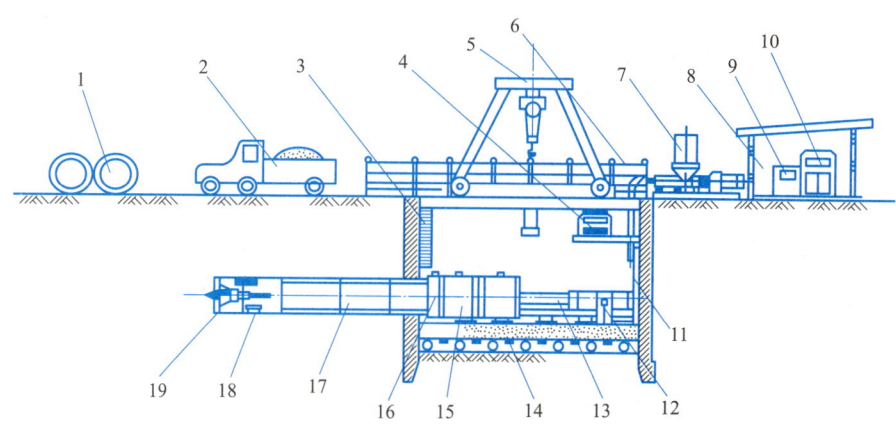

图 4-6　顶管施工过程

1—预制混凝土管；2—运输车；3—扶梯；4—主顶油泵；5—行车；6—安全扶栏；
7—润滑注浆系统；8—操纵房；9—配电系统；10—操纵系统；11—后座；
12—测量系统；13—主顶油缸；14—导轨；15—弧形顶铁；16—环形顶铁；
17—已顶入混凝土管；18—运土车；19—机头

施工时，先制作顶管工作井及接收井，作为一段顶管的起点和终点，工作井中有一面或两面井壁，设有预留孔，作为顶管出口，其对面井壁是承压井壁，承压壁前侧安装有顶管的千斤顶和承压垫板（即钢后靠），千斤顶将工具管顶出工作井预留孔，而后以工具管为先导，逐节将预制管节按设计轴线顶入土层中，直至工具管后第一节管节进入接收井预留孔，即算施工完成一段管道。为进行较长距离的顶管施工，可在管道中间设置一个到几个中继间作为接力顶进，并在管道外周压注润滑泥浆。顶管施工可用于直线管道，也可用于曲线管道。

顶管施工系统主要由工作基坑、掘进机（或工具管）、顶进装置、顶铁、后座墙、管节、中继间、出土系统、注浆系统以及通风、供电、测量等辅助系统组成，其中最主要的是顶管机和顶进系统。顶管机是顶管用的机器，安装在所顶管道的最前端，是决定顶管成败的关键设备，在手掘式顶管施工中不用顶管机而只用一支工具管。顶进系统包括主顶进系统和中继间。主顶进系统由主顶油缸、主顶油泵、操纵台及油管四部分构成。主顶千斤顶沿管道中心按左右对称布置。主顶进装置除了主顶千斤顶以外，还有支承主顶千斤顶的顶架、供给主顶千斤顶压力油的主顶油泵、控制主顶千斤顶伸缩的换向阀等；油泵、换向阀和千斤顶之间均用高压软管连接。主顶油缸的压力油由主顶油泵通过高压油管供给。在顶管顶进距离较长时，顶进阻力超过主顶千斤顶的总顶力，无法一次达到顶进距离，需要设置中继接力顶进装置，即中继间。

4.3.4 顶管法施工技术

一个完整的顶管施工大体包括工作井、推进系统、注浆系统、定位纠偏系统及辅助系统五大部分。

1. 工作井

在需要顶进的管道一端修建的竖井称为工作井。工作井是安放所有顶进设备的场所，也是顶管掘进机的始发场所，还是承受主顶油缸推力的反作用力的构筑物。工作井按其使用用途可分为顶管始发工作井和接收工作井。顶管始发工作井是为布置顶管施工设备而开挖的工作井，一般设置有后墙，以承受施工过程中的反力，接收工作井是为了接收顶管施工设备而开挖的工作井。通常管节从工作井中一节节推进，当首节管进入接收工作井时，整个顶管工程才结束。

工作井中常需要设置各种配套装置，如图 4-7 所示。

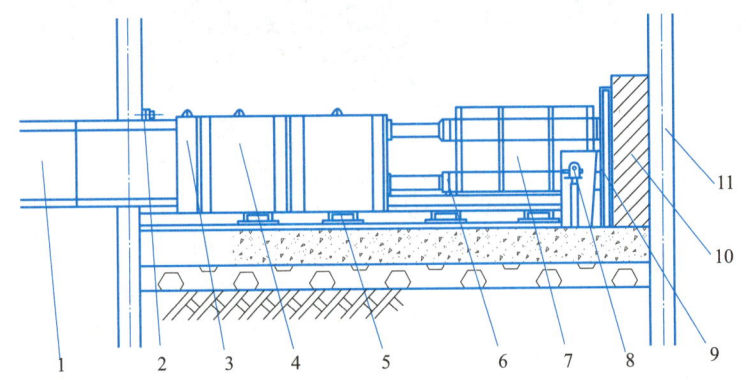

图 4-7 工作井中常需要设置各种配套装置

1—管节；2—洞口止水系统；3—环形顶铁；4—弧形顶铁；5—顶进导轨；6—主顶油缸；
7—主顶油缸架；8—测量系统；9—后靠背；10—后座墙；11—井壁

（1）工作平台

工作平台宜布置在靠近主顶油缸的地方，由型钢架设而成，上面铺设方木和木板。

（2）洞口止水圈

洞口止水圈安装在顶管始发工作井的出洞洞口，防止地下水和泥砂流入工作井。

（3）扶梯

工作井内需设置扶梯，以方便工作人员上下，扶梯应坚固防滑。

（4）集水井

集水井用来排除工作井底的地下水，或兼作排除泥浆的备用井。

（5）后背墙

后背墙位于顶管始发工作井顶进方向的对面，是顶进管节时为顶管提供反作用力的一种结构。后背墙在顶管施工中必须保持稳定，具备足够的强度和刚度。它的构造因工作井的构筑方式不同而不同。在工作井中，后背墙一般就是工作井的后方井壁。在钢板桩工作井中，必须在工作井内后方与钢板桩之间浇筑一座与工作井宽度相等的厚 0.5～1m 的钢筋混凝土墙。由于主顶油缸较细，若把主顶油缸直接抵在后背墙上，后背墙很容易顶坏。为了防止此类事情发生，在后背墙与主顶油缸之间，需垫上一块厚度为 200～300mm 的钢构件，即后背墙。在后背墙与钢筋混凝土墙之间设置木垫，通过它把油缸的反力均匀地传递到后背墙上，这样后背墙就不容易损坏。

（6）基础与导轨

基础是工作井坑底承受管节质量的部位。基础的形式取决于地基土的种类、管节的重量及地下水位。一般的顶管工作井常采用土槽木枕基础、卵石木枕基础及钢筋混凝土木枕基础。

1）土槽木枕基础。适用于地基承载力大而又没有地下水的地方，这种基础是在工作井底部平整后，在坑底挖槽并埋枕木，枕木上安放导轨。

2）卵石木枕基础。适用于有地下水但渗透量较小，以细粒为主的粉砂土。为了防止安装导轨时扰动地基土，可铺设一层厚度为 100mm 的碎石以增强承载力。

3）钢筋混凝土木枕基础。适用范围广，适用于地下水位高、地基土软弱的情况。这种基础是在工作井地基上浇筑一定厚度的钢筋混凝土，导轨安装在钢筋混凝土基础上。它的主要作用有两点：一是使管节沿一个稳定的基础导向顶进；二是使顶铁在工作时有一个托架。

导轨一般采用型钢焊接而成，应具有较高的尺寸精度，并具有耐磨和承载能力大的特点；导轨下方应采用刚性结构垫实，两侧撑牢固定。基础和导轨应该具有足够的强度和刚度，并具有坚固且不移位的特点。

2. 推进系统

推进系统主要由主顶装置、顶铁、顶管机、顶进管节和中继间组成。

（1）主顶装置

主顶装置主要由主顶油缸、主顶液压泵站、操作系统以及油管等组成。

1）主顶油缸。主顶油缸是主顶装置的主要设备，工程中习惯称之为千斤顶，它是管节推进的动力。主顶油缸安装在顶管工作井内，一般均匀布置在管壁两侧。油缸主要由缸体、活塞、活塞杆及密封件组成，多为可伸缩的液压驱动的活塞式双作用油缸。

2）主顶液压泵站。主顶液压泵站的压力由主顶液缸通过高压油缸供给。

3）操作系统。主顶油缸的推进和回缩是通过高压操作系统控制的。操作方式有电动和手动两种，前者运用电磁阀或电液阀，后者使用手动换向阀。

4）油管。常用的油管有钢管、高压软管等。管接头的形式根据系统的压力选取，常用的管接头形式有卡套式和焊接式。

（2）顶铁

顶铁是顶进过程中的传力构件，起到传递顶力并扩大管节端面承压面积的作用，一般由钢板焊接而成。通常是一个内外径与管节内外径相同的，有一定厚度的钢结构构件。顶铁由O形顶铁和U形顶铁组成。

1）O形顶铁。直接与管子接触的构件，通过该构件可将主顶油缸的顶力全部传到管节上，用以扩大管子的承载面积。

2）U形顶铁。该构件是O形顶铁与主顶油缸之间的垫块，用以弥补主顶油缸行程的不足。U形顶铁的数量和长度取决于管子的长度和主顶油缸的行程大小。顶铁应具有足够的强度和刚度。尤其要注意主顶油缸的受力点与顶铁相对应位置肋板的强度，防止顶进受力后顶铁变形和破坏。

（3）顶管机

顶管机是在盾壳的保护下，采用手掘、机械或水力破碎的方法来完成隧道开挖的机器。顶管机安放在所有顶管管节的最前端，主要功能有两点：一是开挖正面的土体，同时保持正面的水土压力的稳定；二是通过纠偏装置控制顶管机的姿态，确保管节按照设计的轴线方向顶进。目前的顶管机的形式主要有泥水平衡式、土压平衡式和气压平衡式等。

（4）顶进管节

顶进管节通常包括钢筋混凝土管、钢管、玻璃钢夹砂管和预应力钢筋混凝土管等。

1）钢筋混凝土管的管节长度有2～3m不等。这类管节接口必须在施工时和施工完成后的使用过程中都不渗漏。这种管节的接口形式目前主要是F形。

2）钢管的长度根据工作井的长度确定，钢管的优点是接口不易渗漏，缺点是只能用于直线顶管。

3）顶管也可采用玻璃钢夹砂管，一般顶距较短，目前仅用于中小口径，管节的防腐性能比较好。

4）预应力钢筋混凝土管在顶管工程中得到应用，由于管节能够承受较大的内压，所以适用于给水管道工程。

（5）中继间

中继间也称中继站或中继接力环，是长距离顶管中不可缺少的设备。中继间安装在顶进管线的某些部位，把顶进管道分成若干个推进区间。它主要由多个推进油缸、特殊的钢制外壳、前后两个特殊的顶进管节和均压环、密封件等组成。当所需的顶进力超过主顶工作站的顶推能力、施工管道或者后座装置所允许承受的最大荷载时，需要在施工的管道中安装一个或多个中继间进行接力顶进施工。

中继间是在顶进管段中间安装的接力顶进工作室，此工作室内部有中继千斤顶，中继间必须具有足够的强度、刚度和良好的密闭性，而且要方便安装。因管体结构及中继间工作状态不同，中继间的结构也有所不同。如图 4-8 所示的是中继间结构示意。它主要由前面特殊管、后特殊管和壳体油缸、均压钢环等组成。在前特殊管的尾部，有一个与 T 形套环相类似的密封圈和接口。中继间壳体的前端与 T 形套环的一半相似，利用它把中继间壳体与混凝土管连接。中继间的后特殊管外侧设有两环止水密封圈，使壳体在其上反复抽动而不发生渗漏。

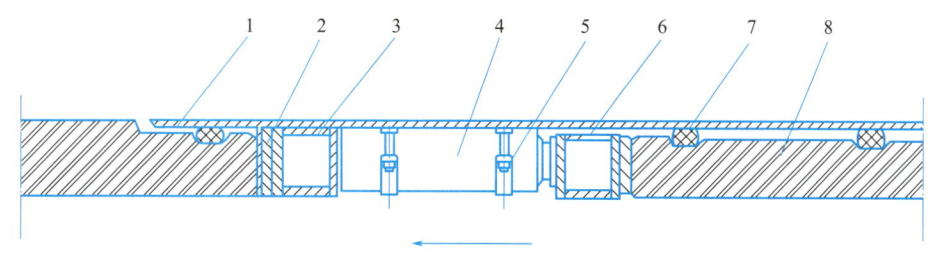

图 4-8　中继间结构示意
1—中继管壳体；2—木垫环；3—均压钢环；4—中继环油缸；5—油缸固定装置；
6—均压钢环；7—止水圈；8—特殊管

3. 注浆系统

注浆系统由拌浆、注浆和管道三部分组成。

（1）拌浆。拌浆是把注浆材料加水以后再搅拌成所需的浆液。

（2）注浆。注浆是通过注浆泵来进行的，它可以控制注浆压力和注浆量。

（3）管道。管道分为总管和支管，总管安装在管道内的一侧，支管则是把总管内压送过来的浆液输送到每个注浆孔。

4. 纠偏系统

纠偏系统由测量设备和纠偏装置组成。

（1）测量设备。常用的测量装置是置于基坑后部的经纬仪和水准仪。经纬仪用来测量管道的水平偏差，水准仪用来测量管道的垂直偏差。机械式顶管有的使用激光经纬仪，激光经纬仪是在普通经纬仪上加装一个激光发射器。激光束打在顶管机的光靶上，通过观察光靶上光点的位置就可判断管子顶进的偏差。

（2）纠偏装置。纠偏装置是纠正顶进姿态偏差的设备，主要包括纠偏油缸、纠偏液压动力机组和控制台。对曲线顶管，可以设置多组纠偏装置，以满足曲线顶进的轨迹控制要求。

5. 辅助系统

辅助系统主要由输土设备、起吊设备、辅助施工、供电照明、通风换气组成。

（1）输土设备。输土设备因顶进方式的不同而不同，在手掘式顶管中，大多采用人力车或运土斗车出土；在采用土压平衡式顶管中，可以采用有轨渣土车、电瓶车和土砂泵等出土方式；在泥水平衡式顶管中，则采用泥浆泵和管道输送泥水。

（2）起吊设备。起吊设备一般分为龙门起重机和汽车起重机等。其中，最常用的是龙门起重机，它操作简便、工作可靠，不同口径的管子应配不同起重质量的龙门起重机，它的缺点是转移过程中的拆装比较困难。汽车起重机和履带起重机也是常用的地面起吊设备，它的优点是转移方便、灵活。

（3）辅助施工。顶管施工离不开一些辅助施工的方法。不同的顶管方式以及不同的地质条件应采用不同的辅助施工方法。顶管常用的辅助施工方法有井点降水、高压旋喷、压密注浆、双浆液注浆、搅拌桩、冻结等。

（4）供电照明。顶管施工中常用的供电方式有低压供电和高压供电。

1）低压供电。根据顶管机的功率、管内设备的用电量和顶进长度，设计动力电缆的截面大小和数量，这是目前应用较普遍的供电方式。对于大口径长距离顶管，一般采用多线供电方案。

2）高压供电。在口径比较大而且顶进距离又比较长的情况下，也采用高压供电方案。先把高压电输送到顶管机后的管子中，然后由管子中的变压器进行降压，再把降压后的电送到顶管机的电源箱中。高压供电的好处是途中损耗少而且所用电缆可细些，但高压供电危险性大，要做好用电安全工作。

（5）通风换气。通风换气是长距离顶管中所必需的，否则可能发生缺氧或气体中毒的现象。顶管中的通风采用专用轴流风机或者鼓风机。通过通风管道将新鲜的空气送到顶管机内，把浑浊的空气排出管道。除此以外，还应对管道内的有毒有害气体进行定时检测。

6. 顶管法施工流程

顶管法施工流程如图 4-9 所示。

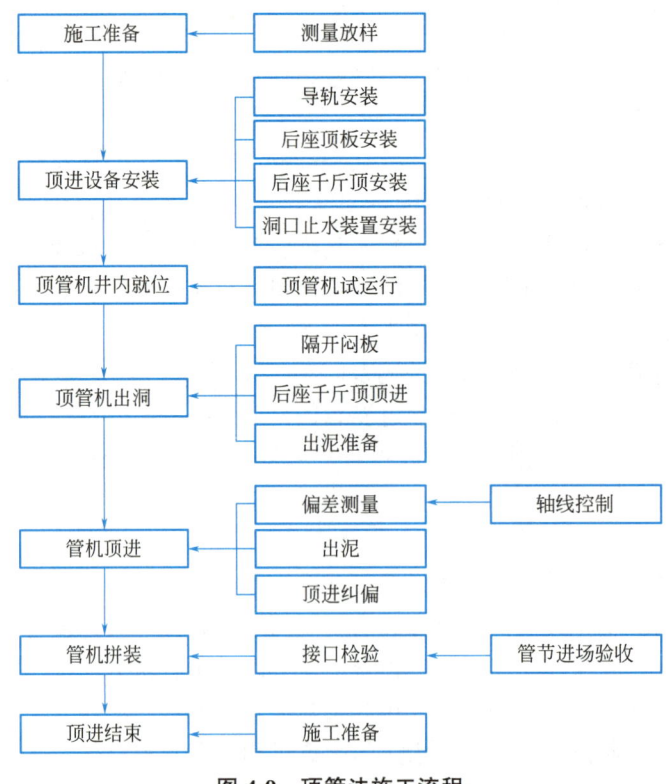

图 4-9 顶管法施工流程

4.3.5　长距离顶管施工技术

4.4
顶管法施工（二）

长距离顶管是指每一段连续推进的距离都在 300m 以上的顶管施工，有的可达 1000m 或 1000m 以上。长距离顶管受到推力、后座承受能力、排土方式、管径、测量、通风与供电等许多因素的制约，与普通顶管有许多不同之处。目前，在长距离顶管技术实施的过程中，注浆减摩和设置中继间两项技术已很成熟。

1. 注浆减摩技术

在管段外壁涂抹泥浆，或向管道外壁与地层间的空隙注入泥浆，都可有效地减少摩阻力，从而增加管道单程顶进的长度。注浆减摩是顶管中非常重要的一个环节，尤其是在长距离和曲线顶管中，它是顶管成功与否的一个极其重要的关键性的环节。目前，常用的顶管注浆润滑材料有两类：一类以膨润土为主，另一类则是人工合成的高分子材料。

（1）膨润土泥浆

膨润土至今仍然是顶管施工中主要的润滑材料，使用的历史也较长久。膨润土的主要成分是具有支承和润滑作用的蒙脱石。膨润土分为两类：一类为钙基膨润土，另一类为钠基膨润土。作为顶管施工用的膨润土选用钠基膨润土。

润滑浆液注入地层的部位、顺序、注入压力和注入量都会直接影响减摩效果。压注的浆液应尽可能均匀地分布在管壁周围，以便围绕整个管段形成环带。因此，注浆孔在管壁上应均匀分布。注浆孔的间距和数量主要取决于地层允许膨润土向四周扩散的程度。注浆孔一般设置在管子的中间位置，均布 3～4 个孔。通常在渗透性小的黏土地层中，孔距应小些；在松散的砂土地层中，孔距可大些。

通常在掘进机尾部顶入第一节管段后就开始注浆，可最大限度地发挥泥浆的减摩作用。由于存在向掘进机内窜浆的危险性，因此宜在顶入第一节管段后开始压浆。一般在顶管机后连续放 3～4 节有注浆孔的管子，不断地注浆，以后再在后面的管子中每隔 2～5 节管段设置一节有注浆孔的管子用以补浆。注浆压力不宜太高，压力太高容易发生冒浆，在注浆孔口周围形成高压密区，成为阻碍浆液继续流出和扩散的柱塞；此外，如果压力超过管道上覆土层的重量，还可能引起地层的隆起。

注浆作业时应注意与中继环的推顶协调一致，补浆宜与管段的推顶同步进行。对于静止不动的管段，不宜进行注浆。

（2）高分子化学减摩剂

除了膨润土系的润滑材料以外，国外还研究出许多高分子化学减摩剂，就是由一种高分子的吸水材料制成。在没有吸水以前，它是一种微小的颗粒，在吸足水以后，直径可膨胀到 0.5～2mm。

2. 中继间技术

中继间也称中继站或中继环，即在管道顶进的中途设置辅助千斤顶，靠辅助千斤顶提供的动力继续顶进管段，延长顶管的顶进长度，满足敷设长距离管道的需要。

（1）中继间的推进过程

设置中继间以后，顶管顶进时，每次都应先启用最前面的中继间，将其前方的管道连同工具管一起向前顶进，后面的中继间和主千斤顶保持不动，直至达到该中继间的一个顶程为止，接着后面的中继环开始推顶作业，将两个中继环之间的管道向前推进。与此同时，前面的一个中继间的千斤顶排放油压，活塞杆缩进套筒。可见，这时被推进的只是该中继间和前面一个中继间之间的管段。在顶进作业中，主千斤顶在每个循环中都最后推进。借助中继间的逐级接力过程，可将顶管的顶推距离延长以适应长距离顶管施工的需要。

（2）中继间的结构形式

中继间结构形式具体内容见前文。

（3）中继间的布置

中继间的布置要满足顶力的要求，同时使其操作方便、合理，以提高顶进速度。中继间在安放时，第一只中继间应放在比较前面一些，因为掘进机在推进过程中推力的变化会因土质条件的变化而有较大的变化。当总推力达到中继环总推力的40%～60%时，就应安放第一只中继间，以后每当达到中继间总推力的70%～80%时，安放一只中继间。当主顶油缸达到中继间总推力的90%时，就必须启用中继间。

4.3.6　曲线顶进技术

1. 概述

在顶管设计与施工过程中，由于地质条件的差异性、地面建筑物的环境保护要求以及原有市政管道及其他地下构筑物的拥挤程度等原因，迫使工程的路线定为曲线，在此情况下，采用顶管和盾构机械设施沿曲线进行顶进施工的特殊技术，即称为曲线顶进技术。国内目前的曲线顶进工程实例不多，有的也大多是曲率半径较大的曲线，而一些发达国家已有了曲率半径为15m的曲线和曲率半径分别为200m和80m的S形曲线施工的实例。

曲线顶进可分两种情况，一种是水平平面内的曲线顶进，另一种是在铅垂平面内的曲线顶进，这两种情况在本质上是一致的。

曲线顶进与直线顶进主要有如下三个不同点：（1）曲线顶进采用的施工方法比直线顶进复杂；（2）曲线顶进时存在管节的排列形状问题；（3）曲线顶进时存在阻力与顶进管的强度问题。基于上述与直线顶进的不同点，反映在曲线顶进施工技术上的问题主要有：（1）主压千斤顶的顶进推力计算与分布；（2）施工过程如何推进减阻；（3）管节之间的接头处理；（4）稳定土层的辅助工法和润滑材料的使用；（5）曲线顶进施工中的方向控制等问题。

2. 曲线顶进施工方法

在曲线顶进实际工程中，多按照以往的经验和当地的实际情况来选择施工方法，常用的施工方法主要有三种，即蚯蚓式顶进法、单元式曲线顶进法和半盾构法。

（1）蚯蚓式顶进法

以往的推进工法多采用后座千斤顶提供顶推力，将整个管列向前顶。蚯蚓式顶进法是先将整体分割成一节一节，然后在每节管的接头部位设置特制的耐压充气胶囊，当胶囊充气膨胀时，可依靠气压来推进一节管子，然后胶囊排气收缩，接着再让另一胶囊充气、排气，如此往复，即可推进后续管节。

利用蚯蚓式的施工方法，即可进行长距离的顶进。在推进过程中，由于楔形材料的使用，可以减小推进的抵抗力。同时，也需要解决曲线外侧地层的强度问题以及管端点接触造成的应力集中问题。一旦曲线顶进的轨迹形成，则后续管可不必插入楔形材料，也能顺利通过曲线部分。这种施工方法有很多优越性，首先反力壁构造简单，工作坑小且对背面地层的反力也小；其次，推顶力在推进管端部均匀分布，推进管被破坏的可能性小；最后，采用空气加压充气，可保持作业环境清洁干净。

（2）单元式曲线顶进法

所谓单元式，就是曲线部分的管节是由具有长度和特性合成的单元。顶进管节也就是顶进一个一个的单元。采用这种单元式顶进，其管与管之间张开度的调整是通过螺旋千斤顶（带有抗拉轴力为 100t、ϕ128mm 的螺杆）配合钢制挡板来完成的，管端的应力集中通过橡胶环来分散，且接头采用 W 形接头。

（3）半盾构法

半盾构法就是在首节管前端装设盾头，盾头内部安装许多台盾头千斤顶，由盾头千斤顶负担盾头顶进工作，克服迎面阻力，并承担校正功能。后面靠主压千斤顶顶进管节，从而延长顶进距离。半盾构法兼有盾构和顶管两种施工技术的特点，由于使用盾头顶进，当土质不变时，盾头顶进的顶力是常数，主压千斤顶或中继管千斤顶只克服管壁与土之间的摩阻力。与盾构施工的区别在于半盾构方法采用管节以代替现场拼装衬砌块的工作，使施工程序得以简化。

半盾构法施工由盾头千斤顶担负全部的迎面阻力，从而减轻主压千斤顶的负荷，采用时应根据各方面条件综合平衡，且辅助以泥浆润滑。在正常工作状态下，盾头千斤顶顶进时应同步，出现不同步现象应检查修理，以免产生误差。曲线顶进时，应根据弯曲程度开动相应部位的千斤顶。为了在曲线顶进时减少多余的超挖量，同时更容易控制掌握张开度，可将盾构的机头分成三折。

任务 4.4　逆作法施工

4.4.1　概述

4.5
逆作法施
工（一）

1. 逆作法施工原理

沿建筑物地下室四周外墙施工地下连续墙或密排桩（当地下水位较高，上层透水性较强，密排桩外围需加止水帷幕），既作为地下室永久性承重外墙的一部分，又用作基坑开挖挡土、止水的围护结构，同时在地下室柱的中

4.6
逆作法施
工（二）

心和地下室纵横框架梁与剪力墙相交处等位置施工构建楼层中间支承柱，从而组成逆作阶段的竖向承重体系。随之从上向下挖一层土方，利用地模或木模（钢模），浇筑一层地下室楼层梁板结构（每一层留一定数量的混凝土楼板不浇筑，作为下层的出土口与下料口）。已施工并达到一定强度的地下室楼层梁板作为围护结构的内水平支撑，以满足继续往下开挖土方的安全要求，这样直至地下室各层梁板结构与基础底板施工完，然后自下向上浇筑地下室四周内衬墙混凝土、中间支承柱外包混凝土、剪力墙混凝土以及遗留下未浇筑混凝土的楼板，完成地下室结构施工。这种地下室施工顺序，不同于传统方法的先开挖土方到底、浇筑底板，再自下而上逐层施工的顺序，故称为"逆作"。逆作法施工如图4-10所示。

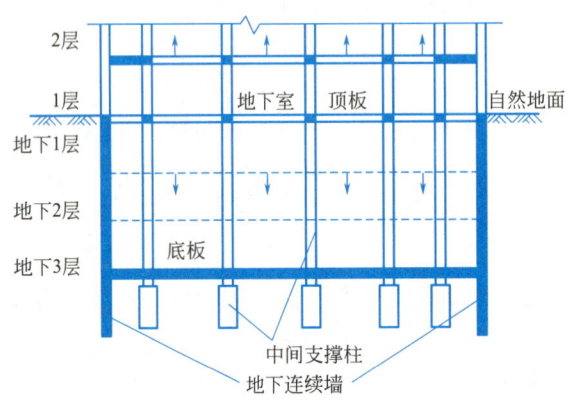

图4-10 逆作法施工

2. 逆作法施工的优点

利用地下连续墙和中间支撑柱进行逆作法施工，对于市区建筑密度大，邻近建筑物及周围环境对沉降变形敏感、场地狭窄、工期紧张、大面积软土地基、三层或多于三层的地下室结构施工是十分有效的。多层地下室采用逆作法施工，与采用常规的临时性支护结构进行正作法施工相比，具有下列优点：

（1）缩短施工总工期

多层地下室采用常规的正作法施工方法，其总工期为地下结构工期加地上结构工期，再加装修等所占的工期。采用逆作法进行多层地下室施工，一般情况下地下结构只有第一层占用绝对工期，其他各层可与地上结构同时施工，并不另占绝对工期，因此总工期可大为缩短。

（2）基坑变形小且相邻建筑物沉降少

采用逆作法施工，是利用逐层浇筑的地下室各层梁板结构作为地下连续墙的内水平支撑，由于地下室结构与临时性支撑相比刚度大得多，因此，地下连续墙在外侧压力作用下的变形就小得多。同时，由于中间支承柱的存在，增加了底板支承点，使浇筑后的底板成为多跨连续板结构，跨度减小。所以逆作法施工有利于减小基坑变形，使基坑四周地面沉降减小，既能保证邻近建筑物、道路和地下管线安全正常使用，又能保证基坑内安全施工。

（3）节省支护结构的水平内支撑或注浆外锚杆费用

深度较大的多层地下室，如采用常规的临时支护结构施工，为减少支护结构的变形，需设置强大的内水平支撑或注浆外锚杆，不但需要消耗大量材料，而且施工费用也相当高。采用逆作法施工，是利用地下室自身结构层梁板作为支护结构的地下连续墙内水平支撑，从而可省掉临时内水平支撑与中间支承柱或注浆外锚杆的费用。

（4）节省地下室外墙及外墙下工程桩费用

多层地下室采用常规的临时支护结构施工，地下室需设置外墙及外墙下工程桩，工程费用相当可观。采用逆作法施工，地下连续墙既作基坑开挖挡土阻水的支护结构，又与内衬墙组成复合结构作为地下室永久性承重外墙，把临时性支护结构与永久性地下室承重外墙合为一体，材料得到充分利用，同时还可利用地下连续墙承受地下室各楼层、地下室底板和地下室外墙的上部结构的垂直荷载。所以，采用逆作法施工可省掉地下室外墙及外墙下工程桩的工程费用。

（5）节省土方挖填方费用

多层地下室采用常规的临时支护结构施工，为了给地下室外墙支模和外防水层施工提供操作面，一般情况下基坑临时支护结构与地下室外墙之间要留 1m 净距的施工操作空间，所以基坑开挖要多增加土方量。待地下室施工好后，又要增加地下室外墙四周超挖的回填土方量。采用逆作法施工，可在地下室外墙处构筑地下连续墙，因此就可节省此部分土方挖填方工程量及其费用。

（6）充分利用地下空间及扩大地下室建筑面积

多层地下室采用常规的临时支护结构施工，地下室外墙势必要退至城市规划红线内，留有临时支护结构截面尺寸和上面所述的施工操作面空隙距离，而缩小了地下室建筑面积。采用逆作法施工，在满足室外管线或构筑物布置的条件下，作为地下室外墙的地下连续墙可紧靠规划红线，甚至踩规划红线构筑地下连续墙作为地下室永久性外墙，从而可达到最大限度利用地下空间、扩大地下室建筑面积的目的。

（7）节省地下室外墙建筑防水层费用

多层地下室采用常规的临时支护结构施工，一般情况下，建筑设计往往要做地下室外墙防水层。采用逆作法施工，是以地下连续墙与内衬墙组成复合式结构做成结构自防水的地下室外墙，从而也节省了地下室外墙建筑防水层费用。

（8）有利于结构抵抗水平风力和地震作用

多层地下室采用常规的临时支护结构施工，一般情况下临时支护结构与地下室外墙之间预留空间小，进行基坑四周回填土不容易夯填密实，甚至有的施工单位没有意识到高层建筑地下室外墙四周基坑回填土的重要性，往往利用建筑垃圾随意回填了事，从而削弱了地下室结构对高层、超高层建筑嵌固约束的作用。采用逆作法施工，地下连续墙与地下原状土体粘结在一起，地下连续墙与土体之间粘结力和摩擦力不仅可用来承受垂直荷载，而且还可充分利用它承受水平风力和地震作用所产生的建筑物底部巨大水平剪力和倾覆力矩。

3. 逆作法施工中存在的问题

（1）不均匀沉降问题

逆作法施工中作为围护结构的地下连续墙又是地下室外墙，是地下室主体结构的一部分。在我国沿海有深厚软土层地区施工时，地下墙往往是"悬浮"在软土层中，而主楼的桩基往往采用长桩基础，深入持力层一定深度。在逆作法施工中地下墙的沉降值常超过主楼基础的沉降值，使沉降不均匀，造成地下结构开裂。这是软土地基的逆作法施工中较难解决的技术问题。可选用如下方法进行处理：

1）采用承重式地下连续墙。

2）地下连续墙墙底注浆加固。

3）加强地下连续墙的刚度。

（2）地下连续墙的止水和隔离

逆作法施工时，地下连续墙不仅作为基坑开挖时的围护结构，也作为地下室外墙结构，所以地下连续墙必须具有止水性能。保障地下连续墙的墙身厚度和密实度，可使其具有良好的止水性能。地下连续墙漏水一般仅产生在地下连续墙接缝处，为解决接头漏水，可采用如下办法：

1）采用止水接头。

2）采用柔性接头加墙外注浆（或喷浆）。

3）采用内衬墙和隔墙。

（3）地下连续墙的沉降缝设置

当主楼桩基与裙房桩基不在同一持力层时，主楼基础与裙房基础应采用脱开做法。逆作法施工中作为地下室外墙的地下连续墙也应脱开，设置沉降缝。沉降缝应设在一幅槽段的中间，地下连续墙的横向钢筋在伸缩缝处断开，为方便施工，应通过薄钢板临时连接使之形成整幅钢筋笼。横向钢筋断开的两头用封头钢板隔开，中间设置既止水又可变形的橡胶两片；在地下室开挖时再割断连接薄钢板，形成左右互不相连、仅有止水橡胶过渡的地下连续墙沉降缝；在主楼结构封顶后，再在互不相连的两边用两层止水橡胶，利用端头预埋螺栓压紧止水，形成中间层与内层双层止水。当止水橡胶年久老化时，应及时更换。

4.4.2 逆作法施工程序

逆作法施工时，要根据工程地质、水文地质、建筑规模、地下室层数、地下室承重结构体系与基础形式、建筑物周围环境、施工机具与施工经验等因素，确定采用封闭式逆作法施工还是采用开敞式逆作法施工，亦或采用中顺边逆法施工。

1. 封闭式逆作法

封闭式逆作法又称全逆作法施工，这种施工方法常用于地下层数多于 3 层的地下工程，围护结构采用地下连续墙，地下中间支承柱本身及其下面基础，在底板封底之前，足以承受地下各层与地上预加控制的最多层数的结构自重与施工荷载的情况。此时已完成首层地面梁板结构，在地下连续墙顶部构成刚度巨大的水平支撑系统，从而以地面层为起始面，由上而下进行地下结构逆作法施工，与此同时由下而上进行上部结构施工，组成上、下部结构施工的平行立体作业。在建筑规模大、上下层数多时，大约可缩短施工总工期的1/3。当地下室四周场地条件允许放坡开挖土方，或地质条件较好，地下一层以上围护结构顶点侧向位移许可时，可从地下一层梁底以上开挖土方，利用地模施工地下一层梁板，从地下二层开始逆作法施工。

2. 开敞式逆作法

开敞式逆作法又称半逆作法，这种施工方法与上述方法一样，只是为了使土方开挖的机械化作业和材料垂直运输方便。每次浇筑地下楼层混凝土时，先施工 T 形楼盖的肋梁部分，有的同时浇筑四周部分板带混凝土，使之与地下四周围护结构连接，组成水平框格式支撑系统，大部分楼板混凝土留待以后浇筑。土方全部开挖完成后，先施工好底板，然后自下而上逐层浇筑四周围护结构的内衬墙、柱子外包混凝土、剪力墙与未浇筑楼板。水平框格梁在不影响水平支撑效果的情况下，也可留出部分肋梁（次梁）暂不施工，更便利土方开挖和材料垂直运输。一般待围护结构的内衬墙、支承柱外包混凝土、剪力墙以及地面层楼板混凝土施工完并达到一定强度后，方可进行上部结构施工，地下一层及以下各层未浇筑的楼板也可与上部结构平行立体作业。围护结构可以是地下连续墙兼作地下室承重外墙，也可以是密排桩与内衬墙组成桩墙合一的地下室承重外墙。

3. 中顺边逆法

中顺边逆法亦称中心岛局部逆作法，该方法适用于建筑规模大、一至二层地下室工程、围护结构采用地下连续墙兼作地下室承重外墙的情形，也可采用密排桩与内衬墙组成桩墙合一的地下室承重外墙。其施工程序分述如下：

（1）一层多跨地下室中顺边逆施工程序

工程桩与围护结构施工→地下室中部土方开挖，保留四周一跨土方，以平衡围护结构外侧压力→地下室中部桩承台板混凝土浇筑→地下室中部柱或核心筒剪力墙混凝土顺（正）作法施工→首层梁板结构混凝土浇筑，并与四周围护结构连接形成内水平支撑→混凝土养护→挖除地下室四周的保留土方，浇筑四周基础底板和内衬墙混凝土→完成地下室结构施工→地上结构施工。

（2）二层多跨地下室中顺边逆施工程序

工程桩与围护结构施工→地下一层以上土方开挖，围护结构悬臂受力，继续开挖地下室中部地下一层以下土方至基础底板垫层底，保留地下二层四周一跨土方，以平衡围护结构外侧压力→地下室中部桩、承台板混凝土浇筑→混凝土养护→地下室中部二层柱与剪力墙及地下一层梁板混凝土浇筑→混凝土养护→开挖地下二层四周的保留土方→地下室四周底板地下一层柱与剪力墙及首层梁板混凝土浇筑→完成地下室结构施工→地上结构施工。

任务 4.5 盖挖法施工

4.5.1 盖挖法概述

采用明挖法修建城市附近浅埋隧道或地下铁道，对城市交通及居民生活干扰较大，往往不易被人们所接受。在交通繁忙的地段修建隧道工程，当需要严格控制基坑开挖引起的地面沉降时，可采用盖挖法施工。盖挖法适用于松散土质条件，隧道处于地下水位以上的情形，但隧道在地下水位以下时，施工时需做好降排水措施。

盖挖法施工的优点有：结构的水平位移小；结构板作为基坑开挖的支撑，节省了临时支撑；缩短了占道时间，减少了对地面干扰；受外界气候影响小。其缺点是：盖板不允许留设过多竖井，所以出土不方便；板墙柱施工接头多，需进行防水处理；作业面小、工效低、速度慢；与基坑开挖、支挡开挖相比费用较高。

盖挖法有逆作法与顺作法两种施工方法。逆作法是指按土方开挖顺序从上层开始往下进行结构施工；而顺作法则正好相反，是在土方全部开挖完成后，从底板开始施工方法。两种盖挖法的不同点如下：

(1) 施工顺序不同。顺作法是在挡墙施工完毕后，对挡墙作必要的支撑，再着手开挖至设计标高，并开始浇筑基础底板，接着依次由下而上，一边浇筑地下结构主体，一边拆除临时支撑；而逆作法是由上而下地进行施工。

(2) 所采用的支撑不同。在顺作法中常见的支撑有钢管支撑、钢筋混凝土支撑、型钢支撑以及土锚杆等。而逆作法中建筑物本体的梁和板，也就是逆作结构本身，就可以作为支撑。

4.5.2　盖挖顺作法

在不长期占用城市道路交通的前提下，修建地下铁道车站或区间隧道时，可采用盖挖顺作法。早期的盖挖法是在支护基坑的钢桩（或边墙）上架设钢梁、铺设临时路面维持地面交通。开挖到基坑底后，浇筑底板至浇筑顶板的顺作法。该方法在现有道路上，按所需的宽度，由地面完成挡土结构后，以定型的预制标准覆盖结构（包括纵、横梁和路面板）置于挡土结构上维持交通，往下反复进行开挖和架设横撑，直至设计标高。然后依次由下而上建筑主体结构和防水措施，回填和恢复管、线、路。最后视需要拆除挡土结构的外漏部分及恢复道路。盖挖顺作法施工顺序如图 4-11 所示。盖挖顺作法主要依赖坚固的挡土结构，根据现场条件、地下水位高低、开挖深度以及周围建筑物的临近程度，可以选择钢筋混凝土钻（挖）孔灌注桩及地下连续墙。对于饱和的软弱地层，应以刚度大、止水性能好的地下连续墙为首选方案。

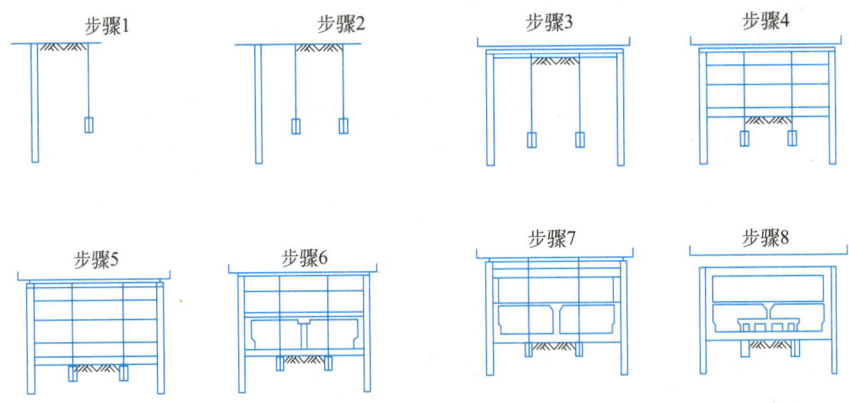

图 4-11　盖挖顺作法施工顺序

4.5.3　盖挖逆作法

1. 盖挖逆作法适用条件

（1）接近开挖地点有重要结构物时。

（2）有强大土压力和其他水平力作用，用一般挡土支撑不稳定，而需要强度和刚度都很大的支撑时。

（3）开挖深度大，开挖或修筑主体结构需较长时间，特别需要保证施工安全时。

（4）因进度上的原因，需要在底板施工前修筑顶板，以便进行上部回填和开放路面时。

2. 盖挖逆作法施工顺序

如果开挖面较大、覆土较浅、周围沿线建筑物过于靠近，为尽量防止因开挖基坑而引起邻近建筑物的沉陷，或需及早恢复路面交通但又缺乏定型覆盖结构时，可采用盖挖逆作法施工。其施工步骤为：先在地表面向下做基坑的围护结构和中间桩柱，和盖挖顺作法一样，基坑围护结构多采用地下连续墙，或钻孔灌注桩或人工挖孔桩；中间桩柱则多利用主体结构本身的中间立柱，以降低工程造价。随后即可开挖表层土至主体结构顶板底面标高，利用未开挖的土体作为土模浇筑顶板；后者还可以作为一道强有力的横撑，以防止围护结构向基坑内变形，待回填土后将道路复原，恢复交通。以后的工作都是在顶板覆盖下进行，即自上而下逐层开挖并建造主体结构直至底板。在特别软弱的地层中，邻近地面建筑物时，除以顶、楼板作为围护结构的横撑外，还需设置一定数量的临时横撑，并施加不小于横撑设计轴力 70%～80% 的预应力。盖挖逆作法施工步顺序如图 4-12 所示。

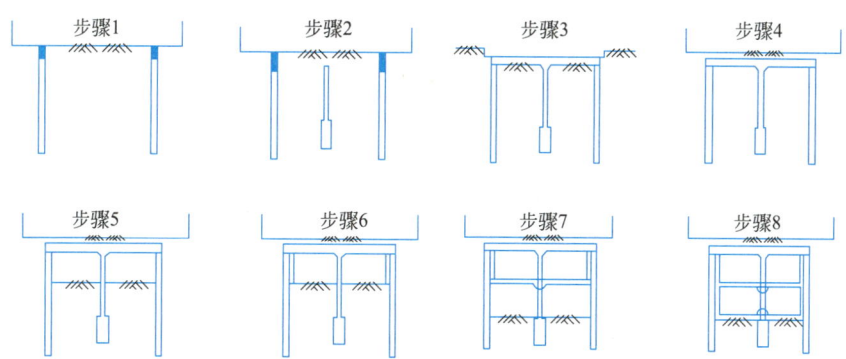

图 4-12　盖挖逆作法施工顺序

采用盖挖逆作法施工时，若采用单层墙或复合墙，结构的防水层较难做好。只有采用双层墙，即围护结构与主体结构墙体完全分离，无任何连接钢筋，才能在两者之间敷设完整的防水层。但需要特别注意中层楼板在施工过程中因为悬空而引起的强度与稳定性问题，一般可在顶板和楼板之间设置吊杆来予以解决。另外，盖挖逆作法在挖土和出土时，因受到盖板的限制，无法使用大型机具，必须采用特殊的小型、高效机具，并应精心组织施工以保证施工进度。

课后练习

资源名称	项目 4　课后练习	项目 4　课后练习答案
资源类型	文档	文档
资源二维码		

项目5

沉井、沉箱和沉管法施工

Project 05 ▶▶

1. 知识目标

了解沉井、沉箱和沉管法的概念、类型、特点等，掌握沉井、沉箱和沉管法施工工艺，熟悉沉井、沉箱和沉管法施工的注意事项。

2. 能力目标

能够有效地应用所学知识，分析暗沉井、沉箱和沉管法的特征，具备沉井、沉箱和沉管法施工能力，遇到沉井、沉箱和沉管法施工存在的问题，能够采取有效的措施解决突发问题。

3. 素质目标

培养学生团队协作能力；在教学中做到思想引领、价值引领，培养学生具有社会主义民主法治意识，遵守国家法律和社会公德。

任务 5.1 沉井法概述

5.1.1 沉井法概述

5.1
沉井基本
概述

　　沉井法是适用于不稳定含水地层中建造竖井的一种特殊施工方法。沉井是在设计的井筒位置上，在地面预制好底部带有刃脚的一段井筒，在井筒掩护下在井内不断挖土，借助筒体自重而逐步下沉，随着井筒的下沉，在地面相应接长井壁，下沉到预定设计标高后，进行封底。

　　沉井法具有工艺简单、需用设备少、易于操作、成本较低和劳动条件好等优点，因而在农田水利、基础工程、市政工程、道路桥涵、地下工程及矿井建设等工程中广泛采用。

1. 沉井法的适用范围

　　沉井一般使用于下列四种情况：

　　（1）上部荷载比较大，而表层地基土的承载力不足，一定深度下有好的持力层，采用沉井基础与其他深基础相比较，经济上较为合理；在山区河流中，虽然土质较好，但水流冲刷大时也可以考虑采用沉井法。

　　（2）由于建筑的使用要求，需要基础埋入地下比较深时。

　　（3）施工条件限制，如施工场地狭小，不便于开挖施工，或对邻近建筑物影响较大，河水较深，不便于采用扩大基础施工围堰，或河中有较大卵石不便于桩基础施工等情况下均可以考虑采用沉井法。

　　（4）给水排水工程的地下构筑物，多采用沉井法施工。如江心及岸边的取水构筑物、城市污水泵站及其下部结构等。

2. 沉井法的特点

　　沉井法的优点：埋置深度可以很大，整体性强、稳定性好，有较大的承载面积，能承受较大的垂直荷载和水平荷载；沉井既是基础，又是施工时的挡土和挡水结构物，下沉过程中无须设置坑壁支撑或板桩围壁，简化了施工流程；沉井法施工时对邻近建筑物影响较小，且内部空间可以利用。

　　不足之处：工期较长；对细砂及粉砂类土在井内抽水时易发生流砂现象，造成沉井倾斜；沉井下沉过程中遇到的大块孤石、树干或井底岩层表面倾斜过大，会给施工带来一定困难。

5.1.2 沉井法的类型

　　沉井法的类型很多，主要类型有：

1. 按建筑材料分

（1）混凝土沉井

混凝土沉井适用于中小型工程。其特点是抗压强度高，抗拉强度低，多做成圆形，适用于覆盖层较松软的地质条件，一般下沉深度不超过 8m。

（2）钢筋混凝土沉井

钢筋混凝土沉井的抗压和抗拉强度高，施工时结构各部分受力好，可制作成大型沉井，下沉深度可达几十米以上。当下沉深度不大时，可将底节沉井或刃脚部分做成钢筋混凝土结构，上部井壁用混凝土制作；浮运沉井用钢筋混凝土制作，采用薄壁结构。钢筋混凝土沉井可根据具体情况要求，做成各种合理的结构形状和厚度。

（3）钢沉井

钢沉井用钢材制造，为钢模薄壁结构沉井，其强度高、质量轻，易于拼装，适于制造浮运沉井。

2. 按沉井横截面形状分

按沉井的横截面形状可分为圆形、矩形和圆端形。根据井孔的布置方式，又有单孔、双孔和多孔之分，如图 5-1 所示。

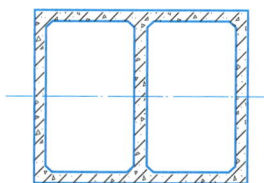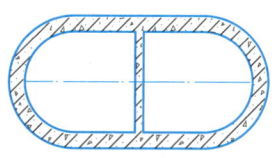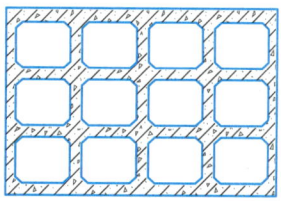

图 5-1　沉井的横断面形状

（a）双孔矩形；（b）双孔椭圆；（c）多孔矩形

（1）圆形沉井

圆形沉井在下沉过程中，垂直度和中线较易控制，较其他形状的沉井更能保证刃脚均匀作用在支承的土层上。在土压力作用下，井壁只受轴向压力，便于机械取土作业，但圆形沉井只适用于圆形或接近正方形截面的墩（台）。

（2）矩形沉井

矩形沉井具有制造简单、基础受力有利、较能节省圬工数量的优点，并符合大多数墩（台）的平面形状，能更好地利用地基承载力。但矩形沉井四角处有较集中的应力存在，且四角处土不易被挖除。矩形沉井的井角不能均匀地接触承载土层，因此四角一般应做成圆角或钝角。矩形沉井在侧压力作用下，井壁受较大的挠曲力矩，长度比越大其挠曲应力也就越大，通常要在沉井内设隔墙支撑，以增加刚度，改善受力条件。另外，矩形沉井在流水中阻水系数较大，将导致过大的冲刷。

（3）圆端形沉井

圆端形沉井控制下沉、受力条件、阻水冲刷均较矩形沉井有利，但沉井制造较复杂。对平面尺寸较大的沉井，可在沉井中设隔墙，使井由单孔变为双孔。双孔或多孔沉井受力有利，也便于在井孔内均衡挖土使沉井均匀下沉以及下沉过程中的纠偏。

3. 按沉井立面形状分

（1）柱形沉井

柱形沉井井壁等厚，下沉时较均匀地受到土层的约束，几乎只沿垂直方向下沉，减少了沉井的倾斜，对周围土体的破坏较小，适合在已有建筑物附近施工，如图 5-2（a）所示。同时，制作时模板可重复使用，井筒接长简单，给施工带来方便。但是，当井筒平面尺寸相对较小而下沉深度较大时，可能因井壁外土层的摩阻力大于井筒自重而使沉井下部悬空，此时井壁上部被土层夹住，沉井壁可能被拉裂。为了避免发生此类情况，可将井筒竖直剖面制作成锥形或梯形。

（2）阶梯形沉井

沉井下沉时，因不同标高处水平向压力不同，而井筒下部受土层侧压力最大，按此情况将井壁设计成不同壁厚，即形成阶梯形沉井，如图 5-2（b）所示。此类井筒相对来说可节约材料。若需要考虑井壁的受力情况，避免下沉时对周围土体的破坏范围过大而影响邻近建筑物，在摩阻力较小的情况下可将台阶设在沉井内侧，而外侧仍为等直径。若为了减少井壁外摩阻力，则可将台阶设计在井壁外侧，台阶从每节沉井的施工接缝处开始，台阶伸出部分的宽度一般为 10～20cm，最下一级阶梯高 $h_1 =$（1/4～1/3）H，H 为下沉深度。若 h_1 过小，虽能减小井壁外侧摩阻力，但下沉导向作用不大，易使井筒倾斜。下沉时，在阶梯面所形成的空隙中可灌入泥浆或填入黄沙，可减少井壁摩阻力，并能减少井壁外土体的破坏程度。阶梯形沉井制作较复杂，垂直度不易保证。

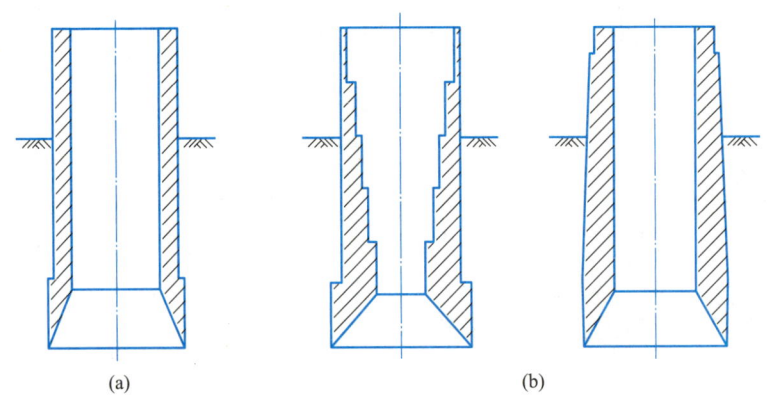

(a) (b)

图 5-2　沉井立面

（a）柱形沉井；（b）阶梯形沉井

5.1.3　沉井的构造

沉井的构造包括套井、井壁、刃脚、内隔墙、凹槽、底板与顶盖，如图 5-3 所示。

1. 套井

在沉井施工之前，为了定位、组装沉井的刃脚与一段井壁，要预先在沉井位置的四周做好一个有一定深度、直径略大于沉井的井筒，通常称之为套井。套井的作用在于防止沉井在下沉过程中井壁外围土层的坍塌，为井架与井口建筑物保持一个完整的地基基础，利

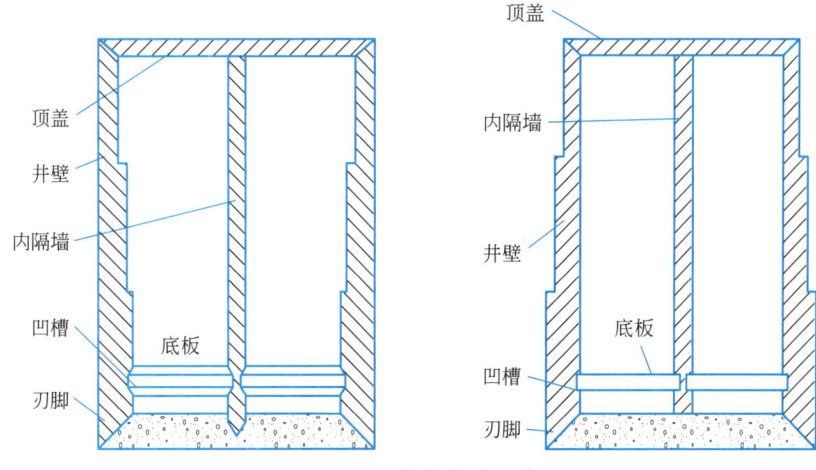

图 5-3　沉井的构造示意

（a）内阶梯式沉井；（b）外阶梯式沉井

用套井作为安设沉井导向设施、纠正偏斜或者加压下沉设施的基础。套井与沉井之间的环形空间，可以作为触变泥浆的储浆槽，或者壁后压气的出气口。因此，要求套井要有一定的深度、强度和较大的稳定性。

套井较浅，其结构强度一般较沉井井壁小，因此，在安装导向装置与纠偏机具的套井部位应适当加强，一般均布置双层钢筋或适当加大壁厚，以便为井壁下沉创造一个可靠的防偏与纠偏基础。

2. 井壁

井壁是沉井的重要组成，其结构形式应根据具体工程要求确定，应有足够强度和厚度，为了承受在下沉过程中各种不利荷载组合（水土压力）所产生的内力。在钢筋混凝土井壁中一般应配置两层竖向钢筋及水平钢筋，以承受弯曲应力。同时要有足够的质量，使沉井能在自重作用下顺利下沉到设计标高。

井壁厚度主要决定于沉井大小、下沉深度以及土壤的力学性质。先假定井壁厚度，再进行强度验算。厚度一般为 0.8～1.5m，但钢筋混凝土薄壁浮运沉井及钢制薄壁浮运沉井的壁厚不受此限。井壁混凝土强度等级不低于 C20。钢筋混凝土沉井的配筋率不应小于 0.1%。

3. 刃脚

井壁最下端一般都做成刀刃状的刃脚，其构造如图 5-4 所示。刃脚的主要功用是减少下沉阻力。刃脚还应具有一定的强度，以免在下沉过程中损坏。刃脚底的水平面称为踏面。刃脚的踏面宽度，一般为 15～30m，刃脚侧面的倾角通常为 45°～60°，刃脚高度通常大于 1m，湿封底时高度大些，干封底时高度小些，在软土地基应适当加高，沉井重、土质软时，踏面要宽些；相反，沉井轻，又要穿过硬土层时，踏面要窄些，有时甚至要用角钢加固的钢刃脚。刀脚外侧水平钢筋宜置于竖向筋外侧，内侧水平筋宜置于竖向筋内侧。刃脚竖向筋应锚入刃脚根部以上。刃脚底内外层竖向钢筋之间，要设 $\phi 6～\phi 8$mm 的拉筋，间距 300～500mm。

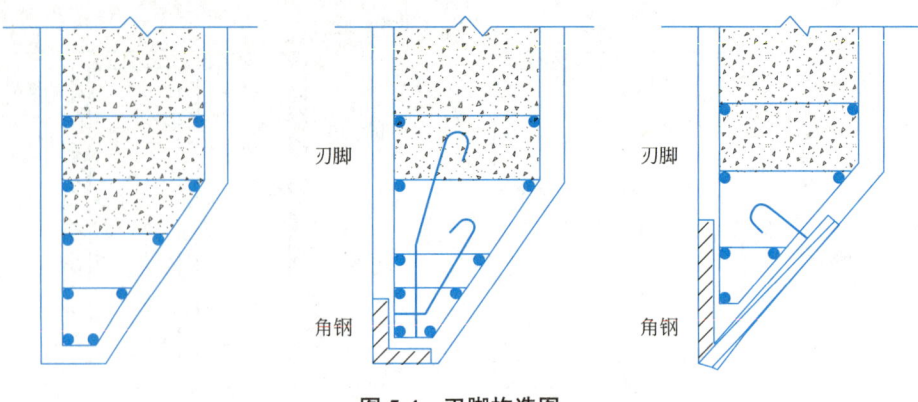

图 5-4　刃脚构造图

4. 内隔墙

内隔墙的主要作用是增加沉井在下沉过程中的刚度并减小井壁跨径。同时又把整个沉井孔（取土井）分隔成多个施工井，使挖土和下沉可以较均衡地进行，分隔成多个施工井也便于沉井偏斜时的纠偏。内隔墙的底面一般应比井壁刃脚踏面高出 0.5～1.0m，以免土壤顶住内墙妨碍沉井下沉。但当穿越软土层时，为了防止沉井"突沉"，也可与井壁刃脚踏面齐平。隔墙的厚度一般为 0.5m 左右，隔墙底面距刃脚的高度：在软土及淤泥质土层中一般为 0.5m，在硬土层及砂类土层中一般为 1.0～1.5m。隔墙下部应设过人孔，供施工人员于各取土井间往来之用。

5. 凹槽

凹槽位于刃脚内侧上方，用于箱体封底时将井壁与底板混凝土更好地连接在一起，使封底底面反力能更好地传递给井壁。通常凹槽高度在 1m 左右，凹槽深度在 15～30cm。

6. 底板和顶盖板

当沉井下沉到设计标高，经过技术检验并对坑底清理后，即可封底，以防止地下水渗入井内。封底可分湿封底（即水下浇筑混凝土）和干封底两种。有的在井底设有集水井排水。封底完毕，待混凝土凝固后即可在其上方浇筑钢筋混凝土底板。为了使封底混凝土和底板与井壁间有更好的连接，以传递基底反力，使沉井成为空间结构受力，常于刃脚上方的井壁上预留凹槽，井壁与底板连接的凹槽深度宜为 150～200mm，凹槽内必须预插足够的钢筋，连接点处不允许漏水。凹槽底面一般距刃脚踏面 2.5m 以上。槽高约 1.0m，近于封底混凝土的厚度，以保证封底工作顺利进行。当井孔准备用混凝土填实时，也可不设凹槽。沉井底板与沉井壁板的连接处的凹槽上口不能平齐，必须向上倾斜 45°，如果下沉时带有底梁，则底板与底梁的联系应通过底梁上预留插筋联系，底梁和底板上表面不能平齐，底梁顶到底板上表面的距离不宜小于 100mm。

沉井井孔内是否需要填实，应根据沉井受力和稳定性的需要来确定。井孔填料可采取混凝土、片石混凝土或浆砌片石；在非冰冻区，封底后也可采用沙砾填心或仅封底而不填心。当井孔内仅填以沙砾或无填充成空心沉井基础时，应在井顶设置钢筋混凝土顶盖板，其上修筑墩台身。顶盖板厚度一般为 1.5～2.0m，钢筋配置由计算确定。

任务 5.2　沉井法施工

5.2.1　沉井法施工

通常沉井法施工的步骤为：定位放样，平整场地→施工第一节井筒→拆模及抽垫→挖土下沉→续接井筒→封底、充填井孔及浇筑顶盖板。上述施工步骤中各种施工方法的选取，取决于地层土质、地下水位、施工场地大小、沉井用途、沉井施工对周边构造物的影响程度、施工设备的状况及成本等因素。

5.2
旱地沉井
施工

1. 定位放样，平整场地

旱地沉井施工时，应首先根据设计图纸进行定位放样，即在地面上确定出沉井的纵横两个方向的中心轴线、基坑的轮廓线以及水准标点等作为施工的依据。现场浇筑沉井要在施工前清除井位及附近场地的孤石、倒木、树根、淤泥等地面杂物，仔细平整施工场地，平整范围要大于沉井外侧 1～3m。为了减少沉

5.3
水上筑岛
沉井施工

井的下沉深度也可在基础位置处挖一基坑，在坑底制造沉井并下沉。在开挖好的基坑（槽）内，铺筑砂垫层前在基坑底部应设置盲沟和集水井，集水井的深度宜低于基底 300～500mm。在清除浮土后，方可进行砂垫层的铺填工作。施工期间做好排水工作，严禁砂垫层浸泡在水中。软土地区砂垫层的铺设厚度不宜小于 600mm，每层铺设厚度不应超过 250mm，应逐层浇水控制最佳含水量。砂垫层宜采用颗粒级配良好的中砂、粗砂或砾砂，砂垫层的布置宜采用满堂铺筑形式，平面尺寸较大时，可采用环边铺筑形式。对软硬不均的地表，还应换土或在基坑处铺填≥0.5m 厚夯实的砂或砂砾垫层，以防沉井在混凝土浇筑之初因地面沉降不均而产生裂缝。在极软塑黏土及流态淤泥、强液化土并有较大的倾斜坡的基床覆盖层上修造沉井时，为避免沉井失稳，其河床需做好处理，必要时还可采用加宽刃脚的轻型沉井。

2. 施工第一节井筒

凿除混凝土垫层时，应先内后外，分区域对称按顺序凿除，凿断线应与刃脚底边平齐，凿除的混凝土垫层应立即清除，空穴立即用砂或砂夹碎石回填。对混凝土的定位支点处，应最后凿除，不得漏凿。沉井自重较大，刃脚踏面尺寸较小、应力集中，场地土往往承受不了这样大的压力。所以在整平的场地上应在刃脚踏面处对称布置一层垫木以加大支承面积，垫木一般为方木，规格为 16cm×22cm×250cm。垫木数量应使沉井重量在垫木下产生的压应力不大于 100kPa。为了便于抽出垫木，还需设置一定数量的定位垫木，确定定位垫木位置时，以沉井井壁在抽出垫木时产生的正、负弯矩的大小接近相等为原则。然后在刃脚位置处放上刃脚角钢→竖立内模→绑扎钢筋→立外模→最后浇筑第一节井筒混凝土。沉井模板表面应平整光滑且具有足够的强度、刚度，整体稳定性好，缝隙应严密不得漏浆。钢模较木模刚度大，周转次数多，也易于安装。

3. 拆模及抽垫

混凝土达到设计强度的25%时可拆除内外侧模，达到设计强度的75%时可拆除隔底面和刃脚斜面模板。强度达到设计强度后才能抽撤垫木。撤垫木应按一定的顺序进行，以免引起沉井开裂、移动或倾斜。抽撤垫木顺序为：撤除内隔墙下的垫木→撤沉井短边下的垫木→撤沉井长边下的垫木。拆长边下垫木隔一根抽一根，以固定垫木为中心，由远而近对称地抽，最后抽除固定垫木，在每次抽出承载垫木以后，应立即用粗、中砂回填捣实，以免沉井开裂、移动或偏斜。

4. 挖土下沉

沉井下沉施工可分为排水开挖下沉法和不排水开挖下沉法。土的挖除主要采用机械或人工方法均匀除土，削弱基底土对刃脚的正面力和沉井壁与土之间的摩擦阻力，使沉井依靠自重力克服上述阻力而下沉。

（1）排水开挖下沉法

井孔开挖时必须有规律、分层和对称开挖，使沉井均匀下沉，开挖程序是先将拆除垫木回填的护土分层挖去，每层挖土的顺序，原则上是与拆除垫木的顺序相同，定位垫木处的土最后挖除，一层挖完后再挖第二层，切不可盲目乱挖而造成沉井严重倾斜，发生事故。在井底挖土的方法依土层情况而异。

沉井下沉宜优先采用排水下沉。在稳定的土层中，如渗水量不大，或者虽然土层透水性较强，渗水量较大，但排水不产生流砂现象时，可采用排水开挖下沉法。

对于场地无地下水，或地下水水量不大的小型沉井，可用人工挖土法。2人一组，1人井下挖土，1人在井上提升弃土。挖土应分层、均匀、对称进行，使沉井均匀下沉，避免发生倾斜。下沉系数较大时，应先挖井底中间部分，保留刃脚周围土堤，使其挤土下沉；下沉系数较小时，应采取助沉措施，不得将井底开挖过深。沉井下沉时，每次下沉一段距离后，应清土校正后方可继续挖土下沉。沉井以排水法下沉，当沉至距设计标高2m时，对下沉与挖土情况应加强观测。

大、中型沉井，一般采用机械挖土法。在地层土质稳定、不会产生流沙的土质地基，先用高压水枪把沉井底部的泥土冲散（水枪的水压力通常为2.5～3.0MP）并稀释成泥，然后用水力吸泥机吸出井外。

（2）不排水开挖下沉法

不排水开挖下沉法一般采用机械除土方式，挖土工具可以是抓土斗或水力吸泥机。抓土斗适用于砂卵石等松散地层，如土质较硬，水力吸泥机需配以水枪射水将土冲松。抓土斗起用出土，可利用吊车或吊船，既方便灵活，功效也高。吸泥下沉法是一种常见的不排水开挖下沉法。吸泥机除土适用于砂、砂夹卵石、黏砂土等类土层。在强土、胶结层及风化岩层中，当用高压射水冲碎上层后，也可用吸泥机吸出碎块。吸泥机有水力吸泥机、水力吸石筒及空气吸泥机，其中空气吸泥机的适应性最强，能有效吸出砂、黏砂土和砂夹卵石。空气吸泥下沉时，应随时了解排出泥水的浓度和开挖面各部位的深度，及时移动吸泥机。但由于空气吸泥机受水深条件的限制，在浅水中效率较低，故一般应配备向井内补水的设施。沉井不排水下沉时，井内水位不宜低于井外水位。

5. 续接井筒

当第一节沉井下沉至距地面一定高度（井顶露出地面0.5m以上或露出水面1.5m以

上）时，应停止挖土，沉井接高前应进行纠偏正位工作，接高水平施工缝宜做成凸形，应将接缝处的混凝土凿毛，清洗干净，充分润湿，并在浇筑上层混凝土前铺筑一层水泥砂浆。立模，接筑下一节沉井，对称均匀地浇筑混凝土。接高过程中应尽量均匀加重，并尽量纠正上节沉井的倾斜，待新浇筑沉井强度达到设计要求后再拆模继续下沉。沉井在下沉到距离设计标高 2m 时，应放慢下沉速度，下沉深度距设计标高应有一定的预留量。

6. 封底、充填井孔及浇筑顶盖板

地基经检验、处理合格以后，应立即进行封底。若采用排水下沉，渗水量上升速度≤6mm/min 时，可采用干封法封底，否则抽水时易产生流砂，宜采用水下封底法封底。

（1）干封法

清除井底土，在底部挖一个 0.5～1.0m 深的坑，作为集水井；用水泵在集水井中抽水，使地下水面下降至沉井底面以下，井内积水应尽量排干，在干封底过程中，应严格控制排水工作，保证混凝土底板在未达到设计强度前不承受地下水的压力。混凝土凿毛处应洗刷干净。将集水井以外的全部底板一次浇筑掺入早强剂的混凝土，使底板混凝土尽快达到设计强度。最后提起水泵吸头，快速将加有混凝剂的混凝土填满集水井，仅 3～5min 混凝土立即凝固不漏水。

（2）水下封底法

清除井底土，如为软土，应将井底浮泥清除干净，铺厚 200～300mm 的碎石垫层；安装直径为 200～300mm 水下浇筑湿凝土的钢导管，要求导管入混凝土的深度不小于 1m，水下混凝土平均上升速度不应小于 0.25m/h，坡度应小于 1：5。在沉井全部底面积上先外后内、先低后高依次连续浇筑混凝土，一次完成；当使用几根导管浇筑时，每根导管的停歇时间不宜超过 15～20min。相邻导管底部的标高差，应保持不超过管与管之间距离的1/20～1/15。待水下混凝土达到设计强度后，方可从井内抽水。

5.2.2　沉井施工的注意事项

1. 沉井突沉

在软土地基上进行沉井施工时，常发生沉井瞬间突然大幅度下沉的现象。引起突沉的主要原因是沉井井筒外壁土的摩擦阻力较小，在井内排水过多或刃脚附近挖土太深甚至挖除，沉井支承削弱而导致的突然下沉。防止沉井突沉的主要措施：在设计沉井时增大刃脚踏面宽度，并使刃脚斜面的水平倾角不大于 60°。必要时通过增设底梁的措施提高刃脚阻力。在软土地基上进行沉井施工时，控制井内排水、均匀挖土，控制刃脚附近挖土深度，刃脚下土不挖除，使刃脚切土下滑。

2. 沉井纠偏

沉井下沉过程中，经常发生沉井倾斜现象，沉井的纠偏根据不同的地质条件、发生原因而采取不同的纠偏措施。

（1）沉井四周土质软硬不均及挖土不当引起的沉井倾斜的纠偏方法有三种：

1）挖土纠偏。即通过调整挖土的高差，及调整沉井刃脚处保留土台的宽度，进行纠偏。

2）射水纠偏。沉井在下沉过程中发生偏斜而用挖土纠偏仍不见效时，采用下沉较小一侧的沉井井筒外部沿外壁四周注射压力水，使该处的土成为泥浆，以减小井壁摩阻力。

3）局部增加荷载纠偏。当井筒下沉过程中出现倾斜时，可在井筒较高的一侧增加荷载（一般采用铁块、砂石袋等加压）或用振动机振动，促使井筒较高侧较快下沉。

（2）因刃脚一侧被障碍物拦住引起沉井倾斜的纠偏方法为：如遇较小孤石，可将四周土掏空后将孤石取出；较大孤石可用风动工具或松动爆的方法将大孤石破碎成小块取出。

（3）因井外弃土或堆物以及井上附加荷重分布不均造成的倾斜。其纠偏方法为：

1）将井外弃土或堆物清除。

2）调整井上附加荷重的位置，使其荷载均匀。

3. 沉井难沉

在沉井下沉的过程中，可能会出现下沉困难的现象，但接高沉井后，下沉又会变得顺利。产生沉井下沉困难的主要原因有：

（1）沉井下沉的自重不够，不足以克服井壁侧阻力和刃脚底部支撑力。

（2）井壁无减阻措施或泥浆套、空气幕等遭到破坏。

（3）开挖面深度不够，正面阻力大。

（4）倾斜或刃脚下遇障碍物或坚硬岩层和土层。

解决沉井难沉的主要措施如下：

（1）加重法

在沉井顶面铺设平台，然后在平台上放置重物，如钢轨、铁块或沙袋等，但应防止重物倒塌，垒置高度不宜太高。

（2）射水法

在井壁腔内的不同高度处对称地预埋几组高压射水管，在井壁外侧留有喇叭口朝上方的射水嘴，高压水把井壁附近的土冲松，水沿井壁上升，还可起润滑作用，减少井壁摩阻力，帮助沉井下沉。此法对砂性土较有效。采用射水法时应加强沉井下沉观测，掌握各孔的出水量，防止因射水不均匀而使沉井偏斜。

（3）采用泥浆润滑套

泥浆润滑套是把配置的泥浆灌注在沉井井壁周围，形成井壁与泥浆接触。选用的泥浆配合比应使泥浆性能具有良好的固壁性、触变性和胶体稳定性。一般采用的泥浆配合比为黏土 35%～45%、水 55%～65%，另加分散剂碳酸钠 0.4%～0.6%，其中黏土或粉质黏土要求塑性指数不小于 15，含砂率小于 6%。这种泥浆对沉井壁起润滑作用，它与井壁间摩阻力仅为 3～5kPa，大大降低了井壁摩阻力（一般黏性土对井壁摩阻力为 25～50kPa），因而有提高沉井下沉的施工效率，减少井壁的垮土数量，加大沉井的下沉深度，施工中沉井稳定性好等优点。

沉井下沉过程中要勤补浆，多观测，发现倾斜、漏浆等问题要及时纠正。当沉井沉到设计标高时，若基底为一般土质，因井壁摩阻力较小，会形成边清基边下沉的现象，为此，应压入水泥砂浆来置换泥浆，以增大井壁的摩阻力。另外，在卵石、砾石层中采用泥浆润滑套效果一般较差。

（4）气幕法

气幕法也是减少沉井下沉时井壁摩阻力的有效方法。它是通过对沿井壁内周围预埋的压气管中喷射高压气流，气流沿喷气孔射出再沿沉井外壁上升，形成一圈压气层，使井壁周围土松动，减少井壁摩阻力，促使沉井顺利下沉。

施工时压气管分层分布设置，竖管可用配料管或钢管，水平环管则采用 ϕ25mm 的硬质聚氯乙烯管，沿井壁外缘埋设。每层水平环管可按四角分为四个区，以便分别压气调整沉井倾斜。压气沉井所需的气压可取静水压力的 25 倍。

与泥浆润滑套相比，壁后压气沉井法在停气后即可恢复土对井壁的摩阻力，下沉量易于控制，且所需施工设备简单，可以水下施工，经济效果好。在一般条件下此法较泥浆润滑套更为方便，它适用于细、粉砂类土的黏性土中。

任务 5.3 沉箱法

5.3.1 沉箱定义与分类

根据施工方法的不同，沉箱大致可分为设置沉箱、开口沉箱（沉井）和气压沉箱三种类型。设置沉箱主要用于海上结构物的基础，施工时首先进行海底清淤，露出可以作为基础持力层的良好地层，必要时还可以采用换土垫层、砂桩挤密法等地基改良方法进行处理。同时，在陆地上制造钢结构箱体或者钢筋混凝土箱体，然后将箱体水上搬运或拖曳到指定地点，沉放并固定在持力层上，接着在箱体内部填筑混凝土，基础施工结束。开口沉箱、气压沉箱是在地面或施工栈台上分段浇筑钢筋混凝土箱体，在沉箱内底部挖掘地层，破坏刃脚处土体的平衡，在沉箱自重等荷载作用下下沉到指定的持力层。因此，从下沉的方式来看，开口沉箱、气压沉箱与设置沉箱有着本质的区别，设置沉箱基础施工不需要在箱体内底部挖排土，而开口沉箱、气压沉箱是要求箱体浇筑、挖排土下沉交替进行的沉箱基础工法。

5.4 沉箱法概述

1. 开口沉箱法

开口沉箱（沉井）法施工是在地面浇筑上、下端都不封闭的中空井筒状构筑物，然后在其内部开挖土体，使其在重力作用下下沉的施工方法，又叫沉井法施工。开口沉箱的井壁，曾采用石砌体或砖砌体结构，现在几乎全部采用钢筋混凝土结构。

2. 气压沉箱法

气压沉箱是一种无底的箱形结构，因为需要输入压缩空气来提供工作条件，故称为气压沉箱。如图 5-5 所示，在气压沉箱底部设有一个密闭空间，这个空间称为工作室。工作室室内净高一般在 2m 左右，周边由倒梯形或倒三角形断面的刃脚构成。气压沉箱工作室内称为箱内，进入气压沉箱工作室内称为入箱，从气压沉箱工作室内出来称为出箱。气压沉箱结构过去采用木结构或者砖砌结构、石砌结构，现在几乎全部采用钢筋混凝土结构，也有在钢筋混凝土结构外包有钢壳的沉箱，这种气压沉箱仅应用于水中下沉的情况。

5.5 气压沉箱施工

图 5-6 为气压沉箱结构分段浇筑及下沉施工顺序，当刃脚踏面下沉到地下水位以下时，向气压沉箱工作室内充入高压空气，保持箱内气压和刃脚踏面处地下水压平衡，地下水就不会从周围土体涌入到气压沉箱工作室内，从而在无水状态高气压环境中挖掘地层，

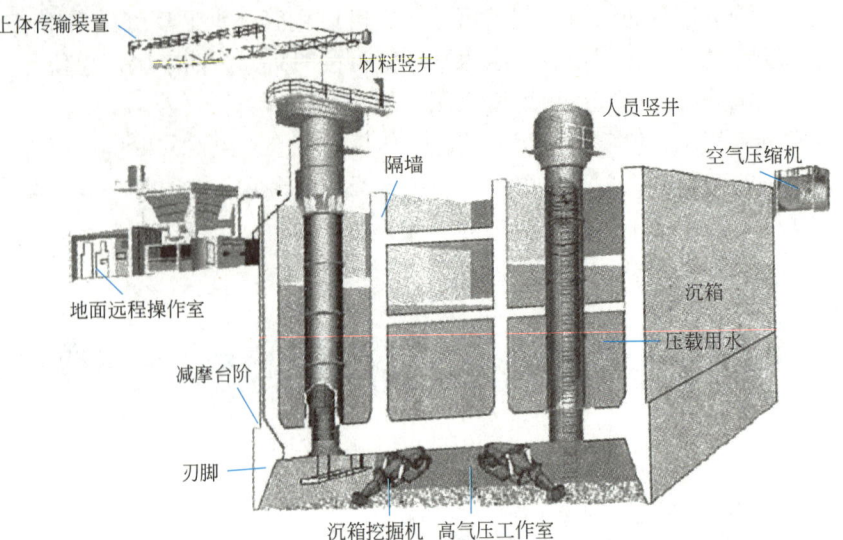

图 5-5　气压沉箱法示意

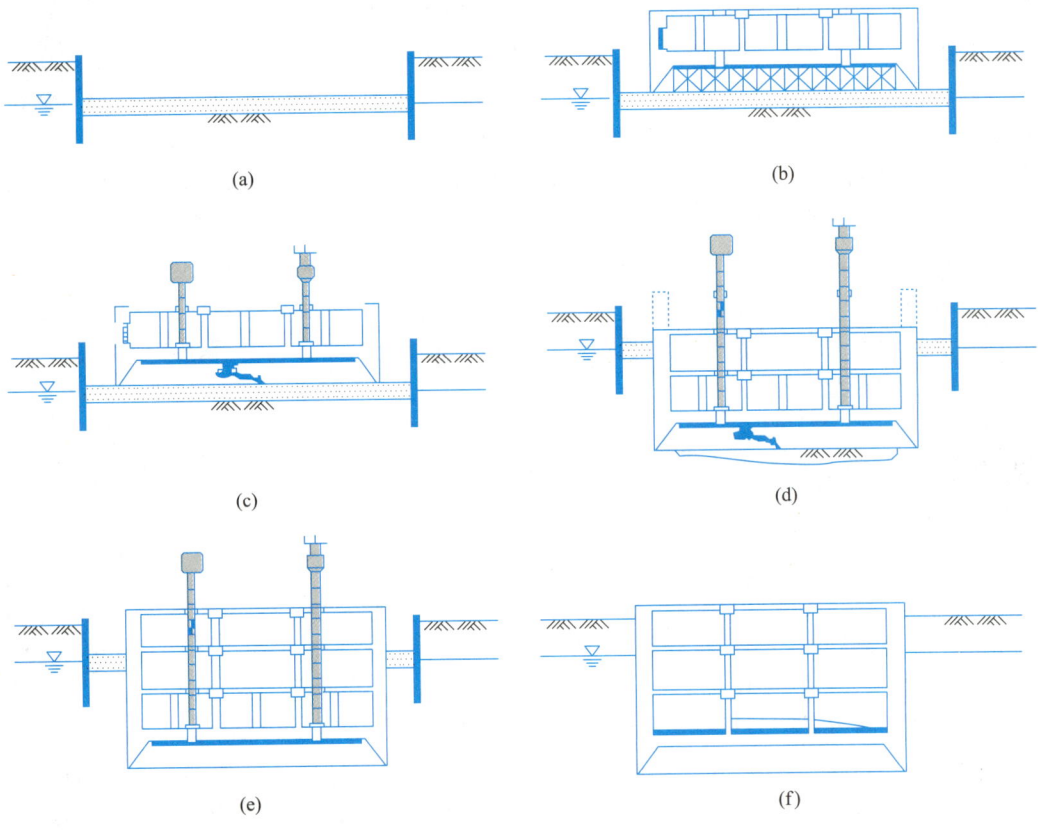

图 5-6　气压沉箱结构分段浇筑及下沉施工顺序

（a）沉箱就位地基处理；（b）沉箱初期浇筑（包括工作室）；（c）设备安装；（d）沉箱接高及下沉交替进行；
（e）下沉结束，地基承载力试验；（f）工作室内充填混凝土

开挖的土体通过材料竖井运至地面储土设备。该工法施工顺序与开口沉箱工法相同，需要反复交替进行箱内挖排土、沉箱下沉和沉箱结构接高施工，不同点在于气压沉箱工法特有的气闸室及竖井等施工设备也必须随着沉箱结构的接高而接高，称为设备安装，也是气压沉箱施工中一个很重要的工序。

现代气压沉箱工法以自动化开挖、地面远程操作等特点区别于传统的气压沉箱工法，避免了工作人员在高气压、高湿度的环境下进行开挖作业，从而使得该工法获得新生。该工法中沉箱挖掘机吊装在工作室顶板上，可沿轨道移动，工作人员在地面远程操作挖掘机在无水环境下进行挖排土，此外，沉箱出土作业也已完全实现了自动化。作为一种深基础工法，现代气压沉箱工法可以用于施工中对周边环境要求较高的情况，可以实现无人化、自动化施工，从而节省劳动力、提高工作效率、缩短工期，尤其是广泛用于桥梁基础、城市隧道、竖井以及其他地下设施的建设。

与开口沉箱工法相比，气压沉箱工法在以下几个方面具有明显的优势：

（1）气压沉箱工法不是在泥水中盲目挖掘，而是在无水状态、高气压环境中挖掘土体，同时可直接观察挖掘位置状况，因此可以准确地确定挖掘的位置及深度等，完全按照计划挖掘地层，并且可以直接在工作室内进行平板载荷试验确认实际的地基承载力。而开口沉箱工法由于通常是水下挖掘，泥水浑浊，不能观察地层挖掘的情况，因此属于盲目挖掘，挖掘位置不容易准确把握，容易产生偏差，从而可能导致沉箱下沉过程中产生倾斜。

（2）气压沉箱工法即使遇到非常坚硬的地层也很容易挖除。施工中如果遇到孤石，可根据它们的强度更换适当的挖掘机头部，甚至可以采用装药爆破。由于爆破在工作室内进行，碎石不可能飞出。对于开口沉箱，则很难处理。

（3）气压沉箱工法很容易挖除刃脚下方的土体，即使地层中存在砂砾、硬土、软岩，或是含有较多卵石的非常坚硬不容易坍塌的土层，如果换用掏土的沉箱铲，在内侧也可以非常方便地挖除刃脚下方的土体。

（4）与开口沉箱施工相比，气压沉箱工法比较容易进行挖掘下沉管理，因此在施工计划上容易把握。通常情况下气压沉箱的挖掘作业一般是平均出土 $2m^3/h$。但是，如果规定平均出土 $3m^3/h$，并且上部浇筑作业与挖掘作业同时进行，则可以缩短施工工期。当在河流中进行气压沉箱桥梁基础施工，同时要求必须在河流枯水季节完成施工时，就可以采取以上措施。因此说气压沉箱工法在施工工期计划方面具有较大的灵活性。

（5）对于气压沉箱工法，无论平面形状是采用矩形、圆形、椭圆形，还是其他形状，沉箱内土体挖掘都比较方便。但是对于开口沉箱工法，平面形状为矩形时挖掘将非常困难，坚硬土层几乎不可能挖掘，因此，开口沉箱大多是采用圆形或是圆端形（两端为半圆形中间为矩形）断面形状。

（6）对于气压沉箱工法，挖掘地下水位以下的砂土地层时，通过控制气压不会出现砂涌或土体隆起现象。但是，对于开口沉箱，如果沉箱内的水位低于周围砂层中的地下水位，则周围砂层中的地下水将从刃脚下方向沉箱内涌入，容易引起箱底砂涌或土体隆起，如图 5-7 所示。

（7）对于开口沉箱工法，为了促使沉箱下沉采用较多的一种方法就是在沉箱上堆放重物，在堆载助沉期间不仅妨碍了沉箱内挖排土，而且沉箱结构的接高浇筑工作也必须中断。另外，每进行一节段的浇筑与挖排土工作就必须进行一次堆载与卸载。开口沉箱的堆

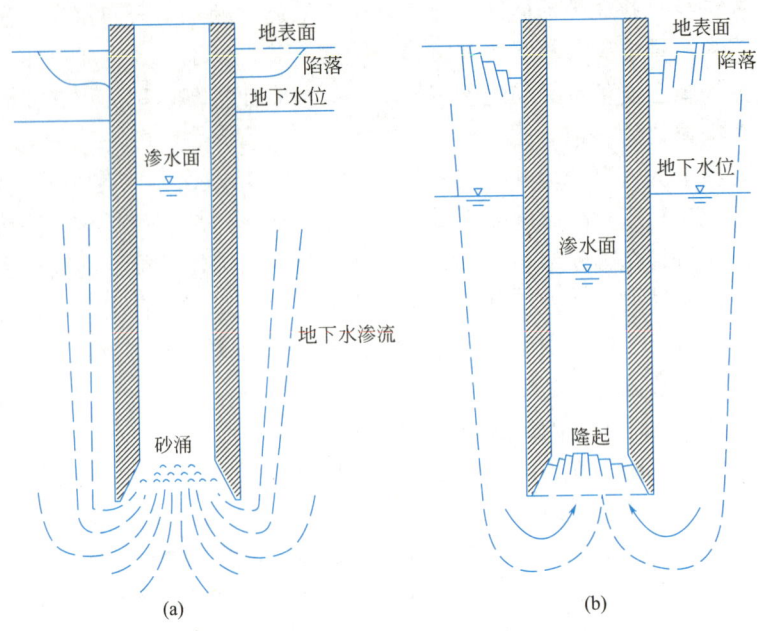

图 5-7　箱底砂涌与土体隆起

（a）箱底砂涌；（b）土体隆起

载与卸载费时费力，而且在此期间还必须中断下沉挖掘，因此开口沉箱的下沉挖掘需要工期较长，堆载卸载费用也较贵。但是对于气压沉箱，可以通过向沉箱内注入荷载用水来实现沉箱下沉，加载及卸载简单易行。如果采用降低工作室内气压的方法促使沉箱下沉，则更简单更快速，仅需几分钟沉箱就会开始下沉。但是采用减压下沉可能会伴有砂涌或是土体隆起等不利情况发生，所以在使用这种方法时一定要慎重。

（8）施工安全有保障。现代气压沉箱使用无人化自动挖掘技术，大部分的土方挖掘尤其是大深度的土方挖掘完全可以利用远程控制的沉箱挖掘机完成。遇到特殊情况，或者机械需要维修保养拆除时，少数作业人员必须进入下部工作室进行作业，但只要严格按照高气压环境施工的有关安全管理规定以及应用先进的高气压作业技术，从科学的角度上来看，施工人员的人身安全完全能得到保障。

综上所述，与开口沉箱（沉井）相比，气压沉箱在很多方面具有优势。但是气压沉箱需要空气压缩机、气闸室等气压工法所特有的施工设备，因此对于小型工程，如果仅从经济方面比较，采用气压沉箱工法时费用可能偏高（与开口沉箱相比），这也是气压沉箱工法的一个缺点。

5.3.2　气压沉箱的特点与下沉原理

气压沉箱（后文简称沉箱）的箱体结构过去采用石砌或素混凝土等材料，现在主要采用钢筋混凝土。当然有的沉箱部分结构也采用钢骨混凝土等钢筋以外的补强材料，但是比较少见。

对于下沉至较深水位以下地层中的沉箱，通常采用钢壳沉箱结构，即沉箱底部外围包有钢壳。这是因为采用这种结构的沉箱内侧几乎为空心，比一般的钢筋混凝土沉箱要轻得多，从而有利于水上搬运。水上搬运包括借助水的浮力用牵引船将钢壳沉箱拖移和采用起重船起吊搬运两种方式。拖移施工方法是在岸边预制钢壳沉箱，然后在牵引船以及导向船的联合作用下使沉箱下水，移动期间主要依靠水的浮力使沉箱上浮。对于沉没到较深地层中的沉箱，特别是大型或是超大型沉箱，通常采用水上拖移的施工方法。

沉箱依靠重力作用下沉，当沉箱刃脚踏面下沉到地下水位以下时，地层中的地下水将涌入工作室内。为了防止地下水涌入工作室内，向工作室内充入压缩空气，工作室内的压缩空气压力与刃脚踏面深度处的地下水压保持平衡。气压沉箱施工期间，原则上要求工作室内的工作气压与刃脚踏面深度处的地下水压保持平衡，此时工作室内的工作气压称为理论气压。如果工作室内的工作气压低于刃脚踏面处的地下水压力，地下水就会涌入工作室内，开挖面就会渗水；反之，工作室内的压缩空气则会通过刃脚踏面下方土体泄露到沉箱外的土层中。如果工作室内的工作气压远远高于刃脚踏面处的地下水压力，工作室内压缩空气就会通过刃脚踏面下方剧烈地向沉箱外的土体中喷射而产生所谓的气喷现象。如果产生强烈的地下水向工作室内涌入或是向沉箱外的气喷现象，就会造成开挖地层的松软和扰动。因此，沉箱施工期间必须及时对工作室内的气压进行调节，从而保证工作室内气压与刃脚踏面地下水压处于平衡状态。

土体挖掘作业由工作室内使用的各种机械设备完成。工作室内操纵机械进行挖掘作业的施工人员以及进行机械设备检修的技术人员在室内高压环境下吸入压缩空气，然后呼出二氧化碳。另外，在个别特殊地质情况下，地下还可能会产生对人体有害的各种气体。因此，沉箱施工时需要随时向工作室内补充一定量的新鲜空气，置换工作室内高浓度的二氧化碳空气或含有有害气体的空气，这种新鲜空气与工作室内空气的置换过程称为换气作业。

通常情况下，如果在沉箱底端的工作室内挖掘土体，沉箱由于重力的作用会在地层中下沉。在工作室内挖掘土体，从而沉箱下沉的作业称为下沉挖掘作业。图5-8为下沉挖掘中沉箱结构的受力状况，作用在箱体结构上的荷载可以分为总的下沉重力（W）和总的下沉抵抗力（U）。

总下沉重力（W）称为总下沉荷载，包括沉箱结构的重力（W_c），沉箱上的调节室、出入竖井、模板、模板支撑、脚手架等安装设备重量（W_o）以及作用在沉箱上的水荷载、土砂荷载等辅助下沉荷载（W_w）。当$U > W$时，沉箱就不能下沉。在进行结构设计考虑荷载作用时，通常取钢筋混凝土的重度为2.5kN/m^3，但是在分析沉箱下沉挖掘作业时，沉箱能否下沉则取决于总下沉重

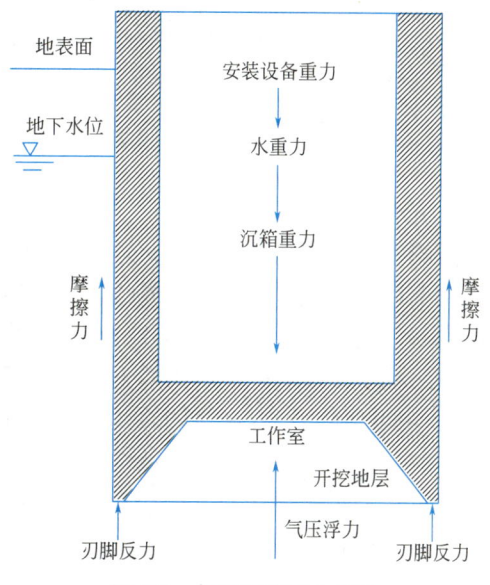

图5-8　气压沉箱受力情况

力（W）和总下沉抵抗力（U）的平衡状态下产生的微妙差异。因此，在施工现场必须精确地测定实际混凝土的单位体积重量，并在此基础上加权考虑单位体积钢筋重量，从而准确地把握沉箱结构的重力（W_c）荷载。

作用在沉箱上的水荷载、土砂荷载等辅助下沉重力（W_w）主要是指在 W_c 和 W_o 的重力作用下，总下沉重力（W）小于总下沉抵抗力（U），沉箱不能下沉的情况下追加的荷载。对于水荷载，可以根据需要在工作室顶板上方向沉箱结构内注水来实现。

总下沉抵抗力（U）包括工作室内压缩空气的浮力（U_a＝工作室内工作气压×沉箱底面积）、作用于沉箱外壁的周面摩擦力（U_f）、刃脚及挖掘残留部分的地层反力（U_c）。沉箱外壁的周面摩擦力（U_f）是指作用在沉箱外周面与周围土体之间的摩擦抵抗力。进行计算时，可以直接用沉箱外周面积乘以外周面单位面积摩擦力。

因此，在进行沉箱的下沉挖掘作业时，需要仔细调查下沉荷载和下沉抵抗力的关系，另外还需要准备足够的下沉荷载用水。如果施工现场附近只有家庭用水管道，没有大量可用水源时，就必须考虑荷载用水槽以及水源。

下沉结束后处于静止状态时的沉箱周面摩擦力要比下沉运动过程中大得多，这一点需要特别注意。尤其是在黏土地层中，很多情况下静止状态的沉箱周面摩擦力要比运动状态下大百分之几十。因此，当沉箱从静止状态进入下沉运动状态时需要的下沉荷载要比按照动摩擦力计算的下沉荷载大得多。

另外需要说明的是，刃脚踏面宽度通常为 15～20cm，非常窄，其抵抗力大小相当于地基的极限承载能力。但是由于刃脚与土体的接触面积非常小，因此其抵抗力要比其他下沉抵抗力小得多。所以，在进行沉箱设计时，通常不考虑刃脚处的抵抗力。但是对于坚硬不容易坍塌的地层来说，刃脚处地层反力非常大，通常不能忽视，施工时需要慎重考虑其影响。

与沉箱结构重量相比，安装设备的重量（W_o）一般非常小，在设计时通常也不考虑这部分的荷载作用。但是由于施工时安装设备重量可以详细计算，因此在进行下沉关系分析时为了更加准确把握，通常考虑这部分荷载作用。

5.3.3 气压沉箱箱体

1. 箱体构成

如图 5-9 所示，下沉挖掘过程中的气压沉箱由侧墙、隔墙、工作室顶板和刃脚等部分构成。侧墙是构成沉箱结构外周的外壁。隔墙是由侧墙构成的沉箱内部空间的分割壁，将沉箱内部空间划分为几个小部分，小型沉箱可以不设置隔墙。侧墙和隔墙构成了整个沉箱的框架结构，承受着外部传来的土压、地下水压等外部荷载以及内部荷载用水产生的内压等。由于这些压力的存在，侧墙和隔墙上就会发生各种应力变化。因此，在进行侧墙和隔墙设计时，要求结构能够安全地承受这些内部应力的作用。

对于大型沉箱结构通常要求隔墙数不少于 2 个，有时也采用井格状布置，如图 5-10 所示。采用井格状布置的隔墙不仅可以起到分割沉箱内部空间的作用，而且对工作室顶板也起到了补强加固的作用，与侧墙形成一体的结构体系，从而可以提高沉箱结构的整体刚度。

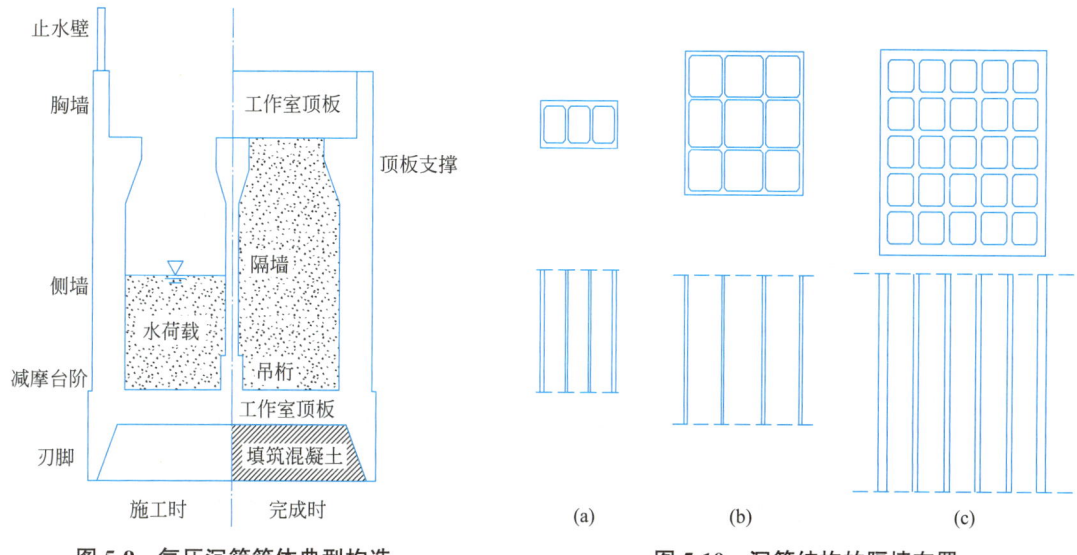

图 5-9　气压沉箱箱体典型构造

图 5-10　沉箱结构的隔墙布置

（a）两隔墙；（b）井字梁布置；（c）井格状布置

2. 刃脚与工作室顶板

刃脚构成沉箱下部工作室的外壁，踏面较小且呈倒立梯形，其常用结构构造如图 5-11 所示。工作室顶板是构成工作室顶部的平板结构，通常为厚实的钢筋混凝土结构。在进行工作室顶板设计时，要求结构能安全承受上部荷载用水引起的水压与作用在顶板下部压缩空气的压力差。刃脚或工作室顶板一旦损坏，就会出现压缩空气大量外漏等现象，将严重危害下部工作室内人员的安全，甚至还可能出现沉箱突沉等重大事故。

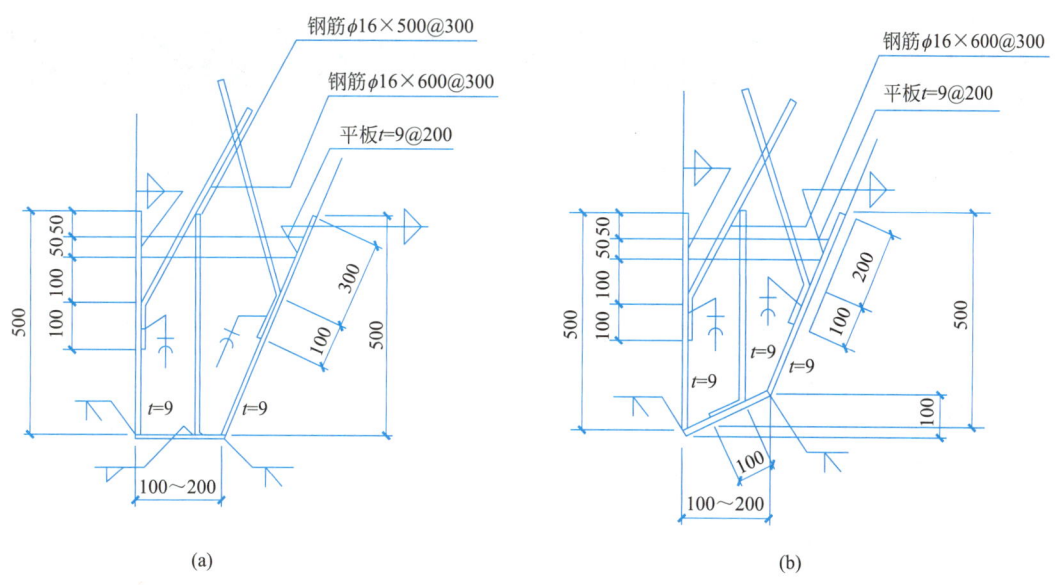

图 5-11　常用刃脚构造

（a）黏性土（砂性土）地基；（b）碎石地基

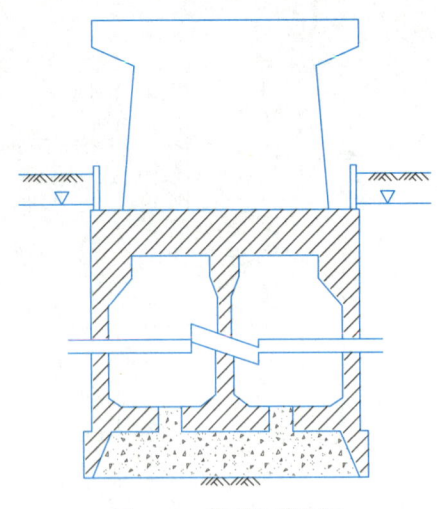

图 5-12　基础沉箱顶板

3. 顶板

沉箱下沉挖掘结束后，首先在下部工作室内填充混凝土，然后在沉箱箱体上端设置顶板。如果沉箱是用作建筑基础，如图 5-12 所示，顶板通常要设计得较为厚实，作为气压沉箱结构的顶板，需要通过它把沉箱上部结构传来的荷载向侧墙以及隔墙传递。

在顶板周围，建造高度与顶板厚度相当的围护墙壁一般称为胸墙。胸墙是位于侧墙上部的钢筋混凝土墙壁。如果沉箱顶板位于地表以下或水面以下，有时还需要在胸墙上面设置施工用临时挡土止水墙壁（简称止水壁），如钢板桩等。上部临时止水壁也有采用钢筋混凝土浇筑的，但是考虑到沉箱施工结束以后，为了节省上部临时止水壁拆除的时间，一般采用的钢板桩结构。采用钢板桩制作的施工临时止水壁，由于单排钢板桩本身不能自立，在其内部应采用环向以及纵横向支撑进行加固。如果沉箱的平面形状为圆形，有时可采用由工字钢构成的环向支撑对圆形止水壁从内部给予加固。

有时在沉箱顶板上直接浇筑桥墩等上部结构，然后与沉箱一并下沉，这样的沉箱通常称为桥墩沉箱。在桥墩沉箱顶板上施工的部分包括上端与气闸室相连的竖井。因此，通常需要在顶板上的桥墩内设置圆形的竖井留孔。与竖井直径相比竖井留孔需要有足够的安全余量，这是考虑到即使沉箱结构在下沉挖掘中产生少量倾斜，也能够保证竖井垂直。

任务 5.4　气压沉箱施工

气压沉箱施工有地上沉箱就位和水中沉箱就位两种方式，它们在沉箱就位前的施工顺序和方法完全不同。

5.4.1　地上沉箱施工工艺

5.7
气压沉箱
法施工案
例（一）

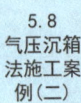
5.8
气压沉箱
法施工案
例（二）

1. 施工流程

就位地基→安装工作→工作室构筑→浇筑第二节→下沉挖掘→浇筑→浇筑临时止水壁→工作室内混凝土浇筑→浇筑顶板、桥墩→回填土，拆除止水壁。

2. 就位地基

气压沉箱就位的地基，要求表面平整，没有坑洼不平的情况，即使承受较大的上部结构作用也不会产生非均匀沉降。在下沉过程中沉箱处于非常不稳定的状态，即使产生少许倾斜，也有可能导致倾斜度不断增大，所以沉箱施工中必须处于绝对水平就位状态时，然后才能开始下沉挖掘作业。因此，沉箱就位地基不仅要求表面完全水平，而且要具有一定的强度以确保其在承受荷载作用时不产生非均匀沉降。

如果原有天然地基坚实，可以将其表面平整后作为沉箱就位地基。如果天然地基比较软弱，有可能发生不均匀沉降时，就需要铲除表面软弱土层，铺设适当厚度的砂石材料作为垫层。

对于一般大小尺寸的沉箱，可以先在就位地基上浇筑刃脚以及工作室顶板；对于大型尺寸的沉箱，可以先在就位地基上浇筑结构至工作室顶板上方的吊桁。

在就位地基上最初浇筑的部分称为初期浇筑，初期浇筑结束时沉箱重量经由工作室内的临时支撑结构和垫木传递给就位地基。沉箱就位的地基面，应尽可能地靠近地下水位面。因为如果这样，沉箱就位地基面以上的天然地层就可以采用明挖法进行开挖，它与沉箱工作室内的挖排土相比，简单而且更为经济，因此，在沉箱施工中，沉箱就位地基面以上的挖土通常称为上土挖掘。

3. 沉箱就位

（1）就位位置测设

沉箱就位的位置必须通过精密测量来确定。除了需要在沉箱周围布置基准点以外，还必须在不受沉箱挖排土下沉影响、稍微远离沉箱施工现场的适当位置选取参考点和水准基点，作为量测沉箱挖排土下沉过程中沉箱结构各个部位位置与标高的基准。如果测量有误，就会导致沉箱位置或角度混乱，一般来说沉箱结构浇筑以后在位置或角度校正方面相当困难。即使将测量作业委托给专门的测量单位来完成，施工单位也必须一同参与测量作业，检查测设的结果，确保其准确无误。

（2）铺设垫木，安装刃脚角钢保护及下部工作室的临时支撑体系

垫木起着将初期浇筑荷载以分布荷载的形式向就位地基传递的作用，垫木总面积应依据初期浇筑重量以及就位地基面的单位容许承载力来确定。垫木使用厚度 4～5cm、宽度 20～30cm、长度在 180cm 以下的木板。垫木平铺在沉箱刃脚下方。为了能方便地从沉箱下部工作室内抽出，通常垫木伸出刃脚外缘部分的长度在 10cm 以下。如果垫木不能抽出残留在土中，那么沉箱挖排土下沉时垫木可能会被卷入刃脚踏面下方，从而扰动刃脚周边地层。

刃脚角钢保护应在工厂制作并经过组装检查后，分块搬入施工场地。在施工现场可采用焊接或螺栓连接等方式进行组装。刃脚角钢保护必须安装在刃脚的准确位置上。

沉箱工作室内部分刃脚以及顶板底模的支撑统称为工作室内支撑结构。工作室内支撑结构包括木结构、钢结构、土砂胎膜结构等形式。

如图 5-13 所示为木结构工作室支撑，它可以采用木材的组合结构，用钉子、木榫、螺栓等组装。作用在模板上的钢筋混凝土等重量经由模板传递给木结构，在考虑荷载大小以及木材强度的基础上确定工作室支撑各个构件的断面尺寸以及跨长。

如图 5-14 所示为钢结构工作室支撑，木结构工作室支撑中的上弦、立柱、支柱等部件采用钢管等构件进行替换，模板等部件仍然可采用木结构。钢结构工作室支撑的缺点是费用较高，优点是可以重复利用。

如图 5-15 所示为土砂胎膜结构工作室支撑，工作室顶板的混凝土重量可由地基或是

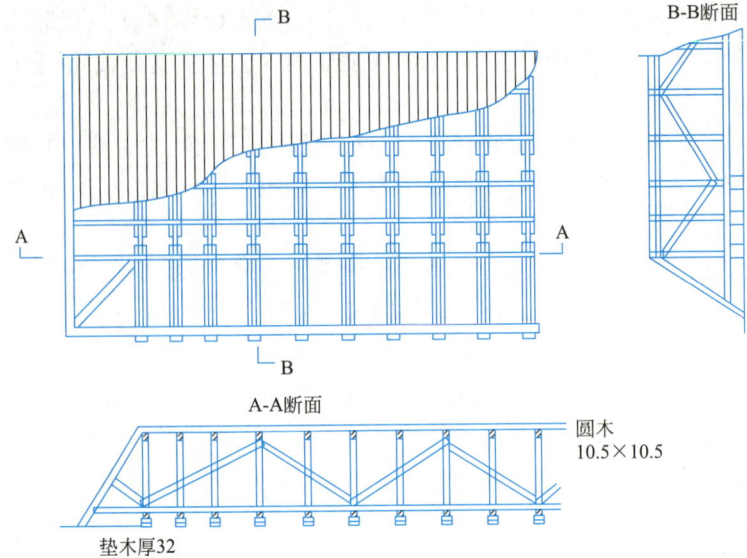

图 5-13　木结构工作室支撑

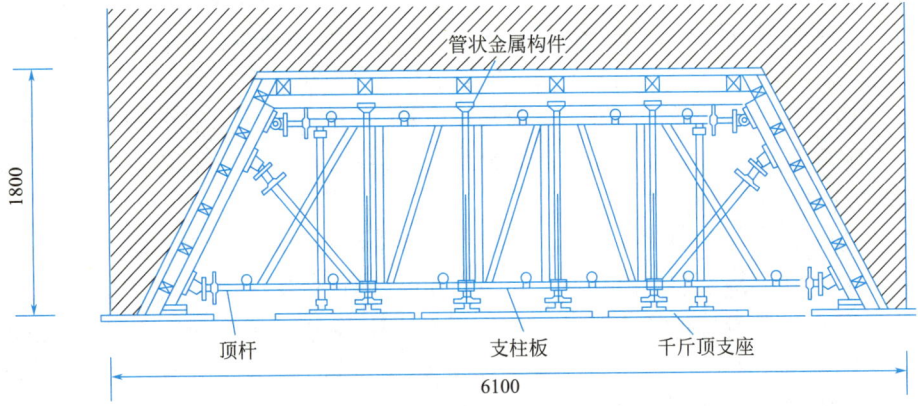

图 5-14　钢结构工作室支撑

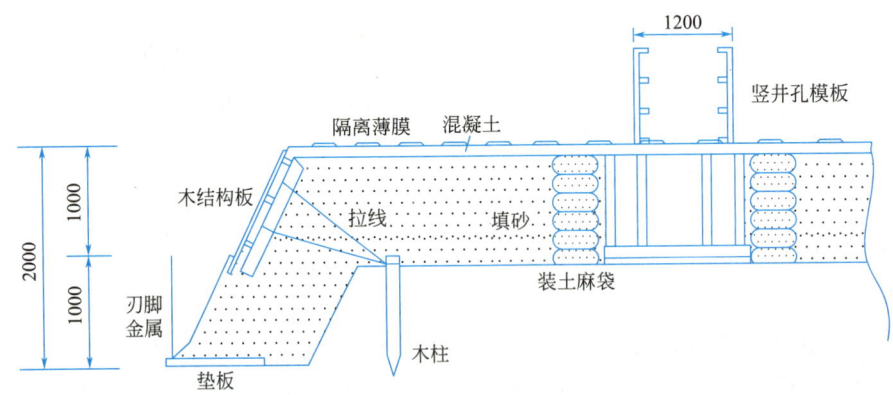

图 5-15　土砂胎模工作室支撑

填土直接支撑。为了避免混凝土与土砂胎膜表面直接接触，在两者之间铺设一层合成板材或塑料薄膜等材料。

4. 沉箱结构浇筑

（1）沉箱分段浇筑

钢筋混凝土沉箱结构的浇筑要领与一般钢筋混凝土的浇筑大致相同，下面仅就沉箱浇筑时一些特有的情况进行介绍。沉箱工作室顶板以上部分的浇筑分段，通常需要根据沉箱的具体大小来确定，但是一般而言，每浇筑段的高度应在 2～4m。沉箱浇筑段高度通常根据钢筋与模板支撑构件的尺寸关系进行确定。因此从这一角度来看，增大每浇筑段的高度会加快施工进度，从而缩短施工工期。但是，如果每一浇筑段的高度过大，那么浇筑混凝土的侧压也会很大，不利于对模板的支撑，可能导致混凝土胀模，工程质量难以保证，因此沉箱浇筑段最大高度一般限制在 4m 左右。特别是对于大型气压沉箱，浇筑段的高度确定还必须考虑大量混凝土连续供应的问题，此时，浇筑段高度需要小一些。

（2）钢筋绑扎

沉箱侧墙和隔墙的形状、尺寸有各种各样的变化，即使墙厚从上至下都相同，上下段的钢筋排布要求也有所不同。沉箱工程施工中，需要将钢筋一根一根地吊入进行绑扎，因此钢筋排布的人力作业相对比较多。在沉箱施工的整个作业工程中，钢筋绑扎是整个钢筋混凝土工程需要时间最长的作业。

侧墙和隔墙的垂直钢筋每次布置的长度和高度通常相等。如果在侧墙内一次性布置的钢筋长度大于 2 个浇筑段高度，那么浇筑好的侧墙上将会钢筋林立，从而阻碍沉箱内排土等其他作业的正常进行。但是，对于大型沉箱的施工，如果其浇筑段高度在 2m 左右，或相对来说不太高的情况下，有时一次性配置的钢筋长度可以是 2 倍浇筑段的高度。

（3）模板安装

沉箱结构下沉要求沉箱侧墙外表面必须垂直平滑。如果沉箱侧墙外表面不垂直平滑，呈弯曲状或是高低不平，那么沉箱就有可能不沿着竖直方向下沉，从而导致沉箱下沉倾斜，同时沉箱下沉过程中会出现摩擦力异常增大的现象，严重阻碍沉箱的正常下沉。

因此，施工时要求使用的混凝土模板必须是平整的面板，同时，为了保证浇筑混凝土时不致因侧压出现胀模或模板倾斜等现象，模板需要使用坚实的支撑。

模板可以采用木模板、组合钢模板、工具式模板等，一般来说，侧墙外侧的直线部分采用大型工具式模板的情况比较多，而侧墙外侧的圆弧部分则采用木模板。连接侧墙内外模板的材料必须紧固到位并且均匀布置，这样才可以确保内外模板之间的间隔一定。否则，在浇筑混凝土时由于侧压的作用可能会导致侧墙的外模向外发生胀模，从而使沉箱下沉困难，还会导致沉箱倾斜。

（4）混凝土浇筑

沉箱结构的混凝土材料必须具有较高的强度和较好的防水性。因此，要求沉箱混凝土浇筑过程必须连续，必须一次性连续浇筑完成一个浇筑段。

由混凝土搅拌运输车运到施工现场的混凝土可以通过混凝土泵车输送到沉箱上方，向沉箱模板内进行连续性浇筑。由于刃脚和下部工作室顶板必须具有整体结构的气密性，因此，施工时同样要求混凝土浇筑过程不能中断，必须进行连续性浇筑、一次成型。

为防止沉箱发生不均匀沉降或是沉箱发生倾斜，因此在混凝土浇筑时，必须在整个沉箱内均匀浇筑。混凝土的连续浇筑会使整个沉箱结构的重量急剧增加。如果地基软弱，可能导致沉箱突然下沉，从而使沉箱失去稳定而出现倾斜。在这种情况下，必须在浇筑混凝土之前计算浇筑段混凝土的重量，从沉箱内排出与该重量相等的荷载用水。

5.4.2 水中沉箱施工工艺

1. 施工流程

地基改良→钢架平台设置→钢制沉箱固定→外围栈桥设置→浇筑和开挖下沉→完成。

2. 沉箱钢壳

从沉箱制造转移到沉箱下沉现场需要进行水上搬运，水上搬运的沉箱部分外壳是采用钢结构制成的钢壳。

3. 水底就位地基改良

如果水底就位地基软弱，为了防止沉箱就位后由于不均匀下沉导致沉箱倾斜，需要对水底地基进行改良与处理。通常做法是挖除 2～3m 厚的原有水下软弱地基，然后用良好的砂、碎石进行置换，形成砂垫层改良水底地基。当水底地基的软弱层相当厚，仅仅采用砂垫层不能满足要求时，有时也可采用砂桩挤密法等深层地基改良的方法进行处理。

4. 栈桥和栈台

（1）栈桥

水上施工用栈桥通常是采用钢管桩排架等支撑的钢桁架结构。大型水上沉箱工程施工时，栈桥上通行的车辆往往很多。特别是在栈桥非常长的情况下，栈桥的宽度至少要求在 8m 左右，应该满足大型卡车的需要。栈桥虽然属于施工临时用结构，但是由于荷重的施工车辆需要频繁通过，因此需要栈桥有很高的强度以满足通行荷载的要求。

（2）栈台

栈台也大多是采用钢管桩支撑的钢桁架结构，大型沉箱工程施工时，栈台也需要 8m 以上的宽度。在采用漂移拖曳沉箱施工时，仅将栈台的沉箱钢壳进场一侧打开，在钢壳下沉位置栈台的其他三个方向呈闭合状态。如果采用吊入式沉箱工法，钢壳下沉位置栈台的 4 个方向全部闭合，然后跨越栈台上空将沉箱钢壳吊入。

栈台上可以设置沉箱施工用的排土设备、设备安装用的起重机以及机械设备主控室等。空气压缩机等主要送气设备通常设置在陆地上，栈桥上设置送气管，仅将自动压力调整装置以外的送气系统布置在栈台上。但是，对于特别大的栈台，有时也将送气设备、模板、钢筋等临时堆放场和加工场地设施布置在栈台上。

5. 沉箱设备安装与水中下沉

沉箱钢壳在栈台的围护圈内处于悬浮状态，在这种状态下进行沉箱钢壳的竖井立管、送气管等管道的接长作业，然后浇筑刃脚以及工作室顶板的第一浇筑段，混凝土浇筑段的重量使沉箱钢壳在水中下沉到一定的深度（排水重量与混凝土重量相当），再依次浇筑第二浇筑段、第三浇筑段等。随着混凝土的浇筑，沉箱钢壳吃水深度逐渐加大，同时在竖井立管上端安装气闸室。当沉箱钢壳下沉至刃脚踏面距离水底面 1m 左右时，进行钢壳位置、方向的最终校正，并在沉箱钢壳内大量注水，使沉箱钢壳着底，刃脚贯入水底地基中。

有时也可以先采用起吊方式将钢壳从岸边吊到水面上，然后采用漂移拖拽方式将钢壳拖到施工现场，再用起吊方式将沉箱钢壳吊放到下沉位置，也就是说采用漂移拖拽和起吊的组合方式进行施工。

水上搬运开始前，在沉箱钢壳内安装竖井立管、送气管、排气管等设备，安装设备的高度与沉箱钢壳顶端齐平。另外，刃脚和工作室顶板的钢筋也通常事先在沉箱钢壳内组装好。水中下沉完毕后，沉箱工作室内充满水。这时向沉箱工作室内充入压缩空气，将工作室内的水用压缩空气挤出，施工人员进入工作室内开始进行挖掘作业。

如果水底地基软弱，沉箱在水中下沉过程中，刃脚贯入水底地基，工作室内就会残留与刃脚贯入深度相等的土体。残留在工作室内的土体最初是由施工人员用铁锹等工具进行开挖，开挖到工作空间足够大时，将沉箱挖掘机等机械设备搬入下部工作室，这样就可以开始真正意义上的沉箱挖掘排土下沉作业。

沉箱下沉挖掘作业开始以后，施工顺序和施工方法与陆上就位的沉箱施工方法完全相同。

5.4.3 气压沉箱下沉作业注意事项

1. 沉箱纠偏

（1）沉箱倾斜纠偏

沉箱倾斜纠正通常采用挖掘较高侧刃脚下土的方法，即刃脚低的一侧暂不挖掘，仅挖掘刃脚高的一侧。另外，有时在工作室内顶板上将土砂等重物堆放在刃脚较高的一侧，即利用偏心荷载纠偏。

如果刃脚低的一侧地基软弱，沉箱出现进一步下沉，可以采用在较低侧刃脚下放临时支撑的方法，例如在刃脚踏面下方插入木材等，或者在靠近刃脚内侧的地方安装井框支架等支撑阻止低的一侧进一步下沉。插入木材时不要集中布置，通常从多个位置塞进去。插入的木材、布置的井框支架等临时支撑在纠偏作业完毕后应及时撤除，否则会妨碍后面的下沉工作，同时有可能成为沉箱反方向倾斜的原因。

当沉箱倾斜率达到 5% 时，通常采用在较低侧刃脚下扩大挖掘的方法进行纠偏：首先对刃脚低的一侧进行扩大开挖，同样的方法反复进行，直至沉箱下沉到 2m 左右，这样较低一侧的土体受力变松弛，沉箱向低的一侧挤压偏移，沉箱过大的倾斜就得到了修正。但这种纠偏方法会使沉箱周围土体松弛、发生沉箱偏移等结果，因此，应该在沉箱产生过大倾斜之前采用通常的方法进行修正。

（2）沉箱位置纠偏

当沉箱位置发生偏移时，可以采用先故意让沉箱倾斜，然后再恢复到正确位置的方法，按图 5-16 进行纠偏：首先让沉箱向偏移发生的相反方向以少许倾斜的状态进行下沉；当倾斜的沉箱底面中心到达正确位置时，修正沉箱倾斜就可以将其纠正到设计的位置。在进行最后倾斜修正时，如图所示，如果受压一侧地层反力较大，倾斜比较难以恢复，这时可以通过挖沟或是使用射水枪使该侧土层变得松软。

2. 沉箱助沉

对于坚硬黏土地层和岩石地层，刃脚踏面下方的土体全部挖除，或者开挖到沉箱的外

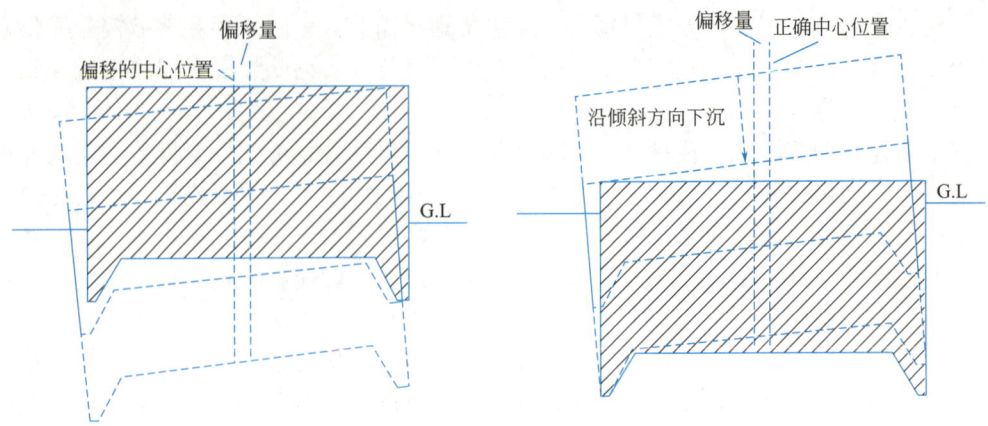

图 5-16　气压沉箱位置纠偏

（a）故意让沉箱倾斜；（b）沉箱恢复到正确位置

缘，此时刃脚下的地层反力全部消失，沉箱应该下沉。但是，由于沉箱处在静止状态下的周面摩擦力远远大于运动状态下的周面摩擦力，有时需要采取一些促进下沉的措施和方法。

　　促进沉箱下沉的方法大体包括增加沉箱上的水荷载从而增加总下沉荷载、降低工作室内的工作气压从而减小空气浮力来达到减小下沉阻力、减小周面摩擦力以及上面几种方法的组合。其中减小周面摩擦力的方法主要包括沉箱外壁涂抹减摩剂、从外壁配管向外周面喷射空气以及在沉箱外周面注入高聚物浆液等。

　　一般来说，降低工作室内气压是一种最为简单、可靠的促进沉箱下沉的方法，也是常用的一种方法，通常称为减压下沉。工作室内减压只要打开排气管下端盖子和上端阀门就可以进行。阀门全部打开通过快速排气而促进下沉的方法通常称为排气下沉法，这种快速的下沉促进方法过去经常采用。采用排气下沉这样强烈的下沉促进措施，对于坚硬黏土地层或岩石地层，不会产生什么危害，可以发挥其良好的促进下沉效果；但是，对于软弱黏性土地层或砂土地层，则可能会发生黏性土地层隆起，或砂性土地层涌水的现象。

任务 5.5　沉管法概述

5.5.1　沉管隧道施工发展史

5.9
沉管法
概述

　　地下线路经过江河、港湾时，常用采用水底隧道的跨越方法。水底隧道的单位造价比桥梁高，但桥梁在跨越港湾或海轮经过的江河时，因跨越所需桥梁跨长、桥高，引桥长度大，造价增大，引桥过长对市内交通干扰及占地问题不易妥善解决，故修建水下隧道有时比建桥更为经济、合理。修建水下隧道的施工方法通常有围堰明挖法、矿山法、气压沉箱法、盾构法以及沉管法。目前常采用是盾构法和沉管法施工。根据已有的实践经验，沉管法较盾构法在工程总量、克服地质条件限制性、隧道断面、抗渗性、工期、造价、运营费用等方面比较有利，特别是水力压接法（水下连接）和基础处理的压注法已取得了突破性进展，使沉管隧道的建设进入了一个迅速发展的新纪元。目前，世界各国水底隧道建设大多采用沉管法。

沉管法，亦称预制管段沉放法。先在隧址以外的预制场（多为临时干坞或船坞）制作隧道管段（每节长 60～140m，多数为 100m 左右，最长达 300m），管段两端用临时封墙密封，制成后运到指定位置上，在已预先挖好的基槽上沉放下去，通过水力压接进行水下连接，再覆土回填，完成隧道。用这种沉管法修建的水下隧道称之为沉管隧道。沉管隧道一般由敞开段、暗埋段、岸边竖井及沉埋段等部分组成。在沉埋段两端，通常设置竖井作为沉埋段的起止点，竖井是沉管隧道的重要组成部分，它起到通风、供电、排水和监控作用。根据两岸地形和地质条件，也可将沉埋段与暗埋段直接相接而不设竖井。

在 1810 年，伦敦进行了采用沉管法修筑水下隧道施工试验，虽然试验因防水问题而失败，但为后来该技术的发展奠定了基础。到 1894 年采用此法在美国波士顿建成一条城市下水道工程和底特律水底铁路隧道。自 1959 年加拿大迪斯隧道成功采用水力压接法进行管段水下连接后，沉管法很快被各国普遍采用。

我国台湾和香港于 20 世纪 40～60 年代用沉管法修建了 4 条海湾隧道。1993 年在广州珠江建成内地第一条沉管隧道，1995 年又在宁波甬江建成第二条沉管隧道。这两条沉管隧道的建成为我国修建河底、海底隧道积累了丰富的经验。目前，我国已有沉管隧道 10 余条（含在建）。港珠澳大桥是连接香港、澳门和珠海的跨海大桥，全段长接近 50km，主体工程长度约 35km，包含离岸人工岛及海底隧道，是国内第一个采用沉管工艺的海底隧道，是世界上最长的沉管隧道。2013 年 4 月，位于桂山牛头岛的预制厂顺利完成首个海底隧道标准管节。

5.5.2　沉管隧道施工的特点

1. 沉管法隧道的优点

（1）沉管隧道的预制管段（主体部分）由于在干坞或半潜驳船上浇筑，场地开阔，施工场地较集中，施工质量、管段结构和防水措施有保证。在水底沉管隧道施工过程中，采用了水力压接法后，防水质量与性能有可靠保障。

（2）沉管隧道的单位体积密度小、有效质量小，隧道总质量比基槽内挖掘的土体要轻，作用于地基的恒载较小，可有效控制隧道沉降。

（3）可用于修建大断面水底隧道。

（4）管节长度灵活性好，且可以整体浇筑，水密性好。

（5）沉管隧道可以浅埋，与深埋较大的盾构隧道相比，更易于与岸边道路衔接，隧道全长缩短。

（6）与桥梁相比，沉管隧道防护条件好，可以在隧道顶面做防护层，以提高防护能力。

（7）管节制作可以采用预制、机械化流水线生产，效益高、施工安全且质量可控，大大缩短了施工工期。

（8）沉管隧道能充分利用净空，可节省投资和运营成本，建筑单价和工程总造价容易调控。

（9）沉管隧道基本上没有地下作业，水下作业也极少，施工较安全，作业条件好。

2. 沉管法隧道的缺点

（1）混凝土的防水等级要求高，另外需保证干舷与抗浮系数，对混凝土工艺与质量的控制要求严格，在一定程度上会使造价提高。

（2）当隧道跨度较大时，必须加大支托，不容许侵入净空。

（3）在水流较急时，管节沉放困难，需用专业作业台施工。

3. 沉管法隧道的适用条件

（1）沉管隧道多修建在江河的中下游河床演变较稳定和浅海（港）湾处。

（2）沉管隧道广泛适用于各种软弱地基条件。

（3）需要合适的干坞条件。

总的来说，该工法在软弱地层非常适用，而在硬岩地层，通过对工期、造价及安全等因素的分析，该工法也是可行的。与盾构法相比，在同等条件下，能采用沉管法时宜尽量少用盾构法。

5.5.3 沉管隧道的分类

沉管隧道按断面形状分为矩形、圆形和混合形，其施工及所用材料均有所不同。初期般采用圆形钢壳沉管，20 世纪 50 年代后，多采用矩形钢筋混凝土沉管。

1. 矩形断面

钢筋混凝土矩形管节一般在临时干坞中或半潜驳船上制作，管节预制好后将其托运至隧址沉放。一般来说，一个矩形断面可以同时容纳 4～8 个车道，选用矩形管节比圆形管节经济、空间大，且适用于多车道断面，故成为最常用的断面形式，如图 5-17（a）所示。

2. 圆形断面

圆形管节横断面的内轮廓为圆形，外轮廓有圆形、八角形和花篮形。通常，圆形沉管是钢壳与混凝土组合结构，钢壳是防水层，又是结构层，但混凝土结构承担主要的荷载压力。这种圆形管节内一般只能设两个车道，在建造 4 车道时就需制作两管并列的管节。这种制作方式在早期沉管隧道中应用较多，如图 5-17（b）所示。

3. 混合形断面

混合形断面具有空间较大、受力较好的特点，可根据实际工程需要选择，如图 5-17（c）所示。

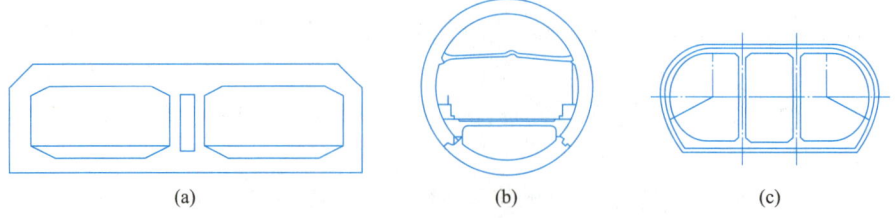

(a)   (b)   (c)

图 5-17　沉管隧道的管段断面形式

（a）矩形（组合式）；（b）圆形（单孔式）；（c）混合形（组合式）

任务 5.6　沉管法施工

沉管隧道施工的主要作业，包括干坞施工、管段制作、基槽浚挖、管段沉放、水下连接、基础处理和覆土回填等。矩形沉管隧道主要施工流程如图 5-18 所示。

5.10 沉管法施工

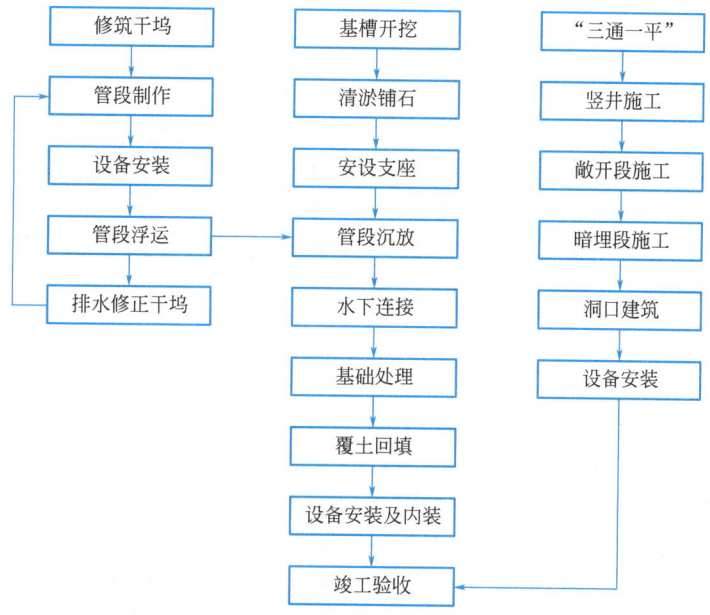

图 5-18　矩形沉管隧道主要施工流程

5.6.1　干坞施工和管段制作

1. 干坞施工

一般情况下在隧址附近的适当位置，需建造一个与工程规模相适应的临时干船坞，用于预制沉管管段的场地。它不同于船坞，船坞的周边有永久性的钢筋混凝土坞墙，而临时干坞却没有。干坞的构造没有统一的标准，要根据工程实际，如地理环境、航道运输、管段尺寸及生产规模等具体情况确定。

根据工程特点及工期要求，结合干坞处的地质、地下水位情况，选定适宜的施工方法。一般干坞施工方法有两种，即干挖方式和先湿挖后干挖方式。

干挖方式施工便利，可同时采用多台套的大型机械施工。能合理选择干坞坞门及出坞航道的施工时机，对防洪影响较小。干坞的挖方就近弃于干坞附近，经整平后作为材料堆放场地等。开挖及干坞施工完成后的回填均较便利。但干挖前，需预先采取降水措施。

先湿挖后干挖方式是利用开挖船在干坞预制或在出坞航道开挖及支护完成后，进行干坞开挖，且坞门必须在洪水季节来临前完成，施工组织难度较大。并且这种开挖方式需要大面积的卸泥脱水区，并需较长的管道输送。干坞施工完成后，经脱水后的泥沙还需要回运至干坞处回填。

2. 管段制作

管段制作在干坞中进行，其工艺与一般混凝土结构大体相同。但考虑到浮运、沉放对均质性与水密性的特殊要求，应注意以下几点：

（1）要保证混凝土的防水性及抗渗性。

（2）要严格控制混凝土的重度，若重度超过1‰，管段将浮不起来，将不能满足浮运要求。

（3）必须严格控制模板变形以及混凝土匀质性要求。

1）工管段的施工缝和变形缝

在管段制作中，为了保证管段的水密性，必须注意混凝土的防裂问题，因此须谨慎安排施工缝和变形缝。纵向施工缝（横断面上的施工留缝），于管段下端，靠近底板面留一道缝，应高于地板30～50cm。横向施工缝（沿管段长度方向上分段施工时的留缝）需采取防水措施，为防止发生横向通透性裂缝，通常可把横向施工缝做成变形缝，每节管段由变形缝分成若干节段，每节段长约10～20m。

2）顶板和底板

在船坞制作场地上，如果管段下的地层发生不均匀沉降，有可能引起管段裂缝。一般在船坞底的砂层上铺设一块6mm厚的钢板，将钢板和底板混凝土直接浇在一起，这样它不但能起到底板防水的作用，而且在浮运、沉放过程中能防止外力对底板的破坏，也可使用9～10cm的钢筋混凝土板来代替这种底部的钢板，在上面贴上防水膜，并将防水膜从侧墙一直延伸到顶板上，这种替代方法的作用与钢板完全相同，但为了使它和混凝土底板能紧密结合，需应用多根锚杆或钢筋穿过防水膜埋到混凝土底板内。在混凝土顶板的上面，通常铺上柔性防水卷材，并在其上浇筑15～20cm厚的（钢筋）混凝土保护层，一直要包到侧墙的上部，并将它做成削角，以避免被船锚钩住。

3）侧墙

在侧墙的外周也可使用钢板，这时可将它作为外模板（也可作为侧墙的外防水），在施工时应确保焊接的质量。在侧墙的外周也有使用柔性防水材料的例子，为了避免在施工时对防水层的破坏，须对防水层进行保护。

4）封端墙

管段浮运前必须于管段的两端离端面50～100cm处设置封端墙。封端墙可用木料、钢材或钢筋混凝土制成。封端墙设计按最大静水压力计算。封墙上须设排水阀、进气阀以及入水孔。排水阀设于下部，进气阀设于顶部，口径约100mm。出入孔应设置防水密闭门。

5）压载设施

管段下沉由压载设施加压实现，容纳压载水的容器称为压载设施，一般采用水箱形式，须在管段封墙安设之前就位，每一管段至少设置四只水箱，对称布置于管段四角位置。水箱容量与下沉力要求、干舷大小、基础处理时"压密"工序所需压重大小等有关。

管段制作完成后，须做一次检漏。如有渗漏，可在浮运出坞前做好处理。一般在干坞灌水之前，先往压载水箱里注水压载，然后再往干坞坞室里灌水，灌水24～48h后，工作人员进入管段内对管段进行水底检漏。

检漏合格后浮起管段，并在干坞中检查干舷是否合乎规定，有无侧倾现象。通过调整压载的办法，使干舷达到设计要求。

在一次制作多节管段的大型干坞中，经检漏和调整好干舷的管段，应再加压载水，使之沉置坞底，待使用时再逐一浮升，拖运出坞。

5.6.2　沉管隧道施工作业

1. 基槽浚挖

沉管隧道的基槽通常采用疏浚的方法开挖，需要较高的精度，要求沟槽底部相对平坦，误差一般为±15cm。基槽浚挖是沉管隧道工程中一个重要环节，关系工程能否顺利、迅速的开展。开挖前应作基槽边坡稳定性离心模拟试验和平面二维泥沙数学模型、物理概化模型试验，并根据水文、地质、工程数量、工期要求、施工航道宽度、水深等条件采用合理的疏浚方案。

（1）基槽开挖的要求

沉管基槽的断面主要由三个基本尺度决定，即底宽、深度和坡度，这些尺寸应视土质情况、沟槽搁置时间以及河道水流情况而定。

沉管基槽的底宽，一般应比管段底宽 4～10m，不宜定得太小，以免边坡坍塌后影响管段沉放的顺利进行。沉管基槽的深度为覆土厚度、管段高度及基础处理所需超挖深度三者之和，如图 5-19 所示。沉管基槽边坡的稳定坡度与土层的物理力学性能有密切关系。因此对不同的土层，分别采用不同的坡度，表 5-1 列出不同土层的稳定坡度概略值。

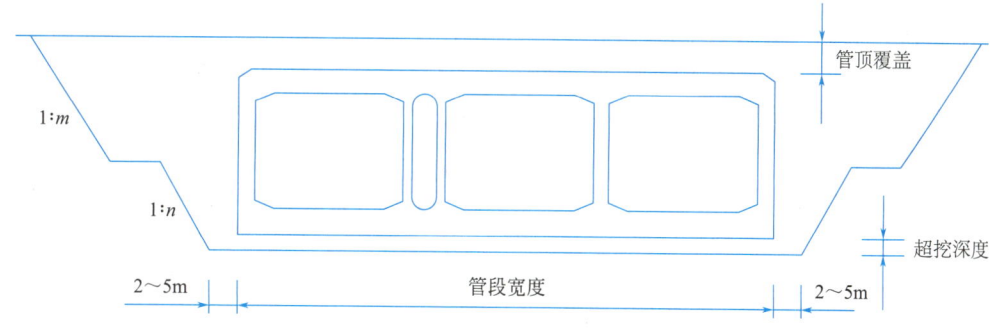

图 5-19　沉管基槽

不同土层的稳定坡度概略数值　　　　　　　　　　表 5-1

土层种类	推荐使用坡度	土层种类	推荐使用坡度
硬土层	1:0.5～1:1	紧密的细砂、软弱的砂夹黏土	1:2～1:3
砂砾石、紧密的砂夹黏土	1:1～1:1.5	软黏土、淤泥	1:3～1:5
砂、砂夹黏土、较硬黏土	1:1.5～1:2	极稠软的淤泥、粉砂	1:8～1:10

除了土壤的物理力学性能之外，沟槽留置时间的长短、水流情况等，均对稳定坡度有很大的影响，不可忽视。

（2）基槽开挖时间的确定

根据回淤计算、基槽地质状况和管段沉放时间，具体确定基槽开挖时间。一般在管段沉放前10d开始施工（泥砂质河床）。

（3）开挖施工机械设备

基槽开挖机械设备主要有抓斗式挖泥机、带切泥头或吸泥头的吸泥或挖泥机、带抓斗的起重机等。上述机械安装在锚柱式、锚固式驳船上进行作业，由运泥船将开挖泥砂等运至指定区域卸掉。

（4）开挖施工

将疏浚船停泊在隧道位置，经测量准确定位后，开始作业。基槽开挖分为粗挖和精挖两个阶段，首先粗挖至距基底设计标高1～2m，然后采用抓斗式挖泥船进行精挖。在开挖全过程中经常检查基槽位置、宽度、深度和边坡，合理控制。精挖完成后，由潜水员进行水下喷射修整工作。如遇孤石，根据实际情况，可采用抓斗式挖泥船、岩石破碎机或水下钻爆等方法开挖清除。基槽开挖长度应比相对应管段长约30m。

基槽开挖后，及时进行清淤，以确保隧道基础的质量。清淤主要采用气力吸泥泵等高效清淤船来进行。清淤后立即进行基底整平。

在开挖过程中，要经常监测疏浚作业对环境的污染，并通过数据分析，适时采取有效措施降低污染指标。开挖作业全过程中要在作业区域边缘设置警戒船或警戒标识，避免船只进入作业区域发生意外。

2. 管段沉放

管段沉放作业全过程可按以下三阶段进行：

（1）沉放前的准备

沉放前必须完成航道疏浚清淤，设置临时支座，以保证管段顺利沉放到规定位置。应事先与港务、港监等有关部门商定航道管理事项，并及早通知有关方面。做好水上交通管制准备，抓紧时间做好封锁线标志（浮标、灯号、球号等）。短暂封锁的范围为上下游方向各100～200m，沿隧道中线方向的封锁距离视定位锚索的布置方式而定。

（2）管段就位

在高潮平潮之前，将管段浮运到指定位置，可位于距规定沉放位置10～20m处，并挂好地锚，校正好方向，使管段中线与隧道轴线基本重合，误差不应大于10cm。管段纵向坡度调至设计坡度。定位完毕后，可开始灌水压载，至消除管段的全部浮力为止。

（3）管段下沉

下沉时的水流速度宜小于0.15m/s，如流速超过0.5m/s，需采取措施。每段下沉分三步进行，即初次下沉、靠拢下沉和着地下沉，如图5-20所示。

1）初次下沉

灌注压载水至下沉力达到规定值的50%，随即进行位置校正，待前后左右位置校正完毕后，再灌水至下沉力规定值的100%。然后按40～50cm/min速度将管段下沉，直到管底离设计高程4～5m为止，下沉时要随时校正管段位置。

2）靠拢下沉

将管段向前平移，至距已设管段约2m处，然后再将管段下沉到管底离设计高程0.5～1m左右，并校正管位。

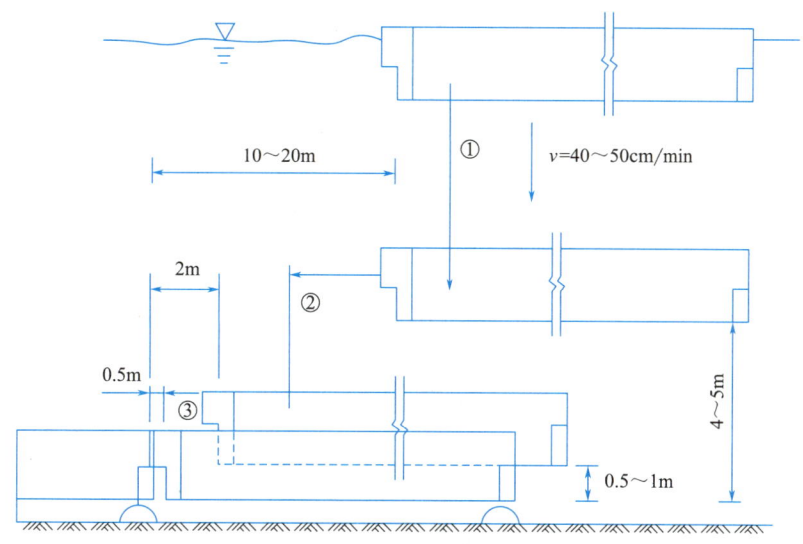

图 5-20　管段下沉作业步骤

①—初次下沉；②—靠拢下沉；③—着地下沉

3）着地下沉

先将管段前移至距已设管段约 50cm 处，校正管位并下沉，最后 10cm 的下沉速度要很慢并应随沉随测。着地时先将前端搁上鼻式托座上或套上卡式定位托座，然后将后端轻轻地放置到临时支座上。放好后，各吊点同时分次卸荷至整个管段的下沉力全都作用在临时支座上为止。

3. 水下连接

管段的水下连接常用的方法有水下混凝土法和水力压接法。由于水下混凝土法形成的接头是刚性的，一旦发生误差难以修补，并且该法工艺复杂、潜水工作量大，且不能适应隧道变形，易开裂漏水，现已较少使用。水力压接法是利用作用在管段上的巨大水压力，使安装在管段端部周边上的橡胶垫圈发生压缩变形，进而形成一个水密性良好而又可靠的管段接头，该法施工简单、方便，质量可靠，节省工料费用，目前已在水底工程中普遍采用。

水力压接系利用作用在管段后端（亦称自由端）端面上的巨大水压力，使安装在管段前端（即靠近已设管段或管节的一端）端面周边上的一圈橡胶垫环发生压缩变形，构成一个水密性良好、相当可靠的管段间接头，如图 5-21 所示。

用水力压接法进行水下连接的主要工序是：对位→拉合→压接→拆除端封墙。

（1）对位

着地下沉时必须结合管段连接作进行对位。采用鼻式托座后，对位精度很容易控制。

（2）拉合

拉合工序是用较小的机械力量，将刚沉设的管段拉向前节既设管段，使胶垫的尖肋部产生初步变形，起到初步止水作用。拉合时所需机械拉力不大，一般为每延米胶垫长度 10～30N，通常用安装于管段竖壁（可为外壁或内壁）上带有锤形拉钩的拉合千斤顶进行拉合。拉合千斤顶总拉力一般为 1000～3000kN，行程为 1000mm 左右。一个管段可设一

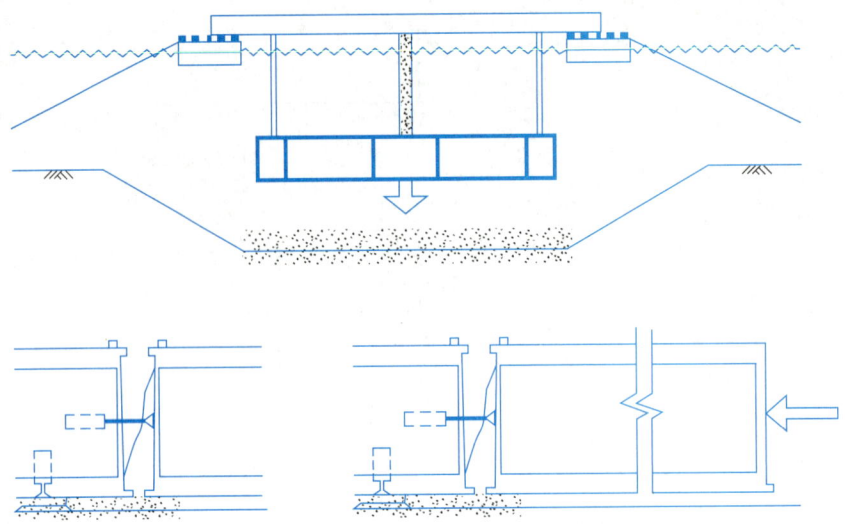

图 5-21　管段接头构造及水力压接法

具或两具拉合千斤顶，其位置应对称于管段的中轴线。通常采用 2 个 1000～1500N 拉力的拉合千斤顶设于管段两侧，以便调整管段。

（3）压接

拉合完成之后，打开既设管段后端封墙下部的排水阀，排出前后两节沉管封墙之间被胶垫所包围封闭的水。

排水完毕后，作用到整环胶上的压力，等于作用于新设管段后端封墙和管段周壁端面上的全部水压力。在此压力作用下，胶垫必然进一步压缩，其压缩量一般为胶垫本体高度的 1/3 左右。

（4）拆除封端墙

压接完毕后，即可拆除前后两节管段间的封端墙。

4. 基础处理

（1）基础施工

沉管隧道一般不需构筑人工基础，但为了平整槽底，施工时仍须进行基础处理。因挖泥设备浚挖后槽底表面总留有 15～50cm 的不平整度（铲斗挖泥船可达 100cm），使槽底表面与管段表面之间存在着许多不规则空隙，导致地基土受力不匀，引起不均匀沉降，使管段结构受到较高的局部应力以致开裂。故必须进行适当处理。

沉管的基础处理方法大体上分为先铺法和后填法两大类。

1）先铺法

先铺法的基本程序如下：

① 在浚挖沟槽时超挖 60～80cm。

② 在沟槽两侧打数排短桩，安设导轨以控制高程、坡度。

③ 向沟底投放铺垫材料粗砂，或粒径不超过 100mm 的碎石，铺宽比管段底宽 1.5～2.0m，铺长为一节管段长度，在地震区应避免用黄沙做铺垫材料。

④ 按导轨所规定的厚度、高度以及坡度，用刮铺机刮平，刮平后的表面平整度：对

于刮砂法，可在±5cm左右；用刮石法，约在±20cm。

⑤ 为使管底和垫层密贴，管段沉设完毕后，可进行压密工序。压密可采用灌压载水，或加压砂石料的办法，使垫层压紧密贴。先铺法费工费时，平整度不高，逐渐被后填法所取代。

2）后填法

① 喷砂法。此法是从水面上用砂泵将砂、水混合料通过伸入管段底面下的喷管向管段底下喷注，以填满空隙。喷砂法所筑成的垫层厚一般为1m，如图5-22所示。

喷砂材料平均砂粒径为0.5mm，混合料中含砂量一般为10%，有时可达20%，但喷出的砂整层比较疏松，空隙比为40%～42%。喷砂作业用一套专用的台架，台架顶部突出在水面上，可沿铺设在管段顶面上的轨道做纵向前后移动。喷砂作业的施工速度约为200m³/h，在喷砂进行的同时，经两根吸管抽吸回水，使管段底面形成一个规则有序的流动场，沙子便能均匀沉淀，如图5-23所示。

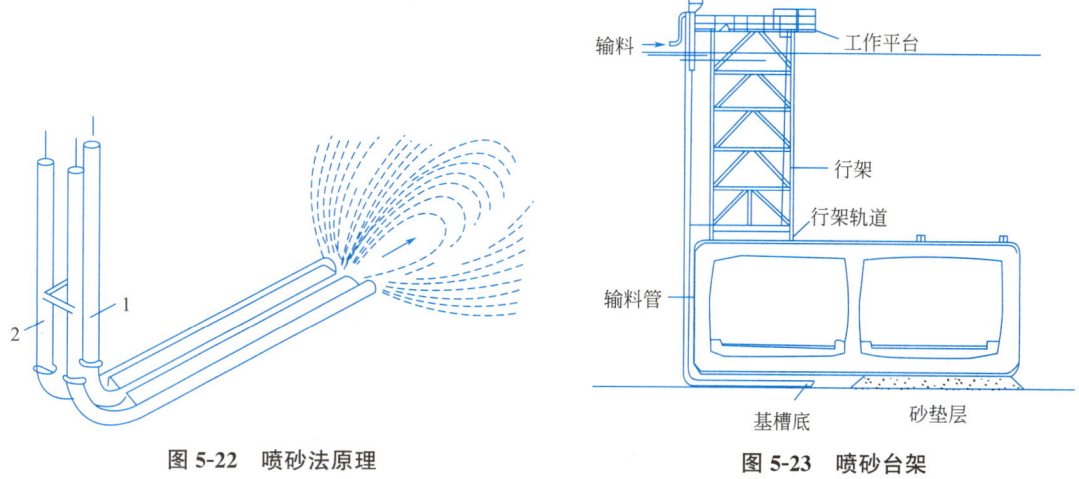

图5-22 喷砂法原理
1—喷砂管；2—回吸管

图5-23 喷砂台架

② 灌囊法。灌囊法是在砂、石垫层面上用砂浆囊袋将剩余空隙垫密。沉设管段之前需先铺设层砂、石垫层。管段沉设时，带着事先系紧扣在管段底面下的空囊袋一起下沉。待管段沉设完毕后，从水面上向囊袋内灌注由黏土、水泥和黄砂配成的混合砂浆，以使管底空隙全部消除。

③ 压浆法。采用此法时，沉管沟槽须先超挖1m左右，摊铺一层碎石（厚约40～60cm），大致整平后，再设临时支座所需碎石（道碴）堆和临时支座。管段沉设结束后，沿管段两侧边沿及后端底部边缘堆筑砂、石封闭栏，栏高至管底以上1m左右，用来封闭管底周边。然后从隧道内部用压浆设备通过预埋在管段底板上的压浆孔（直径80mm），向管底空隙压注混合砂浆。

混合砂浆系由水泥、膨润土、黄砂和适量缓凝剂配成。膨润土或黏土可增加砂浆流动性，节约水泥。混合砂浆强度为500kPa左右，且不低于地基土体的固有强度。混合砂浆之间每立方米重量比：水泥150kg，膨润土25～30kg，黄砂600～1000kg。压浆孔的间距一般为40～90cm。压浆的压力一般比水压力大20%。

此法比灌囊法省去了囊袋费用以及频繁的安装工艺及水下作业等。我国的宁波甬江水底隧道是国内第一座采用压浆基础的沉管隧道，管段沉放后，通过管段内的压浆孔先用高压水冲洗管底，将淤泥冲出，然后压注 40cm 厚的水泥膨润土砂浆，压浆间距为 5.5m。

④ 压砂法。压砂法与压浆法相似，但压入的是砂、水混合料。所用砂的粒径以 0.15～0.27mm 为宜，注砂压力比静水压力大 50～140kPa。

压砂法具体做法是：在管段内沿轴向铺设 200mm 的输料钢管，接至岸边或水上砂源，通过吸料管将砂水混合料泵送（流速约为 3m/s）到已接好的压砂孔，打开单向球阀，将混合料压入管底空隙。停止压砂后，在水压作用下球阀自动关闭。此法设备简单、工艺容易掌握、施工方便。而且对航道干扰小，受气候影响小。我国广州珠江沉管隧道成功采用压砂基础，压砂孔出口静压强为 0.25MPa。

压浆法与压砂法的共同特点是：不需水上作业，不干扰航运；不需要大型专用的设备；作业不受水深、流速、气候、风浪等影响；工艺较简单，不需潜水作业。

（2）基础加固

沉管隧道的地基土如果过于软弱，仅做垫平处理是不够的，应结合基槽地基的实际情况对沉管隧道的基础予以加固。常见的加固方法有：以粗砂置换软弱土层、打砂桩并加载预压、减轻沉管重量以及采用桩基。其中比较常用的方法是采用桩基。在沉管隧道中采用桩基时，会遇到桩顶标高不齐平的问题，必须设法使各桩顶与管底均匀接触，一般用以下三种方法。

1）水下混凝土传力法。基桩打好后，先浇筑一、二层水下混凝土，将桩顶裹住，而后在其上刮砂或刮石，使沉管荷载经砂、石垫层和水下混凝土层传递到桩基上。

2）灌囊传力法。在管底与桩群顶部之间，用大型化纤囊袋灌注水泥砂浆加以垫实，使所有基桩均能同时受力。

3）活动桩顶法。在所有基桩上设一小段预制混凝土活动桩顶。活动桩顶与预制混凝土桩间有一空隙，空腔周围用尼龙织物裹住，形成一个囊袋。管段沉放完毕后，向空腔与囊袋内灌注水泥砂浆，将活动桩顶顶升，使之与管底密贴。待砂浆强度达到要求后，卸除千斤顶，管段荷载侧便能均匀地传递到桩群上。

5. 覆土回填

回填工作是沉管隧道施工的最终工序，回填工作包括沉管侧面回填和管顶压石回填。沉管外侧下半段一般采用砂砾、碎石、矿渣等材料回填，上半段则可用普通土砂回填。覆土回填工作应注意以下几点：

（1）全面回填工作必须在相邻的管段沉放完后方能进行，采用喷砂法进行基础处理或采用临时支座时，则要等管段基础处理完，落到基床上再回填。

（2）采用压注法进行基础处理时，先对管段两侧回填，但要防止过多的岩渣存落管段顶部。

（3）管段上下两侧（即管段左右侧）应对称回填。

（4）在管段顶部和基槽的施工范围内应均匀回填，不得在某些位置投入过量而造成航道障碍，也不得在某些地段投入不足而造成漏洞。

课后练习

资源名称	项目 5　课后练习	项目 5　课后练习答案
资源类型	文档	文档
资源二维码		

项目6

其他地下工程施工方法

1. 知识目标

了解地下连续墙施工和盾构法施工的概念，理解地下连续墙施工和盾构法施工的特点及优缺点等，掌握地下连续墙和盾构法施工的类型和施工工序。

2. 能力目标

能够有效地应用所学知识，分析地下连续墙施工和盾构法施工的特征，具备参与大型地下连续墙和盾构法工程施工的能力。

3. 素质目标

培养学生吃苦耐劳、精益求精的劳模、工匠精神；培养学生团队协作精神的养成。

6.1.1 概述

地下连续墙是一种较为先进的地下工程结构形式和施工工艺。它是在地面上用特殊的挖槽设备，沿着基坑周边，在泥浆护壁的情况下，开挖一条狭长的深槽，在槽内放置钢筋笼并在水下浇筑混凝土，筑成一段钢筋混凝土墙段，然后将若干墙段连接成整体，形成一条连续的地下墙体。地下连续墙可供截水、防渗或挡土承重之用。

6.1
地下连续
墙施工

地下连续墙开挖技术起源于欧洲，是根据打井和石油钻井使用泥浆和水下浇筑混凝土的方法发展起来的，1950 年在意大利米兰首先采用了泥浆护壁地下连续墙施工，20 世纪 50～60 年代该项技术在西方发达国家得到推广，成为地下工程和深基础施工中有效的技术。

该法特点是：施工振动小，墙体刚度大，整体性好，施工速度快，可省土石方，可用于密集建筑群中建造深基坑支护及进行逆作法施工，可用于各种地质条件下，包括砂质土层、粒径 50m 以下的砂砾层等。适用于建造建筑物的地下室、地下商场、停车场、地下油库、挡土墙、高层建筑的深基础、逆作法施工围护结构以及工业建筑的深池、坑和各类竖井等。

经过几十年的发展，地下连续墙的技术已经相当成熟，其中日本对此项技术的应用最为成熟，已经累计建成了 1500 万 m^2 以上的地下连续墙。目前地下连续墙的最大开挖深度为 140m，最薄的地下连续墙厚度为 20cm。1958 年，我国水电部门首先在青岛丹子口水库用此技术修建了水坝防渗墙，截至 2013 年，全国绝大多数省份都先后应用了此项技术，估计已建成地下连续墙 120～140 万 m^2。地下连续墙正在代替很多传统的施工方法，被用于基础工程的很多方面。在它的初期阶段，基本上都是用作防渗墙或临时挡土墙。通过开发使用新技术、新设备和新材料，越来越多地用作结构物的一部分或用作主体结构。

6.1.2 地下连续墙的类型

根据地下连续墙的施工方法，可分为现浇地下连续墙和预制地下连续墙两类。

1. 现浇地下连续墙

现浇地下连续墙是指采用专用机械设备现场成槽、现场制作钢筋笼并浇筑混凝土的地下连续墙。对现浇地下连续墙，根据其平面形状和功能，其分类与选型如下：

（1）咬合桩连续墙

咬合桩是相邻混凝土排桩间部分圆周相嵌，并于后序次相间施工的桩内置入钢筋笼，使之形成具有良好防渗作用的整体连续防水、挡土围护结构。由于钢筋混凝土桩与素混凝土桩体之间互相咬合，实质上是在土中形成了连续墙体，钢筋混凝土桩与素混凝土桩体之间可以传递竖向剪力和垂直于墙体平面的水平向剪力，同时也起到止水帷幕的作用，这种咬合桩也可视为一种地下连续墙，如图 6-1 所示。钻孔咬合桩在国内已成为一项十分成熟的支护结构施工技术，在地铁、道路下穿线、高层建筑物等城市构筑物的深基坑工程中已广泛推广，特别适用于有淤泥、流砂、地下水富集等不良条件的地层。

（2）型钢混凝土地下连续墙

当采用常规地下连续墙成槽工艺，灌注混凝土后插入型钢的地下连续墙称为型钢混凝土地下连续墙，如图 6-2 所示。该墙体的特点是，型钢之间的混凝土可以传递型钢之间的竖向剪力和垂直于墙体平面的水平向剪力，但墙体自身不能承担水平向弯矩。

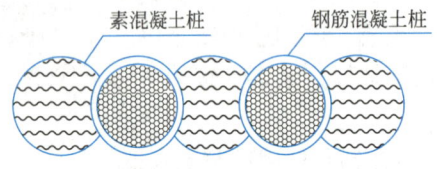

图 6-1　咬合桩连续墙

图 6-2　型钢混凝土地下连续墙

柱列式型钢混凝土地下连续墙，主要用于场地狭窄、大型地下连续墙施工设备难以操作、整片式钢筋笼现场难以制作的工程。此外，当地下连续墙成槽需要穿越硬度较低的黏性土层或密实度较大的砂土层而导致整个槽段同时成槽困难时，可采用柱列式型钢混凝土地下连续墙，由于每个桩孔单独成孔，施工难度大大降低。确保柱列式型钢混凝土地下连续墙的质量，关键是保证墙体中每根钢桩的成孔竖向垂直度、平面定位精度，然后是保证在此基础上的桩与桩之间的咬合精度，从而保证墙体整体上不发生地下水渗漏。

（3）整片式钢筋笼混凝土壁板式地下连续墙

与柱列式型钢混凝土地下连续墙相比较，当在一个单元槽段内配置整片的钢筋笼时可形成壁板式地下连续墙。由于在槽段宽度范围内墙体横向钢筋是连续的，故而槽段单元内，既可承担水平向和横向弯矩，也可传递平面内的竖向剪力和垂直墙体的水平向剪力，墙体受力与变形的整体性明显好于前两种地下连续墙。

钢筋笼混凝土壁板式地下连续墙是最常用的一种地下连续墙。相对于柱列式配筋的咬合桩式墙体，由于墙体接缝少，防渗效果相对较好；由于采用整片式钢筋笼，可承担横向弯矩，墙体受力的整体性好。当基坑竖向支护结构受力和变形的三维效应显著时，采用钢筋笼混凝土壁板式地下连续墙效果较好。

（4）异形地下连续墙

当地下连续墙在一个槽段宽度范围内出现转折时，可形成 L 形、∧ 形等折板形地下连续墙，其形状如图 6-3（a）和图 6-3（b）所示；也可将两个槽段正交形成 T 形或 ∩ 形地下连续墙，如图 6-3（c）和图 6-3（d）所示；也可因多个槽段连续转折形成更加复杂的平面布置。当设备基础或条件适合时，常采用圆形地下连续墙，如图 6-3（e）所示。利用圆形结构可充分利用土的拱效应，将周边均匀作用的水土荷载转化为墙体平面内压应力，充分发挥混凝土抗压强度高的优势。

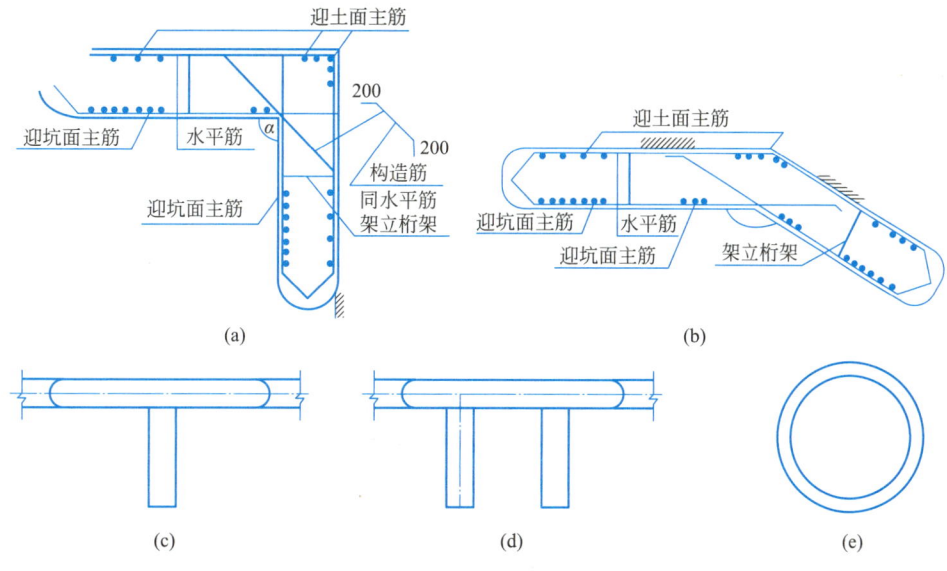

图 6-3　异形地下连续墙

（a）L 形地下连续墙；（b）∧ 形地下连续墙；（c）T 形地下连续墙；
（d）∩ 形地下连续墙；（e）圆形地下连续墙

（5）格构形地下连续墙

在一些情况下，需要墙体具有很大的抗弯刚度，但施工能力有限或加大墙体的厚度受到限制，异形地下连续墙也不能满足要求时，可通过多个单元槽段在平面上的组合，形成封闭的格构形地下连续墙，如图 6-4 所示。

格构形地下连续墙多用于船坞、河岸岸坡、大型的工业基坑以及其他特殊条件下无法设置水平支撑的基坑工程。

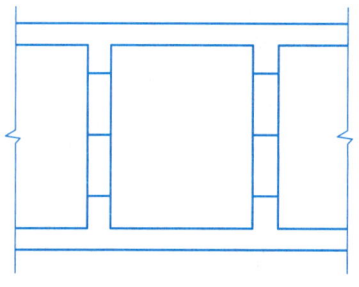

图 6-4　格构形地下连续墙

2. 预制地下连续墙

由于现浇地下连续墙需现场成槽、现场制作钢筋笼并浇筑混凝土，当地下连续墙深度和槽段宽度较大时，钢筋笼的现场加工需要占用较大的场地，这在城市场地狭窄地区会造成一定的困难。为此，发展出预制地下连续墙，即采用现场成槽后插入预制的墙板，预制墙板之间采用现浇混凝土形成接头，防止接头渗漏，如图 6-5 所示。这种预制地下连续墙施工采用成槽机成槽、泥浆护壁，然后起吊预制墙板插入槽的施工方法。通常预制墙段厚度较成槽机抓斗厚度小 20mm，墙段入槽时两侧可各预留 10mm 空隙便于插槽施工。

6.1.3　地下连续墙施工

地下连续墙的施工过程，是利用专用的挖槽机械在泥浆护壁下开挖一定长度（一个单元槽段），挖至设计深度并清除沉渣后，插入接头管，再将在地面上加工好的钢筋笼用起重机吊入充满泥浆的沟槽内，最后用导管浇筑混凝土，待混凝土初凝后拔出接头管，一个单元槽段即施工完毕，如此逐段施工，即形成地下连续的钢筋混凝土墙。

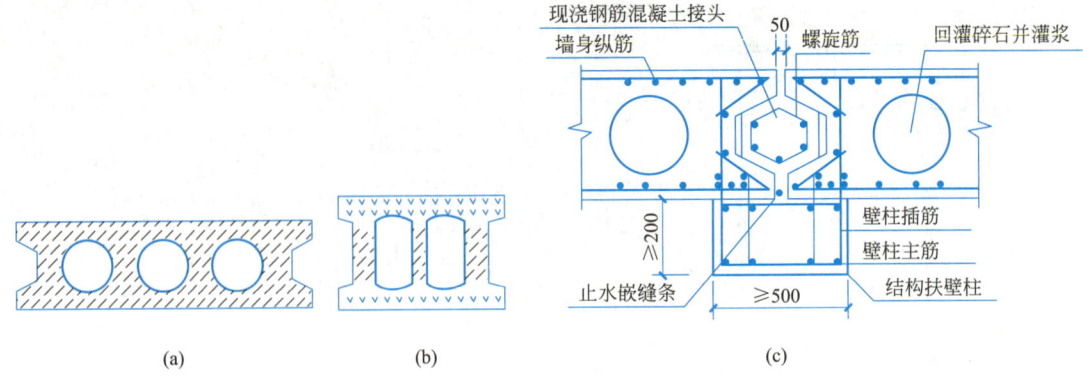

图 6-5　预制墙板、接头现浇地下连续墙

(a) 预制墙板Ⅰ；(b) 预制墙板Ⅱ；(c) 预制墙板接头

1. 施工准备

为了保证地下连续墙施工的顺利进行，在进行施工之前需要进行周密的准备工作，具体包含以下内容：

(1) 收集地下连续墙设计图纸及相关文字说明，并收集国家及地区相关政策法规、施工规范等。

(2) 研究现场地质情况，了解各土层的具体性状，尤其是特殊土层特点，如软弱土层、密实砂层、硬黏土层、卵石层、砾石或漂石层等，为选择合适的机械设备做好准备，必要时进行补充勘察。

(3) 查清地下水分布情况，尤其是承压含水层分布、水头高低以及不同承压层的相互补给程度，以便选择合适的泥浆和槽壁保护方案。

(4) 调查地面及地下障碍物，对地面的高压线、高架管道、高架桥等采取拆迁、移位或现场保护等措施，对地下管道、埋设线缆等进行移位等处理。

(5) 对邻近建（构）筑物的结构类型、使用历史、基础形式及埋深、容许变形等进行调查，必要时采取相应的保护措施。

(6) 进行现场机械设备的运输及进出场地计划安排，并配备必要的动力及供水设备。

(7) 合理安排施工平台，制订弃土及废泥浆的处理方案，并对噪声、振动及泥浆污染采取相应的保护措施。

(8) 对场地软弱地基需要进行加固整治。

(9) 合理安排槽段的长度、槽孔的划分及布置，保证施工高效有序进行。

(10) 护壁泥浆的配置。

2. 导墙施工

在导墙施工过程中，为保证其施工质量，除了需要满足导墙的构造要求外，还应做到以下几点：

(1) 地下连续墙成槽前先要构筑导墙，导墙是建造地下连续墙必不可少的临时构造物。

(2) 导墙采用形式：对表层地基良好地段采用简易形式钢筋混凝土导墙；在表层土软弱的地带，采用现浇 L 形钢筋混凝土导墙。

（3）导墙的水平钢筋必须连接起来，使导墙成为一个整体，防止因强度不足或施工不善而发生事故。

（4）为保证地下墙的施工精度，便于挖槽机作业，导墙内侧净空应较地下墙的厚度稍大一些（比设计值大5cm），导墙顶口比地面高出5cm，导墙的深度为1.5m。

（5）导墙外侧采用黏土分层回填密实，防止地面水从导墙背后渗入槽内，并防止因泥浆冲刷而发生塌槽。

（6）导墙的施工精度直接关系着地下连续墙的精度，所以在构筑导墙时，必须注意导墙内侧的净空尺寸、垂直与水平精度和平面位置等。

（7）现浇钢筋混凝土导墙拆模以后，应沿其纵向每隔1m左右加设上、下两道木支撑（常用规格为5cm×10cm和10cm×10cm），将两片导墙支撑起来，在导墙的混凝土达到设计强度之前，禁止任何重型机械和运输设备在旁边行驶，以防导墙受压变形。

3. 泥浆护壁

（1）泥浆护壁施工过程中应注意的问题

在地下连续墙施工过程中，所采用的泥浆种类与地基土的性质、地下水分布、成槽方式及工程条件等因素紧密相关，目前最为常用的泥浆为膨润土泥浆。泥浆护壁施工中应注意的主要问题包括：

1）根据现场的具体条件定期对泥浆进行质量控制试验，当泥浆不能满足所需的性质时，及时查明原因，修正配合比，更换材料或采取其他措施。

2）为避免因水的酸碱性而导致泥浆性质发生变化，膨润土泥浆的拌合水应采用pH值接近于中性的自来水进行搅拌。

3）泥浆的最优配合比应根据不同地区的水文地质条件、施工设备进行选择，以保证最佳的护壁效果。

4）泥浆配制过程，膨润土在搅拌机加水旋转后缓慢均匀加入，搅拌约7min后缓慢加入CMC、纯碱及一定量的水充分搅拌后的溶液（搅拌7～9min，静置6h以上），进行充分搅拌。

5）新配制的泥浆需静置24h以上，使膨润土充分水化后方可使用，且使用时应进行泥浆指标的测定。

6）成槽结束后应对泥浆进行清底置换，不达标的泥浆应废弃。

7）泥浆的储备量应按最大槽段体积的1.5～2倍进行考虑。

（2）泥浆指标检测步骤

施工过程中定期对泥浆指标进行检查测试，随时进行调整，做好泥浆质量检查记录，具体的步骤包括：

1）新拌泥浆静置24h后，测试全部项目指标。

2）在成槽过程中，每进尺1～5m或每4h测定一次泥浆相对密度和黏度。

3）挖槽结束及刷壁完成后，分别取槽内上、中、下三段的泥浆进行相对密度、黏度、含砂率和pH值的指标验收。

4）清槽结束前测一次相对密度、黏度，浇筑混凝土前测一次相对密度，且前后两次均取槽底以上200mm处的泥浆。

5）失水量和pH值应在每孔段的中部和底部各测一次，含砂率根据具体情况进行测定，而稳定性和胶体率在泥浆循环过程中一般不进行测定。

6）使用过的泥浆因掺入了大量的土渣及电解质离子等，欲重复使用时需采用物理或化学方法进行泥浆处理，必要时加入掺合剂，保证各项指标合格后方可重复使用，对于恶化的泥浆应废弃处理。

（3）成槽与防塌槽措施

在地下连续墙的成槽过程中，土体的开挖将引发原始地层土压力的失衡，如果泥浆护壁效果不佳，将导致槽壁发生坍塌。为了防止槽壁失稳，除了保证泥浆的质量外，主要的控制措施有：

1）挖槽前，地表施作排水沟，防止雨天地表水流进槽腔稀释泥浆，造成泥浆质量下降，影响护壁效果。

2）根据土层情况，选择合适的导墙截面形式，尤其是对于土质条件较差的情况，宜采用较大导墙底面的截面形式。

3）当预知槽段开挖深度范围内存在软弱土层时，可在成槽前对不良地层采用水泥土搅拌桩或高压旋喷桩等工艺进行预加固，确保槽壁的稳定。

4）在拐角处等槽段的阳角区域进行注浆加固，防止成槽开挖时发生阳角坍塌。

5）在周边环境允许的条件下，降低施工墙体周围的地下水位，促使泥皮的形成，避免位于浅部砂性土层中的槽壁发生坍塌、管涌或流砂等现象。

6）泥浆性能的优劣直接影响槽壁的稳定性，故需选用黏度大、失水量小的泥浆，形成的泥皮薄且坚韧，并随时根据泥浆的指标变化进行调整，及时添加外加剂，确保槽壁稳定。

7）严格控制泥浆的液位，确保液位高于地下水位 0.5m 以上，并不低于导墙顶面以下 3m，及时补浆，保证泥浆在安全液位以上，防止泥浆液面下降，护壁压力减小造成槽壁坍塌。在容易渗漏的土层，提高泥浆黏度和增加储备量，备好补漏材料。

8）在遇到较厚的粉砂、细砂地层（尤其是埋深 10m 以上）时，可适当增大泥浆黏度指标。

9）在地下水位较高，又不宜提高导墙顶面标高时，可适当增大泥浆的相对密度，但不宜超过 1.25，并采用掺加重晶石的技术方案。

10）妥善处理废土及废弃泥浆，避免因泥浆洒漏导致场地环境恶化，并影响槽段周围土体的稳定性。

11）成槽机械操作要平稳，不能猛起猛落，防止槽内形成负压区，产生坍槽。

12）严格限制槽段附近重型机械设备的反复压载及振动，施工机械应采用铺设钢板减小集中荷载的作用，并严禁在槽段周边堆放施工材料。

13）缩短裸槽的时间，当成槽完成且清底完成后，及时进行钢筋笼下放并浇灌混凝土，减小槽壁的颈缩。

4. 钢筋笼制作与安装

（1）钢筋笼的焊接

钢筋笼的焊接质量对于地下连续墙的受力性能有着重要的影响，在焊接施工过程中，应注意的主要问题包括：

1）钢筋笼根据地下连续墙墙体设计配筋和单元槽段的划分整体制作。钢筋笼的制作在专门搭设的加工平台上进行，加工平台保证平台面水平，四个角成直角，并在四个角点做好标志，以保证钢筋笼加工时钢筋能准确定位和钢筋笼横平竖直。

2）焊接钢筋笼时，首先需要制作钢筋笼桁架。桁架在专用模具上加工，保证每片平直，高度一致，以确保钢筋笼的厚度。

3）钢筋笼在平台上先安放下层水平分布筋再放下层的主筋，下层筋安放好后，再按设计位置安放桁架和上层钢筋。考虑到钢筋笼起吊时的刚度和强度的要求，每个钢筋笼一般纵向采用 3～4 榀桁架，桁架间距不大于 1500mm；横向 5 榀桁架，间距 5000mm。

4）竖向钢筋的底端 500mm 范围内稍向内侧弯折，以避免吊放钢筋笼时擦伤槽壁。

5）在密集的钢筋中预留出导管的位置，以便于灌注水下混凝土时插入导管，同时周围增设箍筋和连接筋进行加固。为防止横向钢筋阻碍导管插入，钢筋笼制作时把主筋放在内侧，横向钢筋放在外侧。槽段预留两个混凝土浇筑的导管通道口，两根导管相距 2～3m，导管距两边 1～1.5m，每个导管口设 5 根通长的导向筋，以利于混凝土灌注时导管上下通畅。

6）钢筋笼的主筋采用对焊接头，主筋与水平筋采用点焊连接。主筋与水平筋的交叉点除四周桁架与水平筋相交处及吊点周围全部点焊外，其余部分采用 50％交错点焊。

7）为保证钢筋的保护层厚度，应在钢筋笼外侧焊定位垫块。按竖向间距 5m 焊 2 列垫块，横向间距标准幅为 2m。垫块采用 4mm 厚钢板制作，梅花形布置。

（2）钢筋连接器安装与控制

地下连续墙内预埋中层板、顶板以及压顶梁的钢筋直螺纹连接器。钢筋连接器根据设计图纸提供的间距、规格和主体结构各层板的标高以及地下连续墙的宽度，计算出每一幅地下连续墙中每一层结构板对应位置的预埋连接器的数量、标高、规格。钢筋连接器安装时，基坑内侧面每一层接驳器固定于一根主筋上，使连接器的中心标高与设计的结构板钢筋标高相同，确保每层板的连接器数量、规格、中心标高与设计一致。钢筋连接器预埋钢筋与地下连续墙内、外侧水平钢筋点焊固定，焊点不少于 2 点。

钢筋笼加工结束后，将钢筋连接器的盖子拧紧。在钢筋笼下放入槽时，再次检查盖子是否全部盖好，如有漏盖或未拧紧情况，立即补上并拧紧，确保结构施工时每一个接驳器均能使用。为确保使用时连接器的数量足够，施工时考虑多增加 5％左右。

由于连接器的安装标高是根据钢筋笼的笼顶标高来控制的，为确保连接器的标高正确无误，钢筋笼下放时用水准仪进行跟踪测量钢筋笼的笼顶标高，下放到位后，根据实际情况及时用垫块加以调整，确保预埋连接器的标高正确，误差不大于 10mm。

钢筋连接器的外侧用泡沫板加以保护。钢筋笼加工时根据设计位置安装墙趾注浆管。

（3）钢筋笼的起吊

钢筋笼的起吊需注意以下主要内容：

1）根据钢筋笼的重量及尺寸，选择合适的主吊、副吊设备，同时选择主、副吊扁担。

2）选用的起重机应满足吊装高度及起重量的要求，主吊和副吊应根据计算确定，并应对主副吊扁担、主副吊钢丝绳、吊具索具、吊点进行验算。

3）根据起吊设备的选择及布置，合理布置吊点，吊点的布置及起吊方式不得导致钢筋笼发生过大变形，且不允许发生不可恢复的变形，同时对吊点进行局部加强，沿纵向及横向设置桁架，增强钢筋笼的整体刚度。

4）在钢筋笼起吊之前，根据起吊设备条件，制订周密的起吊方案，保证起吊的顺利进行，并便于后续的钢筋笼运输及下放。

5）钢筋笼的起吊应采用横吊梁或吊架，起吊时不得使钢筋笼下端在地面上拖引，以免造成下端钢筋弯曲变形，同时应避免起吊后在空中摆动，在钢筋笼下端系上曳引绳以便于人力操纵。

6）钢筋笼的下放

在钢筋笼的下放过程中，需注意以下主要内容：

① 在钢筋笼下放入槽前，需对钢筋笼的垂直度进行检查，可采用经纬仪或测锤等方式，保证入槽前钢筋笼的垂直度。

② 钢筋笼进入槽内时，钢筋笼必须对准单元槽段的重心，垂直准确地插入槽内，且控制好插入速度，缓慢地下放钢筋笼。下放过程中避免因起重臂摆动或其他因素导致钢筋笼发生横向摆动，撞击槽壁而导致塌槽。

③ 如钢筋笼无法顺利插入槽内，应重新吊出，查明原因并采取措施进行解决，然后重新进行下放，不可强行插入，以免造成钢筋笼变形或槽壁坍塌。

④ 当钢筋笼采用分段制作时，吊放时应进行接长，下端钢筋笼对准槽段中心暂时搁置于导墙上，然后将上端钢筋笼垂直吊起，检查其纵筋是否与搁置下端钢筋笼所使用的水平筋成直角，确保垂直后进行上下段钢筋笼的直线连接。

⑤ 当钢筋笼上安装过多的泡沫苯乙烯等附加部件或泥浆的相对密度过大时，将对钢筋笼产生较大的浮力，阻碍钢筋笼插入槽内，必要时应对钢筋笼施加配重。

⑥ 对于拐角部位的钢筋笼，当相连两墙段采用分离组装时，一般先将带有接头的钢筋笼吊入槽内，然后吊装另一片钢筋笼；当采用整体组装的 L 形钢筋笼时，吊入时应避免碰撞拐角，以免导致塌陷。

5. 混凝土灌注

地下连续墙的混凝土灌注采用水下浇筑工艺，其浇筑质量的优劣直接影响墙体的强度和刚度，在施工过程中，需注意以下问题：

（1）钢筋笼安放后 4h 内浇筑混凝土，浇筑前先检查槽深，判断有无塌孔，并计算混凝土方量。

（2）地下连续墙混凝土按设计要求强度等级进行浇筑，混凝土的坍落度按规范及水下混凝土要求，采用（200±20）mm。

（3）混凝土浇灌采用龙门架配合混凝土导管完成，导管采用 250mm、法兰盘连接式导管，导管连接处用橡胶垫圈密封防水。导管水平布置距离不大于 3m，距槽段端部不大于 1.5m。导管在第一次使用前，在地面先做水密封试验。

（4）开始浇筑时，先在导管内放置隔水球以便混凝土灌注时能将管内泥浆从管底排出，导管上方接能储备混凝土的料斗。计算好初灌量，确保开始灌注混凝土时埋管深度不小于 500mm。

（5）混凝土浇筑中保持连续均匀下料，导管随混凝土浇筑逐步提升，下口在混凝土内埋置深度控制在 1.5～3.0m。混凝土浇筑过程中有现场值班技术人员及时量测混凝土面高程，全程监控，严防将导管口提出混凝土面。

（6）在浇筑过程中，不能使混凝土溢出料斗流入导沟。混凝土浇筑速度不低于 2m/h。

（7）置换出的泥浆及时处理，不得溢出地面。

（8）对采用两根导管的地下连续墙，两根导管同时进行浇灌，确保混凝土面均匀上升，混凝土面高差小于 50cm，防止产生夹层现象。

（9）混凝土浇筑面高出设计标高 50cm。每单元混凝土制作抗压强度试件 1 组，每 5 个槽段制作抗渗压力试件 1 组。

任务 6.2　盾构法施工

6.2.1　概述

盾构法是暗挖法施工中的一种全机械化施工方法。它是将盾构机械在地中推进，通过盾构外壳和管片支承四周围岩，防止发生往隧道内的坍塌。同时在开挖面前方用切削装置进行土体开挖，通过出土机械运出洞外，靠千斤顶在后部加压顶进，并拼装预制混凝土管片，形成隧道结构的一种机械化施工方法。

6.2
盾构法
施工

盾构机是一种带有护罩的专用设备。利用尾部已装好的衬砌块作为支点向前推进，用刀盘切割土体，同时排土和拼装后面的预制混凝土衬砌块。盾构机掘进的出碴方式有机械式和水力式两种，以水力式居多。水力式盾构在工作面处有一个注满膨润土液的密封室，膨润土液既用于平衡土压力和地下水压力，又用作输送排出土体的介质。

盾构机既是一种施工机具，也是一种强有力的临时支撑结构。盾构机外形上看是一个大的钢管机，较隧道部分略大，它是设计用来抵挡外向水压和地层压力的。它包括三部分：前部的切口环、中部的支撑环以及后部的盾尾。大多数盾构的形状为圆形，也有椭圆形、半圆形、马蹄形及箱形等其他形式。

6.2.2　盾构法的发展历史

用盾构法修建隧道已有 150 余年的历史。最早进行研究的是法国工程师 M. I. 布律内尔，他由观察船蛆在船的木头中钻洞，并从体内排出一种黏液加固洞穴的现象得到启发，在 1818 年开始研究盾构法施工，并于 1825 年在英国伦敦泰晤士河下，用一个矩形盾构建造世界上第一条水底隧道（宽 11.4m、高 6.8m）。在修建过程中遇到很大的困难，两次被河水淹没，直至 1835 年，使用了改良后的盾构，才于 1843 年完工。其后 P. W. 巴洛于 1865 年在泰晤士河底，用一个直径 2.2m 的圆形盾构建造隧道。

1847 年在英国伦敦地下铁道城南线施工中，英国人 J. H. 格雷特黑德第一次在黏土层和含水砂层中采用气压盾构法施工，并第一次在衬砌背后压浆来填补盾尾和衬砌之间的空隙，创造了比较完整的气压盾构法施工工艺，为现代化盾构法施工奠定了基础，促进了盾构法施工的发展。

20 世纪 30～40 年代，仅美国纽约就采用气压盾构法成功地建造了 19 条水底的道路隧道、地下铁道隧道、煤气管道和给水排水管道等。从 1897～1980 年，在世界范围内用盾构法修建的水底道路隧道已有 21 条。德国、日本、法国、苏联等国把盾构法广泛使用于地下铁道和各种大型地下管道的施工。

1969 年起，在英国、日本和西欧各国开始发展一种微型盾构施工法，盾构直径最小的只有 1m 左右，适用于城市给水排水管道、煤气管道、电力和通信电缆等管道的施工。

中国于第一个五年计划期间，首先在辽宁阜新煤矿，用直径 2.6m 的手掘式盾构进行了疏水巷道的施工。中国自行设计、制造的盾构，直径最大为 15.4m，最小为 3.0m。修建的第二条黄浦江水底道路隧道，水下段和部分岸边深埋段也采用盾构法施工，盾构的千斤顶总推力为 $108 \times 10^6 \, \text{N}$，采用水力机械开挖掘进。在上海地区用盾构法修建的隧道，除水底道路隧道外，还有地铁区间隧道、通向河海的排水隧洞和取水管道、街坊的地下通道等。

6.2.3　盾构法的基本原理及特点

1. 盾构法的基本原理

盾构法的基本工作原理是利用全断面刀盘切削土体使隧道沿设计的轮廓与轴线向前推进。在盾构前端，采取压缩空气、泥浆、土压及机械等方式对开挖面予以支护，以确保开挖面的稳定；在盾构周围，利用封闭的筒状金属外壳承受来自地层的压力，并防止水土入侵；在后端，通过预制或现浇的衬砌构筑物来支撑地层，确保洞室的稳定。因此，盾构法施工隧道较其他的暗挖法更为安全。现代盾构机采用先进的电气、液压、传感及信息技术，实现了作业的机械化与全自动化，使得施工更加精确和快速。

2. 盾构法的特点

盾构法施工得到广泛使用，因其具有明显的优越性：

（1）在盾构的掩护下进行开挖和衬砌作业，有足够的施工安全性。

（2）地下施工不影响地面交通，在河底下施工不影响河道通航。

（3）施工操作不受气候条件的影响。

（4）产生的振动、噪声等环境危害较小。

（5）对地面建筑物及地下管线的影响较小。

6.2.4　适用条件

在松软含水地层，或地下线路等设施埋深达到 10m 或更深时，可以采用盾构法。

1. 线位上允许建造用于盾构进出洞和出碴进料的工作井。

2. 隧道要有足够的埋深，覆土深度宜不小于 6m 且不小于盾构直径。

3. 相对均质的地质条件。

4. 如果是单洞则要有足够的线间距，洞与洞及洞与其他建（构）筑物之间所夹土（岩）体加固处理的最小厚度为水平方向 1.0m，竖直方向 1.5m。

5. 从经济角度讲，连续的施工长度不小于 300m。

6.2.5 盾构法的优缺点

1. 盾构法的优点

（1）安全开挖和衬砌，掘进速度快。

（2）盾构的推进、出土、拼装衬砌等全过程可实现自动化作业，施工劳动强度低。

（3）不影响地面交通与设施，同时不影响地下管线等设施。

（4）穿越河道时不影响航运，施工中不受季节、风雨等气候条件影响，施工中没有噪声和扰动。

（5）在松软含水地层中修建埋深较大的长隧道往往具有技术和经济方面的优越性。

2. 盾构法的缺点

（1）断面尺寸多变的区段适应能力差。

（2）新型盾构购置费昂贵，对施工区段短的工程不太经济。

（3）工人的工作环境较差。

6.2.6 盾构法施工准备工作

采用盾构法施工时，首先要在隧道的始端和终端开挖基坑或建造竖井，用作盾构及其设备的拼装井（室）和拆卸井（室），特别长的隧道，还应设置中间检修工作井（室）。拼装和拆卸用的工作井，其建筑尺寸应根据盾构装拆的施工要求来确定。拼装井的井壁上设有盾构出洞口，井内设有盾构基座和盾构推进的后座。井的宽度一般应比盾构直径大1.6～2.0m，以满足铆、焊等操作的要求。当采用整体吊装的小盾构时，则井宽可酌量减小。井的长度，除了满足盾构内安装设备的要求外，还要考虑盾构推进出洞时，拆除洞门封板和在盾构后面设置后座以及垂直运输所需的空间。中、小型盾构的拼装井长度，还要照顾设备车架转换的方便。盾构在拼装井内拼装就绪，经运转调试后，就可拆除出洞口封板，盾构推出工作井后即开始隧道掘进施工，如图6-6所示。盾构拆卸井设有盾构进口，井的大小要便于盾构的起吊和拆卸。

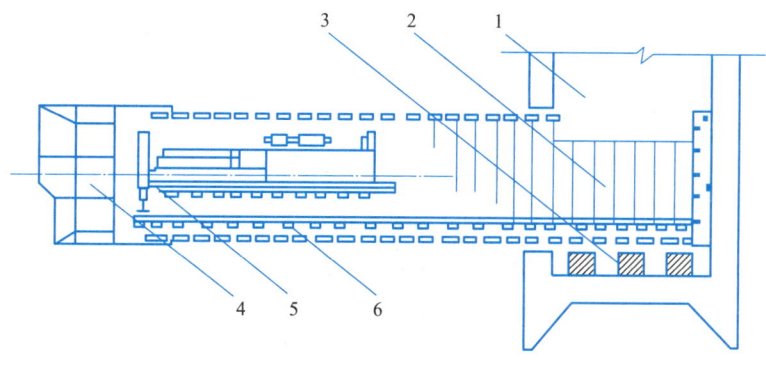

图 6-6 盾构出洞示意

1—盾构拼装井；2—后座管片；3—盾构基座；4—盾构；5—管片拼装器；6—运输轨道

6.2.7　盾构法施工步骤

盾构施工方法由以下几个步骤组成：

1. 在置放盾构机的地方打一个垂直井，再用混凝土墙进行加固。

2. 将盾构机安装到井底，并装配相应的千斤顶。

3. 用千斤顶之力驱动井底部的盾构机往水平方向前进，形成隧道。

4. 将开挖好的隧道边墙用事先制作好的混凝土衬砌加固，地压较高时可以采用浇筑的钢制衬砌加固来代替混凝土衬砌。

盾构法施工中，其隧道一般采用以预制管片拼装的圆形衬砌，也可采用挤压混凝土圆形衬砌，必要时可再浇筑一层内衬砌，形成防水功能好的圆形双层衬砌。盾构法施工常用土压平衡盾构与泥水平衡盾构。土压平衡盾构施工如图 6-7（a）所示，泥水平衡盾构施工如图 6-7（b）所示。

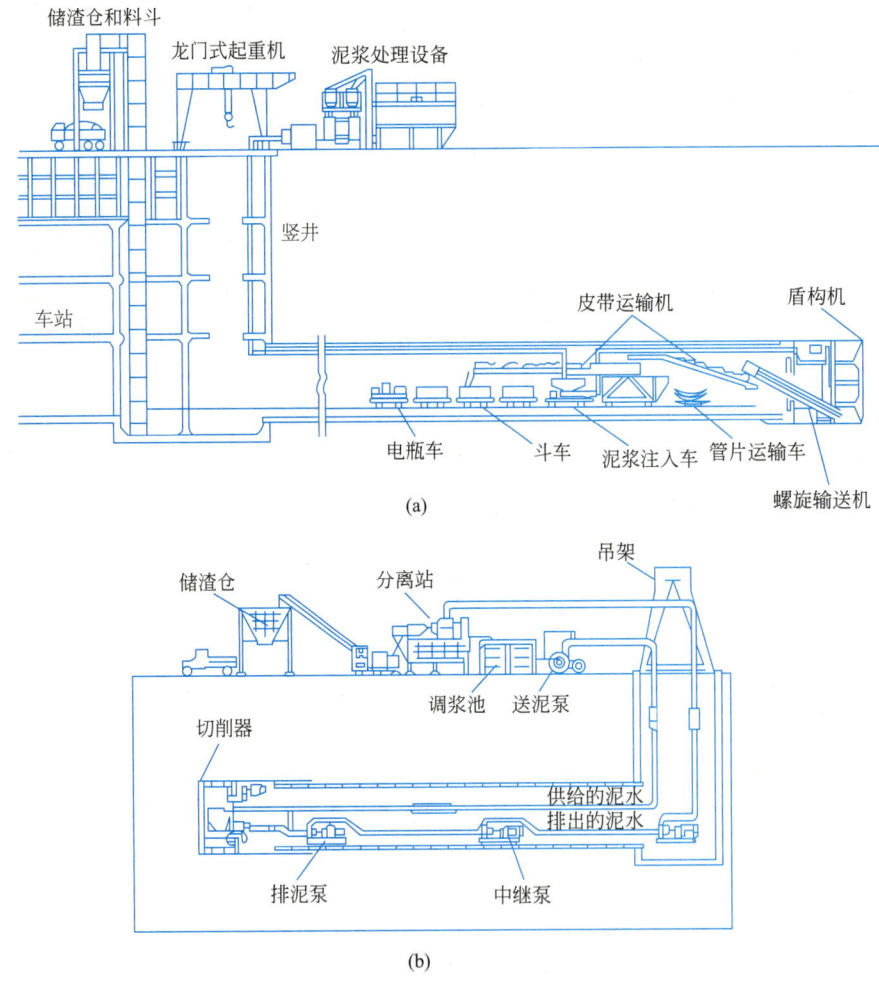

(a)

(b)

图 6-7　盾构法施工

（a）土压平衡盾构施工；（b）泥水平衡盾构施工

泥水平衡盾构与土压平衡盾构区别在于：

1. 出渣方式不同：土压平衡盾构采用螺旋输送机与皮带输送机出渣，而且皮带输送机不适合运送含水率大的渣土；泥水盾构采用的是泥浆泵和管道出渣。

2. 压力平衡介质不同：土压平衡盾构的压力平衡介质是渣土，密度较大，不易流动，压力分布和传递不均匀；泥水盾构的压力平衡介质是泥浆，密度较小，容易流动，压力分布和传递均匀。

3. 适应地质不同：土压平衡盾构一般适应砂质土和黏土，水压不大、水量较小的地层；泥水盾构一般更适应含水较多或者水土压力较高的砂质或卵石地层，这些地层的开挖面不稳定，而且地下水容易流失。

6.2.8　盾构法施工工序

盾构法施工工序如图 6-8 所示。

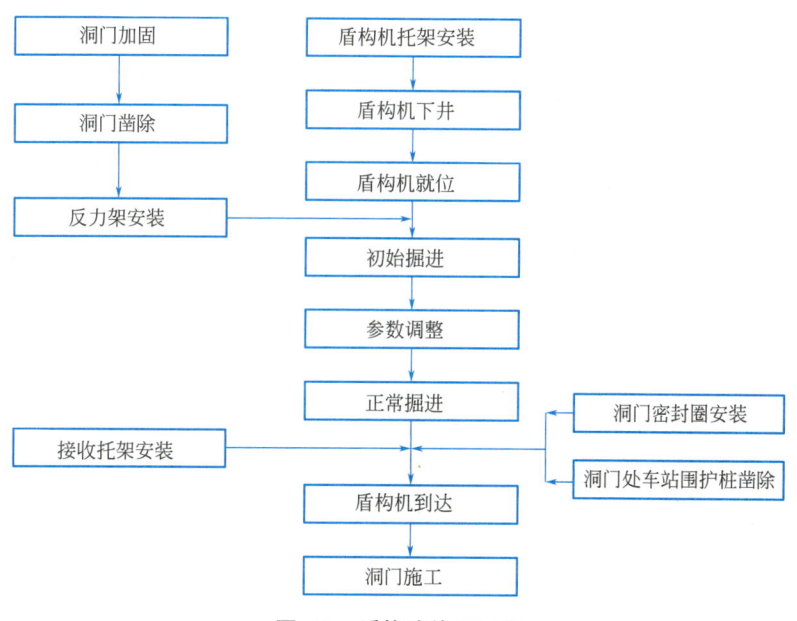

图 6-8　盾构法施工工序

其他施工主要有土层开挖、盾构推进操纵与纠偏、衬砌拼装、衬砌压注等。这些工序均应及时而迅速地进行，决不能长时间停顿，以免增加地层的扰动和对地面、地下构筑物的影响。

1. 土层开挖

在盾构开挖土层的过程中，为了安全并减少对地层的扰动，一般先将盾构前面的切口贯入土体，然后在切口内进行土层开挖，开挖方式有：

（1）敞开式开挖

适用于地质条件较好、掘进时能保持开挖面稳定的地层。由顶部开始逐层向下开挖，可按每环衬砌的宽度分数次完成。

（2）机械切削式开挖

用装有全断面切削大刀盘的机械化盾构开挖土层。大刀盘可分为刀架间无封板的和有封板的两种，分别在土质较好的和较差的条件下使用。在含水不稳定的地层中，可采用泥水加压盾构和土压平衡式盾构进行开挖。

（3）挤压式开挖

使用挤压式盾构的开挖方式，又有全挤压和局部挤压之分。前者由于掘进时不出土或部分出土，对地层有较大的扰动，使地表隆起变形，因此隧道位置应尽量避开地下管线和地面建筑物。此种盾构不适用于城市道路和街坊下的施工，仅能用于江河、湖底或郊外空旷地区。用局部挤压方式施工时，要根据地表变形情况，严格控制出土量，使地层的扰动和地表的变形减少到最低限度。

（4）网格式开挖

使用网格式盾构开挖时，要掌握网格的开孔面积。格子过大会丧失支撑作用，过小会产生对地层的挤压扰动等不利影响。在饱和含水的软塑土层中，这种掘进方式具有出土效率高、劳动强度低、安全性好等优点。

2. 盾构推进与纠偏

推进过程中，主要采取编组调整千斤顶的推力、调整开挖面压力以及控制盾构推进的纵坡等方法，来操纵盾构位置和顶进方向。一般按照测量结果提供的偏离设计轴线的高程和平面位置值，确定下一次推进时需要开动的千斤顶数量及推力的大小，用以纠正方向。此外，调整的方法也随盾构开挖方式有所不同：如敞开式盾构，可用超挖或欠挖来调整；机械切削开挖，可用超挖刀进行局部超挖来纠正；挤压式开挖，可用改变进土孔位置和开孔率来调整。

3. 衬砌拼装

常用液压传动的拼装机进行衬砌（管片或砌块）拼装。拼装方法根据结构受力要求，可分为通缝拼装和错缝拼装。通缝拼装是使管片的纵缝对齐，拼装较为方便，容易定位，衬砌圆环的施工应力较小，但其缺点是环面不平整的误差容易积累。错缝拼装是使相邻衬砌圆环的纵缝错开管片长度的 $1/3 \sim 1/2$。错缝拼装的衬砌整体性好，但当环面不平整时，容易引起较大的施工应力。衬砌拼装方法按拼装顺序，又可分为先环后纵和先纵后环两种。

先环后纵法是先将管片（或砌块）拼成圆环，然后用盾构千斤顶将衬砌圆环纵向顶紧。先纵后环法是将管片逐块先与上一环管片拼接好，最后封顶成环。这种拼装顺序，可轮流缩回和伸出千斤顶活塞杆以防止盾构后退，减少开挖面土体的走动。

4. 衬砌压注

为了防止地表沉降，必须将盾尾和衬砌之间的空隙及时压注充填。压注后还可改善衬砌受力状态，并增进衬砌的防水效果。压注的方法有二次压注和一次压注。二次压注是在盾构推进一环后，立即用风动压注机通过衬砌上的预留孔，向衬砌背后的空隙内压入豆粒砂，以防止地层坍塌；在继续推进数环后，再用压浆泵将水泥类浆体压入砂间空隙，使之凝固。因压注豆粒砂不易密实，压浆也难充满砂间空隙，不能防止地表沉降，已趋于淘汰。

一次压注是随着盾构推进，当盾尾和衬砌之间出现空隙时，立即通过预留孔压注水泥类砂浆，并保持一定的压力，使之充满空隙。压浆时要对称进行，并尽量避免单点超压注浆，以减少对衬砌的不均匀施工荷载；一旦压浆出现故障，应立即暂停盾构的推进。盾构法施工时，还须配合进行垂直运输和水平运输以及配备通风、供电、给水和排水等辅助设施，以保证工程质量和施工进度，同时还须准备安全设施与相应的设备。

 知识拓展

资源名称	6.3　土压平衡盾构施工土压力的确定	6.4　软土盾构隧道开挖面稳定性物理模型试验——工程背景	6.5　软土盾构隧道开挖面稳定性物理模型试验——试验过程及结果分析	6.6　软土盾构隧道开挖面稳定性物理模型试验——试验原理与方法
资源类型	视频	视频	视频	视频
资源二维码				

课后练习

资源名称	项目 6　课后练习	项目 6　课后练习答案
资源类型	文档	文档
资源二维码		

项目7

地下工程防水

1. 知识目标

了解地下工程防水的意义和原则，理解各类防水材料的防水方式和适用情况，掌握各类防水材料的施工工艺以及细部处理。

2. 能力目标

能够有效地应用所学知识，分析确定不同场景下适用的防水材料以及其工艺做法，具备确立地下工程防水施工管理的能力。

3. 素质目标

在教学过程中融入思政教育元素，培养学生的安全意识、匠人精神、职业道德以及培养学生树立正确的价值观等。

在土层或岩石中进行地下工程建设与水有着密切的联系，无论是设计还是施工或使用维护均须考虑水的影响。因此防水是十分重要的问题，也是地下工程，特别是隧道工程中的重大疑难问题之一。防水问题处理不好，会给工程内部带来一系列问题，如影响人员的正常工作和生活，造成内部装修和设备加快锈蚀，排除渗漏水需要耗费大量能源和经费，大量的排水还可能引起不均匀沉降和破坏等。防水问题处理不好还会影响使用效果、安全及服务年限，有些渗漏水严重的地下工程不得不多次返修，甚至改建。

新建、续建、改建的地下工程，在工程的勘察、设计、施工和维修各个环节都要考虑防水的要求，应根据工程所在地的工程地质、水文地质条件、施工技术水平、工程防水等级、材料来源等方面经济合理地选择适宜的措施进行防水和治水，使工程达到防水的要求。

本项目主要介绍地下工程对水的防治技术。

任务 7.1　防水原则

地下工程的防水原则，以前的提法很多，各专业系统的提法也不尽一致。直到 20 世纪 80 年代中期，其内容才基本趋于相同。

《铁路隧道设计规范（2024 年局部修订）》TB 10003—2016 规定，隧道防排水应采取防、排、截、堵相结合，因地制宜，综合治理，保护环境的原则，采取切实可靠的设计、施工措施。

《城市轻轨交通工程设计指南》规定，轻轨交通工程的隧道和地下车站设计，应执行"以防为主，以排为辅，防排结合，因地制宜，综合治理"的防水原则。

《地下工程防水技术规范》GB 50108—2008 规定，地下工程防水的设计和施工应遵循"防、排、截、堵相结合，刚柔相济，因地制宜，综合治理"，强调"多道设防，刚柔相济"的原则。

上述防水原则对城市地下工程的防水设计或施工均可以作为参考，视其工程性质采纳。城市地下工程的防水，更应强调以防为主的原则，辅以防排结合的措施。

地下构筑物的防水质量好坏，与设计、材料、施工均有着密切关系，而防水材料的性能和质量是保证工程防水质量的关键。各种不同的防水做法，首先要对材料就其不同防水功能有不同程度的明确要求。优良的防水材料应具备以下特性：

1. 耐候性

对不同气候、光、热、臭氧等一定的耐受能力。

2. 抗腐性

耐化学腐蚀的性能，如耐酸、碱性能。

3. 抗拉性

对外力、温差变化的适应性，如拉伸强度，延伸率等性能。

4. 整体性

有利形成整体不透水膜、较好的整体抗渗能力。

当然防水设计与防水施工各环节也需谨慎细致。因此，要求设计、施工应严格执行有关规范、规程，以确保防水工程的质量。

这里也须说明，并不是所有工程防水级别越高越好，而应该是因地制宜，要根据工程、项目具体要求，就是不同部位的防水工程也应各有侧重，应做到既保证防水质量，达到防排水可靠，满足使用要求，又经济合理的目的。

任务 7.2　防水材料

7.1
防水原则及
防水材料

地下工程常用防水材料按物态的不同可分为刚性防水材料和柔性防水材料两大类；按材质的不同可分为无机防水材料和有机防水材料两类；按种类的不同可分为卷材、涂料、密封材料、刚性材料、堵漏材料、金属材料六大系列防水材料和排水材料。具体可分为防水卷材（包括防水片材、防水毯、刚性防水材料、防水板、金属板材或卷材）；防水涂料（有机、无机）；防水混凝土及膨胀剂（减水剂、掺和剂、各类防水剂、抗冻剂、密实剂等掺外加剂防水混凝土）；密封材料（密封膏、密封条、密封带等）；止渗堵漏材料（止水带、止水条、钠基膨润和渗排水材料土粉末等）。

7.2.1　防水卷材

卷材防水层宜用于经常处在地下水环境，且受侵蚀性介质作用的地下工程。卷材防水层的防水卷材在建筑防水材料的应用中处于主导地位，在建筑防水措施中起着重要作用，铺设在混凝土结构的迎水面。

目前地下工程常用的防水卷材有高聚物改性沥青类防水卷材、合成高分子防水卷材等若干品种规格，分类见表 7-1。沥青油毡长期浸水会霉烂变质，其防水综合性能很差，且采用热油施工严重污染环境，故不能用于地下工程，只被用于做其他柔性防水材料的保护层、隔离层材料。

这些卷材及其胶粘剂应具有良好的耐水性、耐久性、耐刺穿性、耐腐蚀性和耐菌性。卷材类防水材料是我国今后需大力发展和推广应用的防水材料。

防水卷材品种　　　　　　　　　　　　　　　　　　　　　　　表 7-1

类别	品种名称
高聚物改性沥青类防水卷材	弹体性改性沥青防水卷材
	改性沥青聚乙烯胎防水卷材
	自粘聚合物改性沥青防水卷材
合成高分子防水卷材	三元乙丙橡胶防水卷材
	聚氯乙烯防水材料
	聚乙烯丙纶复合防水卷材
	高分子自粘胶膜防水卷材

7.2.2　防水涂料

涂料防水层主要用于构筑物内、外墙防水、装饰及工程的防渗、堵漏，是指在基层上涂刷有机或无机防水涂料，经固化后形成具有防水能力、有一定厚度的弹性涂膜防水层。

按材性的不同，可分为无机防水涂料和有机防水涂料两类。无机防水涂料可选用掺外加剂、掺和料的水泥基防水涂料、水泥基渗透结晶型防水涂料，具有良好的湿干粘结性和耐磨性，宜用于结构主体的背水面。用于背水面的有机防水涂料可选用反应型、水乳型、聚合物水泥等涂料，应具有较高的抗渗性及较好的延伸性、较大的变形能力、能与基层有较好的粘结性。

我国防水涂料生产量较大，在上述各类型中，这些防水涂料具有良好的耐水性、耐久性、耐腐蚀性及耐菌性，且无毒、难燃、低污染。其中水泥基防水涂料——"确保时"防水涂料，近年来，在广州、北京、大连、成都等地的地下工程和水池等防渗、堵漏施工中，收到了良好效果。"确保时"具有无味、无毒、耐久性好等特点，与混凝土、砖、石等材料粘结力强，防渗、堵漏效果明显，但形成的防水层属刚性，无延伸性，故不能用于有裂缝和发生沉降、错动交界处的基层。

7.2.3　密封材料

建筑工程用密封材料，主要用于填充构筑物接缝、裂缝、镶嵌部位等，能起到水密、气密性作用。密封材料按材性可分为合成高分子密封材料、高聚物改性沥青密封材料及定型材料，地下工程使用的密封材料为合成高分子密封材料和定型密封材料。

合成高分子密封材料多采用硅酮、聚硫橡胶类、聚氨酯类等。

定型密封材料的主要品种有遇水膨胀橡胶条、自粘性橡胶止水条等。遇水膨胀橡胶条是以改性橡胶为基料制成的一种新型防水材料，它一方面具有橡胶制品的优良弹性和延展性，起到弹性密封的作用；另一方面当结构变形量超过材料的弹性复原率时，在膨胀倍率范围内具有遇水膨胀的特性。这种双重止水机理提高了防水效果，目前这种防水材料有各种定型产品；自黏性橡胶是由特种合成橡胶掺入各种外加剂加工而成的弹塑性腻子状聚合物，它具有橡胶腻子充填空隙的性能，同时在一定压力下又具有与混凝土良好的粘结性。主要用于地下工程的变形缝、施工缝、穿墙管等接缝的防水。

7.2.4　刚性防水材料

结构自防水材料又称刚性防水材料，是指以水泥、砂石为原料，掺入少量外加剂、高分子聚合物等材料，通过调整配合比，抑制或减少孔隙率，改变孔隙特征，增加材料界面间密实性等方法，形成一种具有一定抗渗透能力的水泥砂浆混凝土类防水材料，可达到增强混凝土结构自身防水性能的目的。

刚性防水是相对防水卷材、防水涂料等柔性防水材料而言的防水形式，主要包括防水砂浆和防水混凝土。

防水混凝土是一种既可防水，又可兼作承重围护结构的材料，可用于地下工程及各种防水、输水、储水结构工程中。

防水混凝土按其组成的不同，主要分为普通防水混凝土、掺外加剂防水混凝土和膨胀防水混凝土三大类别。它们根据各自不同的特点，可按不同的工程要求选择使用。防水混凝土的分类和适用范围见表7-2。

防水混凝土的分类和适用范围 表7-2

种类		最高抗渗压力/MPa	特点	适用范围
普通防水混凝土		>3.0	施工简便,材料来源广泛	适用于一般工业、民用建筑及公共建筑的地下防水工程
外加剂防水混凝土	引气剂防水混凝土	>2.2	抗冻性好	适用于北方高寒地区,抗冻性要求较高的防水工程及一般防水工程,不适于抗压强度>20MPa或耐磨性要求较高的防水工程
	减水剂防水混凝土	>2.2	拌合物流动性好	适用于钢筋密集或捣固困难的薄壁型防水构筑物,也适用于对混凝土凝结时间(促凝或缓凝)和流动性有特殊要求的防水工程(如泵送混凝土工程)
	三乙醇胺防水混凝土	>3.8	早期强度高,抗渗能力强	适用于工期紧迫,要求早强及抗渗性较高的防水工程及一般防水工程
	氯化铁防水混凝土	>3.8	—	适用于水中结构的无筋及少筋厚大防水混凝土工程与一般地下防水工程、砂浆修补抹面工程;在接触直流电源或预应力混凝土及重要的薄壁结构上不宜使用
膨胀水泥防水混凝土		3.6	密实性好、抗裂性好	适用于地下工程和地上防水建筑物、山洞、非金属油罐和主要工程的后浇筑

这种材料具有较高的抗压强度，耐久性、抗冻、抗老化性能较好，一般为无机材料，不燃烧、无毒、无异味、有透气性、材料易得、造价低廉、施工方便、便于修补，综合经济效果较理想，因此结构自防水材料在国内外防水领域中均是发展方向。

为了提高混凝土的抗渗能力，克服该材料存在的抗拉强度低，极限拉应力变小的缺点和减少总收缩值，增加其韧性，在混凝土里掺入合成纤维或钢纤维，可使刚性防水材料性能得到提高。

常用的防水砂浆包括聚合物水泥防水砂浆、掺外加剂或掺和料的防水砂浆，宜采用多层抹压法施工。此类材料多作为附加防水层，用于有防水、防潮要求的地下工程结构的迎水面或背水面，弥补工程中出现的蜂窝、麻面等缺陷。

任务 7.3　防水施工

7.3.1　防水混凝土

1. 防水混凝土的自防水效果影响因素

（1）混凝土外加剂的选择及配合比的设计

7.2
防水施工
的做法

防水混凝土可根据工程需要掺入减水剂、膨胀剂、防水剂、密实剂、引气剂、复合型外加剂等，其品种和掺量应经试验确定。所有外加剂应符合国家或行业标准一等品及以上的质量要求。如中国建筑材料科学研究院研制成功的 U 形膨胀剂就是一种良好的防水抗渗材料。在混凝土中掺入 10％～14％U 形膨胀剂，能使得混凝土抗渗能力提高 1～2 倍，防水混凝土设计抗渗等级见表 7-3，因此选择一种应用成熟的、效果较好的混凝土防水剂是混凝土配合比设计成功的前提。

防水混凝土设计抗渗等级　　　　　　　　　　表 7-3

工程埋置深度/m	设计抗渗等级
＜10	P6
10～20	P8
20～30	P10
30～40	P12

注：① 本表适用于Ⅳ、Ⅴ级围岩（土层及软弱围岩）。
　　② 山岭隧道防水混凝土的抗渗等级可按铁道部门的有关规范执行。

防水混凝土的施工配合比应通过试验确定，抗渗等级应比设计要求提高一级（0.2MPa）；①水泥用量≥260kg/m³；②灰砂比宜为 1∶1.5～1∶2.5；③入泵坍落度宜控制在 120～160mm；④水胶比不得大于 0.50；⑤预拌混凝土的初凝时间宜为 6～8h，采用商品混凝土时必须考虑路途远近及道路运输状况，适当延长混凝土的初凝时间，避免浇筑过程中出现冷缝，并推迟水泥水化热峰值出现时间，减小温度裂缝。

（2）原材料的质量及准确计量

组成自防水混凝土的主要原材料有：水泥、砂、石子、膨胀剂、粉煤灰、水等。水泥品种总用量不宜小于 260kg/m，当强度较高或地下水有腐蚀性时，其总用量可通过试验调整；石子粒径宜为 5～40mm。含泥量≤1％，砂宜用中粗砂；含泥量≤3％，膨胀剂的技术性能必须达到国家标准一等品；粉煤灰必须达到二级，掺量≤20％，水应采用不含有害物质的洁净水。在施工前进场材料必须现场抽样检验。达不到要求不得使用，重点控制砂石含泥量及级配。人工添加膨胀剂及粉煤灰时必须对操作人员进行交底和培训，务必添加准确，误差≤0.5％。加入膨胀剂后的混凝土搅拌时间应比普通混凝土延长 30～60s。

（3）施工中的振捣及细部结构（施工缝、变形缝、现浇带、钢筋撑角、穿墙管、穿墙螺栓、桩头等）的处理。振捣必须专人负责，振捣时间宜为 10～30s，以混凝土泛浆和不冒气泡为准，确保不漏振、不欠振、不超振。

1）墙体施工缝的施工。墙体水平施工缝应留在高出底板表面不少于 300mm 的墙体上，施工缝防水的构造形式主要有设置 BW 遇水膨胀橡胶止水条和中埋钢板止水带两种。设置 BW 止水条是近年发展起来的一种新工艺，主要有操作简单、施工速度快等优点。但由于现场施工条件复杂，其可靠性及止水效果往往不及传统的钢板止水带。墙体水平施工缝在浇筑混凝土前，其表面浮浆和松散混凝土必须清除干净，然后再铺 30～50mm 厚 1:1 水泥砂浆。铺设水泥砂浆的铺浆长度要适应混凝土的浇筑速度，不宜过长或者间断漏铺。混凝土砂浆在墙体中的卸料高度＞3m 时，可根据墙体厚度选用柔性流管浇筑，避免混凝土出现离析现象。

2）变形缝的施工。为避免止水带局部出现卷边或接头粘接不牢，在施工中应采取以下几项措施：

① 止水带选购长度应满足底板加两侧墙板的长度尺寸，如长度不能满足要求而需接长时，可采用胶粘剂粘结，并用木制的夹具夹紧，最好采用热挤压粘结方法，以保证粘结效果。

② 止水带安装过程中，不应有金属一类的硬物损伤止水带。

③ 浇筑混凝土时，应先将底板处的止水带下侧混凝土振捣密实，并密切注意止水带有无上翘、位移现象，使止水带始终居于中间位置。

④ 变形缝中填塞的衬垫材料应用聚苯乙烯泡沫塑料板或沥青浸泡过的木丝板。

3）渗漏常出现在后浇带两侧混凝土的接缝处。后浇带施工时间宜在两侧混凝土成型 6 周后、混凝土收缩变形基本完成后再进行，或根据两侧沉降基本一致、上部结构荷载增加、下部结构混凝土浇筑后的延续时间来确定。施工前，应将接缝面用钢丝刷认真清理，最好用錾子凿去表面砂浆层，使其完全露出新鲜混凝土面再浇筑。施工时可根据混凝土浇筑的速度在接缝面上再涂刷一遍素水泥浆。后浇带混凝土中还可掺入 15％的 U 形膨胀剂，在混凝土硬化时起收缩补偿作用。混凝土浇筑应采用二次振捣法，以提高密实性和界面的结合力，设计中往往会对该部位配筋进行加强，针对配筋较密的特点，后浇带宜采用 T 形，以方便拆除模板。支设吊模时支撑模板的钢筋必须从中间截断，以免该钢筋成为渗水通道。

4）钢筋绑扎须注意将撑环、撑角设置在双排钢筋之间，并加设保护层垫块。撑环或撑角的每一端应有不少于 2 道绑扎，宜采取焊接的方法固定在钢筋上。

5）穿墙螺栓或穿墙管，要焊接止水环，加强对止水环焊缝的检查，遇较大的方形套管，管子的底部常因无法振捣而出现空洞蜂窝现象，可在止水环两侧分别开出直径不小于振捣棒直径的洞口，将振捣棒插入套管下部混凝土中振捣，同时排出气体，从而保证混凝土的密实性。

6）《地下工程防水技术规范》GB 50108—2008 中增加了桩头部分应做防水的条文，并给出了效果较好的几种做法，在实际施工中可根据实际情况选用其中的一种。

（4）混凝土的拆模时间及拆模后的养护

防水混凝土宜延长带模养护时间，拆模后的竖向构件，如地下室侧壁等，应采用涂刷混凝土保护剂的方法进行养护。规范规定，有防水要求的混凝土养护时间不得少于 14d，建筑物底板往往是大体积混凝土，因此必须根据施工季节及现场的施工条件制订合理的养护方案，使混凝土中心温度与表面温度的差值、混凝土表面温度与大气温度的差值均不大于 25℃。减小温度裂缝的发生，对混凝土的抗渗能力有重要意义。

2. 设防高度的确定

土的设防高度应根据地下水情况和建筑物周围土的情况确定，见表 7-4。

土的设防高度　　　　　　　　　　　　　　　　　　　　表 7-4

土的性质	地下水情况	设防高度
强透水性地基,渗透系数每昼夜>1m 及有裂隙的坚硬岩石层	潜水水位较高,建筑物在潜水水位以下	设在毛细管带区,即取潜水水位以上 1m
	潜水水位较低,建筑物在潜水水位以上	毛细管带区以上放置防潮层
弱透水性地基,渗透系数每昼夜<0.001m 的黏土、重黏土及密实的块状坚硬岩石	有潜水或滞水	防水高度设至地面
一般透水性地基,渗透系数每昼夜 1～0.001m,如黏土、矿质粉土及裂隙小的坚硬岩石层	有潜水或滞水	防水高度设至地面

7.3.2　防水卷材

1. 施工方法的选择

卷材防水层一般设置在建筑结构的外侧，称为外防水。地下工程卷材外防水的铺贴按其保护墙施工先后顺序及卷材设置方法可分为外防外贴法和外防内贴法，如图 7-1 和图 7-2 所示。

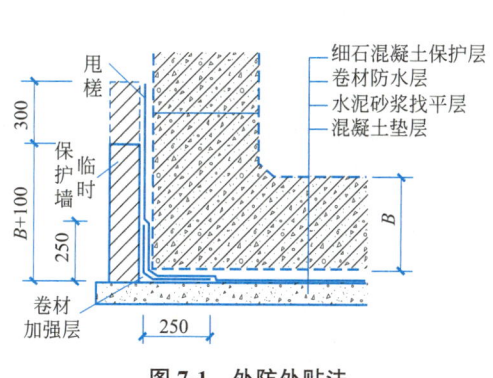

图 7-1　外防外贴法

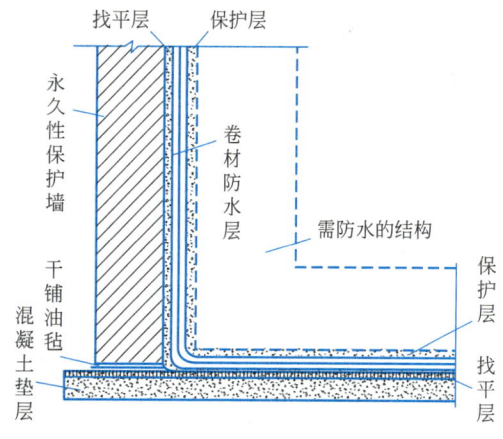

图 7-2　外防内贴法

采用外防外贴法铺贴时，需注意以下问题：

（1）应先铺平面，后铺立面，交接处应交叉搭接。接缝应留在底平面上距立面不小于

600mm处。在所有转角处，均应铺贴附加层，附加层可用两层同类的油毡或一层抗拉强度较高的卷材，附加层应按加固处的形状仔细粘贴紧密。

（2）临时性保护墙宜采用石灰砂浆砌筑，内表面宜做找平层。

（3）从底面折向立面的卷材与永久性保护墙的接触部位，应采用空铺法施工；卷材与临时性保护墙或围护结构模板的接触部位，应将卷材临时贴附在该墙上或模板上，并将顶部临时固定。

（4）当不设保护墙时，从底面折向立面的卷材接槎部位应采取可靠的保护措施。

（5）混凝土结构完成，铺贴立面卷材时，应先将接槎部位的各层卷材揭开，并将其表面清理干净，如卷材有局部损伤，应及时修补；卷材接槎的搭接长度，高聚物改性沥青类卷材应为150mm，合成高分子类卷材应为100mm；当使用两层卷材时，卷材应错槎接缝，上层卷材应盖过下层卷材。

卷材防水层接槎构造，如图7-3所示。

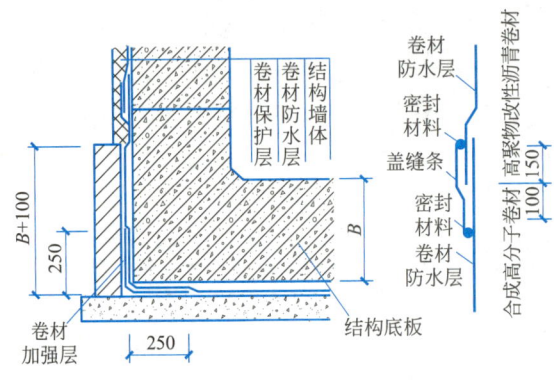

图7-3　卷材防水层接槎构造

采用外防内贴法铺贴时，需注意以下两点：

① 混凝土结构的保护墙内表面应抹厚度为20mm的1：3水泥砂浆找平层，然后铺贴卷材。

② 卷材宜先铺立面，后铺平面；铺贴立面时，应先铺转角，后铺大面。

外防外贴法施工的卷材防水层直接粘结在混凝土的外表面，与混凝土结构合为一体，受结构沉降变化影响小，浇捣混凝土时不易破坏防水层；可以通过漏水试验检查混凝土结构和卷材防水层的质量，发现问题及时修补，因此一般采用外防外贴法。

2. 卷材铺贴方法选择

针对不同材料各自的特性，常用卷材的铺贴方法见表7-5。

常用卷材的铺贴方法　　　　　　　　　　　　　　　　　　　表7-5

卷材名称	施工方法	施工注意事项	搭接宽度/mm
弹性体改性沥青防水卷材	热熔法	加热均匀，不得加热不足或烧穿卷材，搭接缝部位应溢出热熔的改性沥青	100
改性沥青聚乙烯胎防水卷材	热熔法	同上	100

续表

卷材名称	施工方法	施工注意事项	搭接宽度/mm
自粘聚合物改性沥青防水卷材（具有自黏性能）	冷粘法	1. 基层表面应平整、干净、干燥、无尖锐突起物或空隙 2. 排除卷材下面的空气，应辊压粘结牢固，卷材表面不得有扭曲、皱折和起泡现象。 3. 立面卷材铺贴完成后，应将卷材端头固定或嵌入墙体顶部的凹槽内，并应用密封材料封严。 4. 低温施工，宜对卷材和基面适当加热，然后铺贴卷材	80
三元乙丙橡胶防水卷材	冷粘法	1. 基底胶粘剂应涂刷均匀，不应露底、堆积。 2. 胶粘剂涂刷与卷材铺贴的间隔时间应根据胶粘剂的性能控制。 3. 铺贴卷材时，应辊压粘贴牢固。 4. 搭接部位的粘合面应清理干净，并应采用接缝专用胶粘剂或胶粘带粘结	100/60 （胶粘剂/胶粘带）
聚氯乙烯防水卷材	焊接法	1. 单焊缝：搭接宽度 60mm，有效搭接宽度不宜小于 30mm。 2. 双焊缝：搭接宽度 80mm，中间宜留设 10～20mm 的空腔，有效焊接宽度不宜小于 10mm。 3. 先焊长边搭接缝，后焊短边搭接缝	100（胶粘剂） 60/80 （单焊缝/双焊缝）
聚乙烯丙纶复合防水卷材	满粘法	1. 采用配套的聚合物水泥防水粘结材料。 2. 满粘法施工时，粘结面积不应小于 90%，刮涂粘结料应均匀，不应露底、堆积。 3. 固化后的粘结料厚度不应小于 1.3mm。 4. 施工后的防水层应及时做保护层	100（粘结料）
高分子自粘胶膜防水卷材	预铺反粘法	1. 宜单层铺设。 2. 在潮湿基面铺设时，基面应平整坚固、无明显积水。 3. 卷材长边应采用自粘边搭接，短边应采用胶粘带搭接，卷材端部搭接区应相互错开。 4. 立面施工时，在自粘边位置距离卷材边缘 10～20mm 内，应每隔 400～600mm 进行机械固定，并应保证固定位置被卷材完全覆盖。 5. 浇筑结构混凝土时不得损伤防水层	70/80 （自粘胶/胶粘带）

3. 施工步骤

（1）基层处理及要求

1）基层必须牢固，无松动现象。

2）基层表面应平整，其平整度为：用 2m 直尺检查，基层与直尺间的最大空隙不应超过 5mm，空隙应平缓变化，每米长度不得多于 1 处。

3）找平层以 1:3（体积比）水泥砂浆抹平压实，使其与基层粘结牢固，不空鼓，不起砂掉灰尘，若基层为整体混凝土时，找平层厚度为 15～20mm。

4）防水卷材施工前，基面应保持坚实、平整、清洁，阴阳角处做圆弧或折角，并应涂刷基层处理剂；当基面潮湿时，应涂刷湿固化型胶粘剂或潮湿界面隔离剂。基层处理剂应与卷材及其粘结材料的材性相容，基层处理剂喷涂或刷涂应均匀一致，不应露底，表面干燥后方可铺贴卷材。

7.4
隧道工程的
防水

（2）细部构造增强处理

在转角部位、变形缝部位、后浇带部位、桩头、凹槽等需要事先做增强处理的部位，要铺贴与卷材相同的附加层。合成高分子防水卷材接缝处应做附加补强处理。

（3）铺贴卷材

地下工程防水多采用外防外贴的施工方法，其施工顺序是：首先在抹好水泥砂浆找平层的混凝土垫层四周砌筑永久性保护墙，其高度约为需防水结构厚度加上 500mm，其下部应干铺一层油毡隔离层，其上部再用石灰砂浆砌筑临时性保护墙，以便以后拆除。

（4）保护层施工

防水层铺贴完成经检查合格后，应立即进行保护层施工。

1）顶板卷材防水层上的细石混凝土保护层，采用机械碾压回填土时，保护层厚度不宜小于 70mm；采用人工回填土时，保护层厚度不宜小于 50mm；防水层与保护层之间宜设置隔离层。

2）底板卷材防水层上的细石混凝土保护层厚度不应小于 50mm。

3）侧墙卷材防水层宜采用软质保护材料或铺抹 20mm 厚 1：2.5 水泥砂浆层。冷却后，随即铺抹一层 10～20mm 厚的 1：3 水泥砂浆。

（5）砌筑保护墙

为压紧和保护外部防水层，应在防水层抹完保护层后，再砌筑保护墙。完工后，按设计要求及时进行基坑的回填土施工。

7.3.3　防水涂料

1. 施工方法的选择

当施工场地宽敞时，可采用外防外涂的施工做法；当施工场地狭窄时，可采用外防内涂的施工做法。

无机防水涂料基层表面应干净、平整、无浮浆和明显积水。有机防水涂料基层表面应基本干燥，不应有气孔、凹凸不平、蜂窝麻面等缺陷，施工前，基层阴阳角应做成圆弧形，阴角直径宜大于 50mm，阳角直径宜大于 10mm，在底板转角部位应增加胎体增强材料，并应增涂防水材料。

2. 涂料防水层的施工相关规定

（1）涂料涂刷前应先在基面上涂一层与涂料相容的基层处理剂。

（2）涂膜应多遍完成，每遍涂层干燥成膜后再进行下一遍。但两涂层施工间隔时间不应过长，否则，会形成分层。

（3）每遍涂刷时应交替改变涂层的涂刷方向，同层涂膜的先后搭槎宽度宜为 30～50mm。

（4）涂料防水层的施工缝应注意保护，搭接缝宽度应大于 100mm，接涂前应将其甩槎表面处理干净。

（5）涂刷应先做转角处，穿墙管道，变形缝等部位的涂料加强层，后进行大面积涂刷。

（6）涂料防水层中铺贴的胎体增强材料，同层相邻的搭接宽度应大于 100mm，上下层接缝应错开 1/3 幅宽，涂刷的防水涂料固化后应形成符合规定厚度的涂膜，如果涂膜厚度太薄就起不到防水作用，很难达到合理使用年限的要求。

课后练习

资源名称	项目 7　课后练习	项目 7　课后练习答案
资源类型	文档	文档
资源二维码		

地下工程施工监测

1. 知识目标

了解地下工程施工监测的目的和国内外现状，理解各种监测仪器和传感器的作用和适用情况，掌握地下工程各种监测项目的内容以及标准和要求。

2. 能力目标

能够有效地应用所学知识，分析确定不同场景下适用的监测设备、监测内容以及监测要求，具备进行地下工程施工监测的能力。

3. 素质目标

培养学生的安全意识、匠人精神、职业道德以及培养学生树立正确的价值观等。

任务 8.1　地下工程施工监测的意义及内容

8.1.1　监测的目的

在岩土体中修建地下工程时，由于对地下工程设计合理性进行的理论分析需要涉及众多的技术问题，一般比较困难，其主要原因是：①地层和地质条件的复杂多样性；②岩土物理力学参数的离散性；③施工过程的复杂性；④围岩与支护结构相互作用的复杂性。因此，所确定的结构设计和施工方法均只是一个预设计。特别对于城市地下工程而言，其周围的环境一般比较复杂，因此有必要通过信息化施工及时了解施工过程中围岩与支护结构的工作状态，并及时反馈到设计与施工中去，及时、合理地调整设计参数和施工方法，确保地下工程施工和周围建（构）筑物安全。作为信息化设计与施工的最基础工作，现场监测就显得非常重要。地下工程监测的主要目的如下：

8.1
地下工程施
工监测的意
义及内容

1. 通过监测了解地层在施工过程中的动态变化。明确工程施工对地层的影响程度及可能产生失稳的薄弱环节。

2. 通过监测了解支护结构及周边建（构）筑物的变形及受力状况，并对其安全稳定性进行评价。

3. 通过监测了解施工方法的实际效果，并对其进行适用性评价。及时反馈信息，调整相应的开挖、支护参数。

4. 通过监测，收集数据，为以后的工程设计、施工及规范修订提供参考和积累经验。

8.1.2　监测的意义

1. 为了解决城市地下空间开发所带来的各种安全问题，运用地下工程施工监测技术，准确了解施工过程中地下空间结构的力学性质和状态，避免施工过程中可能发生的地质灾害和工程事故。

2. 施工监测可以实现不同施工方法的不同力学响应，并及时预测地层变形的发展，反馈施工，控制地下工程施工对环境的影响程度。

8.1.3　监测的国内外现状

近年来，我国相继颁布实施的有关地下工程设计和施工的规程和规范都对监测作了具体规定，监测是地下工程施工中必不可少的组成部分。其应贯穿地下工程设计、施工和运营的全过程。地层力学参数的不确定性和离散性及施工过程的复杂性以及不可预见性使地下工程设计和施工中，难免出现与实际地层条件不相符合的情况，需要在施工过程中通过监测信息的反馈来修正设计和指导施工。

20 世纪 60 年代，奥地利学者和工程师总结出了以尽可能不恶化地层中应力分布为前提，在施工过程中密切监测地层及结构的变形和应力，及时优化支护参数，以便最大限度地发挥地层自承能力的新奥法施工技术。经过长期的实践发现，地下工程周边位移和浅埋地下工程的地表沉降是围岩与支护结构系统力学形态最直接、最明显的反应，是可以监测并控制的。因此普遍认为地下工程周边位移和浅埋地下工程的地表沉降监测最具有价值，既可全面了解地下工程施工过程中的围岩与结构及地层的动态变化，又具有易于观测和控制的特点，并可通过工程类比总结经验，建立围岩与支护结构的稳定判别标准。基于以上认识，我国现行规范中的围岩与结构稳定的判据都是以周边允许收敛值和允许收敛速度等形式给出的，并作为评价施工、判断地下工程稳定性的主要依据。监测以位移监测（A项）为主，应力、应变监测（B项）等为辅。

此外，城市地下工程无论采用何种施工方法都借鉴了新奥法有关信息化设计与施工的理念，在实施过程中不仅要考虑地下工程结构的稳定，而且还要考虑地下工程施工对周围环境的影响，因此城市地下工程的监测内容还包括以下三类：

1. 结构变形和应力、应变监测。

2. 结构与周围地层即围岩与结构之间的相互作用。

3. 与结构相邻的周边环境的安全监测。

目前，在地下工程设计中，都有较完善的监测设计，包括监测管理、监测方法及监测设备等，但在实施过程中仍然存在很多问题。由于监测与信息反馈技术对技术人员专业水平要求较高，因此国内外在监测管理方面开始走专业化的道路，将监测作为一个独立的工序从工程项目中分离出来，由有资质的专业队伍来实施，以保证监测的客观性与公正性。目前，在地下工程建设中，开始引入了第三方监测。监测方受业主委托，对地下工程施工影响范围内的建筑物、地下管线、地下水位等进行监测，其目的主要有以下两个方面：

1. 对施工单位的监测进行复核，以便对环境的影响进行客观、公正的评估，提供给业主或主管部门作为施工决策的依据。

2. 当发生重大环境安全事故时，监测结果是判定责任的主要依据。因此在地下工程建设中开展第三方监测具有重要意义。

随着地下工程施工技术的发展，地下工程安全监测技术的发展也非常迅速。主要表现为监测方法的自动化和数据处理的软件化。监测设备及传感器不断发展与完善，监测技术向系统化、远程化、自动化方面发展，从而实现实时数据采集、数据分析，监测精度不断提高，数据分析与反馈更具有时效性，如远程监测系统等。目前发展的远程监测系统主要有：①近景摄影测量系统；②多通道无线遥测系统；③光纤监测技术；④非接触监测系统；⑤电容感应式静力水准仪系统；⑥巴赛特结构收敛系统；⑦轨道变形监测系统。

8.1.4　监测中存在的问题

目前国内监测与信息反馈技术在应用过程中主要存在以下几个方面的问题：

1. 部分工程未把监测与信息反馈作为重要工序纳入施工组织设计中，有的虽然作为工序编入，但实施不规范、不彻底，应用效果较差。

2. 施工技术人员没能真正领会和掌握信息化设计与施工技术，实施过程中缺少专业人员。特别是在信息反馈方面有所欠缺，很少能结合施工情况对监测信息进行合理分析，进而对工程设计和施工起到指导作用。

3. 缺乏施工对环境影响的评估标准，因此有必要就地下工程施工对周围环境影响的评估程序、评估方法以及控制标准进行研究。

4. 在部分地下工程施工中引入了第三方监测，这对确保工程建设的安全和质量、促进监测技术健康发展均具有一定的积极意义，但还要在实施过程中不断规范监测组织、完善监测与反馈的实施技术。

8.1.5　监测的内容

地下工程施工监测项目与内容一般包括地表沉降、周围建构筑物变形、管线沉降、基坑围护结构倾斜变形、隧道拱顶沉降与收敛变形、隆起变形等。

任务 8.2　地下工程的监测仪器和传感器

8.2.1　监测仪器

在地下工程施工监测中，需要监测的物理量主要有位移、应变、压力、应力和温度等。

1. 用于地下工程监测的仪器

（1）用于地下结构和岩土体宏观位移的监测仪器主要有经纬仪、水准仪、全站仪、收敛计、测斜仪、分层沉降仪、位移计、裂缝观测仪、建筑物倾斜仪等。

（2）用于地下结构和围岩压力、应力、应变的监测仪器，主要有电阻应变仪、振弦式频率接收仪等。

（3）用于地下水参数的监测仪器，主要有水位计和渗水压力计。

（4）用于其他参数监测的仪器，如监测爆破振动参数的爆破振动监测仪、探测地下管线位置的探测仪等。

在实际工作中，可根据监测项目和精度的要求，按照经济、安全、适用和耐久等因素来选择合适的监测仪器。不同型号的监测仪器和仪表的使用说明以及主要技术参数和指标可详见由生产商提供的使用说明书。

2. 经纬仪

经纬仪（Theodolite）是一种精密的光学仪器，它可以精密地测定水平角度、垂直角度及距离。一般现场采用国产的 DJ6 系列经纬仪或 Leica T2 经纬仪，如图 8-1 所示。

在监测过程中，经纬仪用来建立平面控制网，可以监测以下几个项目：

（1）浅埋地表和基坑围护结构及支撑系统的水平位移。

（2）道路、管线的水平位移。

（3）地下工程施工引起的周围建筑物的水平位移和倾斜。

（4）测斜管管口的水平位移。

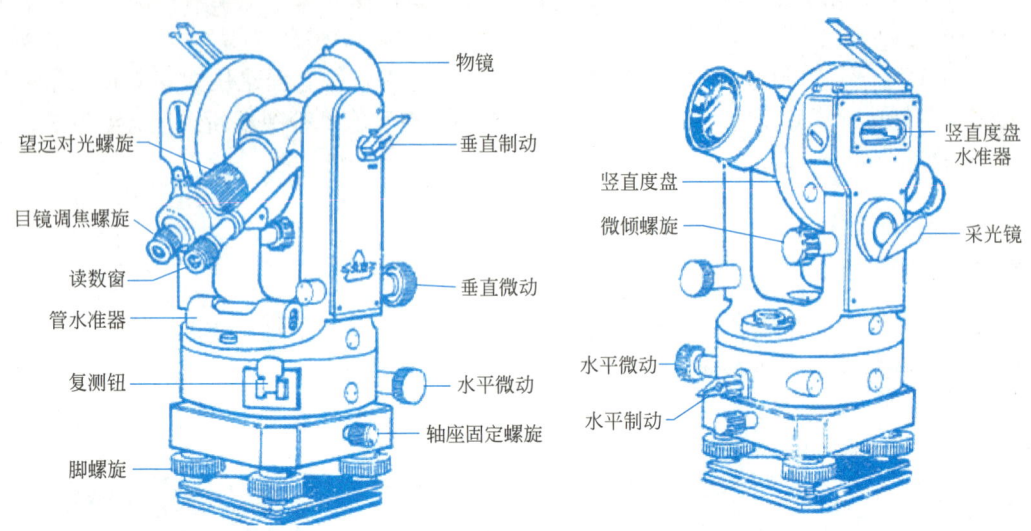

图 8-1　经纬仪

3. 水准仪

水准仪（Level Gauge/Gradienter）是能提供水平视线，用以测量各测点之间高差的光学仪器。水准仪实物如图 8-2 所示。

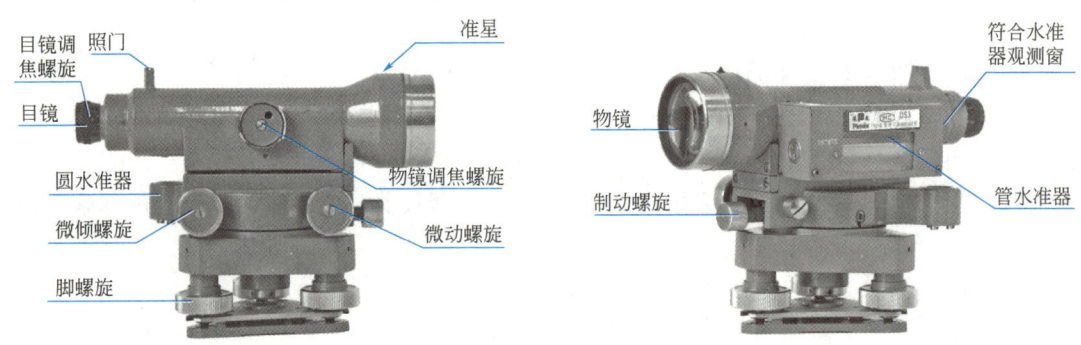

图 8-2　水准仪

在监测工作中，水准仪可用来建立沉降控制监测网。主要监测项目如下：

（1）浅埋地面和基坑围护结构及支撑立柱的沉降。

（2）地表管线的沉降。

（3）由于地下工程施工引起的周围建（构）筑物及周围地表的沉降。

（4）分层沉降管管口的沉降。

实际工程中一般采用瑞士 WILDLeico 公司的 NA2002、N3 或苏州第一光学仪器厂生产的带有附件测微器的 DSZ2 水准仪。

4. 全站仪

全站仪，即全站型电子速测仪（Electronic Total Station），是一种集光、机、电为一体的高技术测量仪器，是集水平角、垂直角、距离（斜距、平距）、高差测量功能于一体的测绘仪器系统。因其一次安置仪器就可完成该测站上的全部测量工作，所以称之为全站仪，如图 8-3 所示。其广泛用于地上大型建筑和地下工程施工等精密工程测量或变形监测领域。在监测过程中可用来建立平面控制网，测量项目基本与经纬仪相同，也可用于沉降监测。

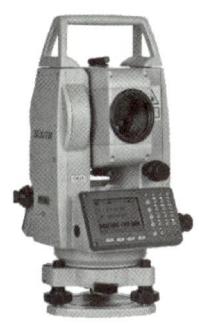

图 8-3　全站仪

全站仪可用于地下工程的主要监测项目如下：

（1）基坑围护结构周边及支撑系统的水平位移。

（2）地表、管线的水平位移。

（3）由于地下工程施工引起的周围建筑物的水平位移、倾斜与沉降。

（4）测斜管管口的水平位移与沉降。

（5）地下工程拱顶下沉与收敛。

（6）盾构隧道管片水平位移与沉降。

新近发展起来的全站仪除具有经纬仪及测距仪的技术性能，而且配机载软件，测量操作更方便、直观。根据测量项目的不同要求可选择测量程序，以直接测监测点的坐标和距离。

5. 收敛计

收敛计（Convergence Gauge/Tape Extensometer）是用于测量和监控暗挖隧道周边变形的主要仪器。由连接转向、测力弹簧、测距装置三部分组成，如图 8-4 所示。

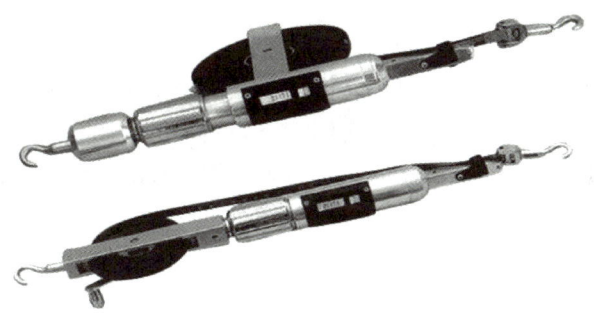

图 8-4　收敛计

（1）连接转向，是由微轴承实现的，可实现空间的任意方向转动。

（2）测力弹簧，用来标定钢尺张力，从而提高读数的精度。

（3）测距装置，是由钢尺与测微千分尺组成的。钢尺用于测量大于 25mm 的距离。钢尺上每间隔 25mm 设有一定孔位，螺旋千分尺最小的读数为 0.01mm。测量时，收敛计悬挂于两测点之间，旋紧千分尺，使钢尺张力增大，直至达到规定的张力时，即可进行读数。

6. 测斜仪

测斜仪（Clinometer）是一种能有效且精确地测量土体内部水平位移或变形的工程监

测仪器。应用其工作原理同样可以监测临时或永久性地下结构（如桩、连续墙、沉井等）的水平位移。测斜仪分为固定式和活动式两种。固定式是将测头固定埋设在结构物内部的固定点上；活动式即先埋设带导槽的测斜管，间隔一定时间将测头放入管内沿导槽滑动，测定斜度变化，计算水平位移。活动式测斜仪按测头传感器不同可细划分为滑动电阻式、电阻应变片式、钢弦式及伺服加速度计式四种。滑动电阻式测斜仪的特点是测头坚固可靠，缺点是测量精度不高，其性能受电位计分辨力的影响和限制。电阻应变片式测斜仪的优点是产品价格便宜，缺点是量程有限，耐用时间不长；钢弦式的特点是受湿度、温度和外界环境的干扰影响较小；伺服加速度计式测斜仪具有精度高、量程大和可靠性好等优点。

测斜仪由以下四大部分组成，其外观如图 8-5 所示。

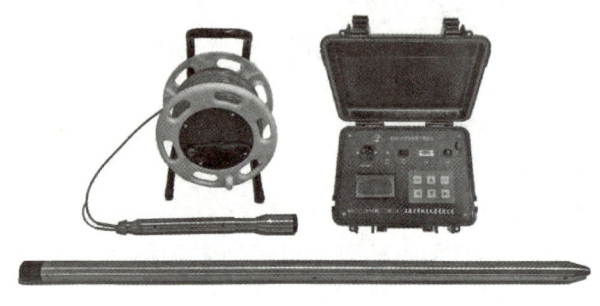

图 8-5　测斜仪

（1）装有重力式测斜传感器的测头。

（2）测读仪。测读仪是二次仪表，需要与测头配套使用，其测量范围、精度和灵敏度可根据工程需要而定。

（3）电缆。连接测头和测读仪的电缆主要有以下作用，即向测头供给电源，给测读仪传递监测信号，测量测头所在测点处距孔口的距离，作为下放和提升测头的绳索。

（4）测斜管。测斜管一般由塑料管或铝合金管制成。常用直径为 50～75mm，长度每节 2～4m。管口接头有固定式和伸缩式两种，测斜管内有两对相互垂直的纵向导槽。测量时，测头导轮在其中一对导槽内可上下自由滑动。

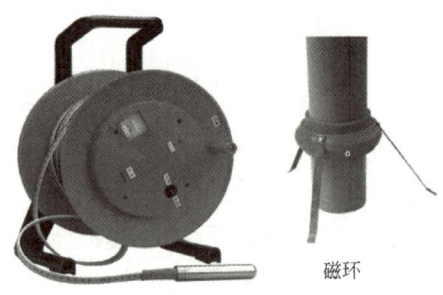

磁环

图 8-6　分层沉降仪

7. 分层沉降仪

分层沉降仪（Layered Settlement Instrument）是通过电感探测装置，根据电磁频率的变化来观测埋设在土体不同深度内的钢环，即磁环的确切位置，再由其所在位置深度的变化计算出地层不同高程处的沉降变化，其外观如图 8-6 所示。

分层沉降仪可用来监测由开挖、打桩等地下工程引起的周围深层土体的垂直位移，如沉降或隆起。土体分层沉降仪由两大部分组成：

（1）地表接收仪器，即钢尺沉降仪，包括测头、测量电缆、接收系统和绕线盘。

（2）地下埋入的部分，包括分层沉降管、接头、封盖及沉降磁环，分层沉降管通常由波纹状软塑料管或 PVC 硬管制成。

8. 多点位移计

多点位移计（Multipoint Displacement Meter）主要用于地下工程围岩表面和围岩内部位移观测、地表和地中沉降观测以及结构物的位移观测。多点位移计有单点锚杆式位移计、机械式多点钻孔位移计、杆式多点位移计等。其工作原理是当被测结构物发生变形时将会通过多点位移计的锚头带动测杆，测杆拉动位移计产生位移变形，变形传递给振弦式位移计转变成振弦应力的变化，从而改变振弦的振动频率。电磁线圈激振振弦并测量其振动频率，频率信号经电缆传输至读数装置，即可计算出被测结构物的变形量；并可同步测量埋设点的温度值，如图 8-7 所示。

9. 水位计

水位计（Nilometer）是观测地下水位变化的仪器。它可用来监测由降水、开挖以及其他地下工程施工作业所引起的地下水位的变化。水位计是由地表接收仪器即钢尺水位计和地下埋入部分，即水位管组成，如图 8-8 所示。

图 8-7　多点位移计

图 8-8　水位计

（1）测头部分。其外壳由有色金属轧制而成，内部安装了水阻接触点，当触点接触水面时接收系统发出信号。

（2）水位管。由 PVC 工程塑料制成，包括主管和连接管及封盖。主管内径 45mm，外径 53mm。主管上打有四排 ϕ7mm 的孔，连接管内径 53mm，外径 63mm。连接管套于两节主管的接头处，起着连接、固定作用，埋设时应在主管外包上土工布，起到滤层的作用。其余钢尺电缆、接收系统、绕线架等部分的结构同分层沉降仪。

10. 电阻应变仪

电阻应变仪（Strain Indicator）是用来测读电阻应变片应变值的二次仪表。在工程监测中，它有着广泛的用途，配用相应的监测传感器可以通过测读到应变值，计算出应力、应变、温度等多种非电量的变化。应变仪一般配有多路平衡箱，平衡箱还可多只连接使用以便多点测量时的测点切换，电阻应变仪，如图 8-9 所示。

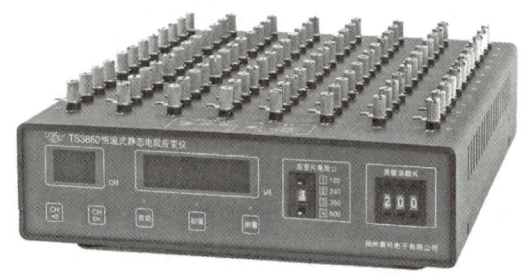

图 8-9　电阻应变仪

近年发展起来的智能应变仪除了包括一般静态应变仪所有的功能，还集应变测量和应力分析于一体，并具有条件测量、定时测量、连续测量等功能，具有与微机联机的标准接口，可根据特殊的使用要求进行功能扩展。智能应变仪在应力、应变分析方面，特别是多点测量、数据处理方面具有很大的优势。

11. 振弦式频率接收仪

振弦频率接收仪（Cymometer）是用来测读钢弦式传感器中钢弦振动频率值的二次仪表。用测定钢弦式传感器中钢弦振动周期的方法提高测量精度，实现晶体数字化。该仪器采用了可控硅元接触点开关激发器，具有防外界干扰的特点。近期更是采用单片计算机技术，数字的测量精度达±0.008Hz，仪器可选择手动单次测量和连续测量。采用连续测量时，一次可自动巡测16个测点，仪器的记忆存储功能可使320个点（16×20组）的测量数据掉电保存50年不消失。采用专用电缆微机通信，由软件进行数据分析处理。振弦式频率仪，如图8-10所示。

12. 爆破振动监测仪

爆破振动监测仪（Vibration Monitor）主要用于监测爆破引起的对周围环境和建筑物的振动影响，其包括振动速度、位移和加速度等参数的监测。一般常用爆破振动速度来衡量。其一般有数字记录和磁带记录两种，常用数字记录仪，如图8-11所示。

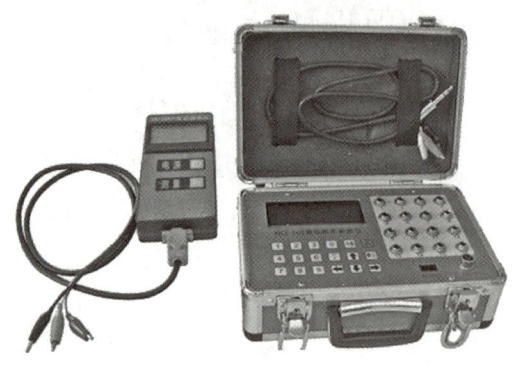

图 8-10　振弦式频率仪

图 8-11　爆破振动监测仪

8.2.2　监测传感器

监测传感器是地下工程施工前或施工过程中直接埋设在地层及结构物中，用以监测其在施工阶段受力和变形的传感器。按照它们的工作原理可分成差动电阻式（或称卡尔逊式）、钢弦式、电阻应变式、电感式等多种。目前地下工程中使用较多的是钢弦式和电阻应变片式传感器。

地下工程施工过程的应力、应变观测包括混凝土应力观测、土压力观测、孔隙水压力观测、钢筋应力观测、岩土体应力或地应力及岩土工程的荷载或集中力的观测等。混凝土应力分布是通过观测应变计的应变而采用计算方法得到的。为了校核应变计的计算成果，有时通过埋设应力计来测量基础的垂直应力与之比较，当然这种应力计只能测量压应力。

土压力的观测对研究土体内各点应力状态的变化是非常重要的。观测的仪器有边界式土压力计和埋入式土压力计两类。土压力计测得的土压力均为总压力，如果要求得到土体有效应力，在埋设土压力计的同时还应该埋设孔隙水压力计。

孔隙水压力计又叫渗压计，可以了解土体孔隙水压力及其压力分布和消散的过程。

1. 钢筋计

钢筋计又称钢筋应力计（Stress Gauge），用于测量钢筋混凝土内的钢筋应力。钢筋计与受力主筋一般通过连杆电焊的方式连接，容易产生电焊高温，会对传感器产生不利影响以及带来偏心问题。所以，在实际操作时应保证钢筋计两端的连杆有足够长度的焊接段。有条件时应先将连杆与受力钢筋碰焊对接，再旋上应力计。为了方便现场的施工，还可以采用定位杆，连接螺母装置，首先将连接螺母与受力钢筋碰焊对接，然后旋入定位计，并将该钢筋按其位置绑扎在钢筋笼上。最后在下钢筋笼或浇筑混凝土前，用钢筋计换下定位杆，可以有效地保证钢筋计的安装质量。

根据其内部结构不同，钢筋计主要有钢弦式、差动电阻式和电阻应变片式三类。接收仪表分别为频率仪和电阻应变仪。常用的钢筋计有钢弦式、差动电阻式。钢弦式钢筋应力计，如图 8-12 所示。

2. 土压力计

土压力监测是土力学理论与实验研究的一个重要方面，是地下工程监测的重要内容。土压力计又称土压力盒（Pressure Cell），按埋入方式分为埋入式和边界式两种。土压力计可适用于长期测量土石坝、土堤、边坡、路基、围岩内部和支护与围岩接触部位等的土体压应力。当被测结构物内土应力发生变化时，土压力计感应板同步感受应力的变化，感应板将会产生变形，变形传递给振弦转变成振弦应力的变化，从而改变振弦的振动频率。电磁线圈激振振弦并测量其振动频率，频率信号经电缆传输至读数装置，即可测出被测结构物的压应力值，同时可同步测出埋设点的温度值。

土压力盒是置于土体与结构界面上或埋设在自由土体中，用于测量土体对结构的土压力及地层中土压力变化的测量传感器。土压力盒，如图 8-13 所示。

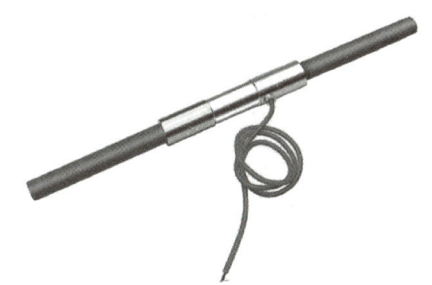

图 8-12　钢弦式钢筋应力计

图 8-13　土压力盒

根据其内部结构的不同，土压力盒有钢弦式、差动电阻式、电阻应变式等多种。土压力盒又可分为单膜和双膜两类。单膜式土压力盒受接触介质的影响较大，而使用前的标定要与实际土体一致，往往不宜做到，因而测试误差较大，一般仅用于测量界面土压力。目前采用较多的是双膜式土压力盒，其对各种介质具有较强的适应性，因此多用于测量土体内部的土压力。

3. 孔隙水压力计

孔隙水压力计，又称渗压计（Pore Pressure Cell），是用于测量由于打桩、基坑开挖、地下工程开挖等作业扰动土体而引起的孔隙水压变化的测量传感器，如图 8-14 所示。

孔隙水压力计由金属壳体和透水石组成，孔隙水渗入透水石并作用于传感器上。根据其工作原理，一般分为竖管式、水管式、气压式和电测式四类，其中电测式根据传感器的不同又可分为差动电阻式、钢弦式、电阻应变式和压阻式。目前，国内一般常采用差动电阻式、钢弦式两类。

4. 轴力计

在地下工程中，轴力计（Ergometer）主要用于测量钢支撑的轴力、基础对上部结构的反力及静压桩试验时的加载控制。轴力计的外壳是一个经过热处理的高强度钢筒，如图 8-15 所示。

在筒的周边设有 3～6 个应变计，用来测读作用在钢筒上的荷载。这种轴力计可精确测出偏心荷载。如果把各应变计的读数相加后取平均值，即可得到轴力值。轴力计一般采用 6 芯，即三个传感器的屏蔽电缆。根据测量原理不同，轴力计可分为钢弦式和电阻应变式，与其配套使用频率计和电阻应变仪进行测读。

5. 混凝土应力计

混凝土应力计（Stress Gage）埋设在混凝土结构物内，直接测量混凝土内部压应力，并可同时兼顾测量埋设点的温度，如图 8-16 所示。

图 8-14 孔隙水压力计　　　　图 8-15 轴力计　　　　图 8-16 混凝土应力计

混凝土应力计由感应板组件和差动电阻式传感部件组成。感应板组件和面板焊接而成，两板之间有 0.3mm 的空腔，其中灌满传压的特种溶液。传感器部件与差动电阻式应变计的内部结构相同。压应力计形状扁平，受压板直径 185mm，仪器厚度 12mm，直径与厚度比为 15∶1，这种形状的压应力计感受非应力应变的影响较小。其外壳刚度大，又套有橡胶套，使传感器部件中的钢丝电阻值只随感应板的变形而变化，确保其压应力能准确地变换为电阻的变化量而不受干扰。应力计安装时，应特别注意应力计的受压面板与混凝土完全接触，用应力计测量水平应力时，其受压面板垂直放置，用支架固定在测定位置。再把 8cm 以上的粗骨剔除后将混凝土振捣密实；测量垂直或倾斜方向应力时应在混凝土硬化后埋设。目前，国内一般常采用差动电阻式和钢弦式两类。

6. 应变计

应变计（Strain Gage）是用于监测结构承受荷载、温度变化而产生变形的监测传感器。与应力计所不同的是，应变计中传感器的刚度要远远小于监测对象的刚度。与传统的电阻式应变计相比，钢弦式应变计的突出优点是其输出的是频率信号，电缆最大长度可达

1.5km，可以长距离传输而不会受电缆电阻、接触电阻或电缆受潮引起的衰变影响，而且其精度、灵敏度高，长期稳定性好（图 8-17）。根据应变计的布置方式，可分为表面应变计和埋入式应变计。

图 8-17　应变计

（1）表面应变计

表面应变计主要用于钢结构表面，也可用于混凝土结构表面的应变测量。表面应变计由两块安装钢块、微振线圈和电缆组件及应变杆组成，其微振线圈可以从应变杆卸下，这样就使得传感器的安装、维护更为方便，并且可以调节测量范围即标距。安装时使用一个定位托架，用电弧焊将两端的安装钢块焊接在待测结构的表面即可。表面应变计的特点在于安装快捷，可在测试开始前进行安装，避免前期施工造成的损坏，传感器成活率高。

（2）埋入式应变计

埋入式应变计可在混凝土结构浇筑时直接埋入混凝土内部，用于地下工程的长期应变测量。埋入式应变计的两端有两个不锈钢圆盘，圆盘之间用柔性的铝合金波纹管连接，中间放置一根张拉好的钢弦，将应变计埋入混凝土内，混凝土的变形即应变使两端圆盘相对移动，这样就改变了其张力，用电磁线圈激振钢弦，通过监测钢弦的频率即可求得混凝土的变形。埋入式应变计应完全埋入混凝土内部，不受外界施工的影响，稳定性、耐久性好，使用寿命长。

7. 锚杆测力计

锚杆测力计（Bolt Dynamometer）是用于测量地下工程中的荷载或集中力的传感器，称为测力计，如图 8-18 所示。在地下工程中为了观测锚杆加固效果和荷载的形成与变化，采用锚杆测力器进行测量。根据锚杆测力计采用传感器的不同可分为差动电阻式、钢弦式和电阻应变片式测力计。

8. 爆破振动速度传感器

爆破振动监测一般采用电磁式振动速度传感器。电磁式振动速度传感器是一种惯性式传感器。当传感器随同被测振动物体一起振动时，其线圈与永久磁钢之间发生相对运动，从而在线圈中产生与振动速度成正比的电压信号，因此可以测定振动速度。电磁式振动速度传感器采用特殊的高强磁钢材料和独特的结构设计，如图 8-19 所示。其具有体积小、

图 8-18　锚杆测力计

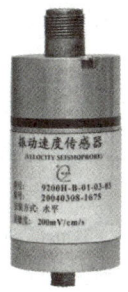

图 8-19　振动速度传感器

结实可靠、寿命长、不需要电源和润滑油、自带强力磁座，具有互换性等优点，与一般二次仪表均可配套使用。适用于机械设备振动、爆破工程的振动监测等。

任务 8.3 监测项目及内容

为分析地下工程的结构稳定性及施工对周边环境的影响，地下工程主要监测的项目可以分成三类：

1. 对支护结构的变形、应力和应变监测。
2. 对支护结构与周围地层，即围岩与结构相互作用的监测。
3. 对受地下结构施工影响的周边环境的安全监测。

确定监测内容的原则应该是简单易行、结果可靠、成本低、便于实施。此外，所选择的被测物理量要概念明确、量值显著，数据易于分析、易于实现反馈。

8.3.1 基坑工程施工监测

在深基坑开挖施工过程中，基坑内外的土体将由原来的静止土压力状态向被动或主动土压力状态转变，应力状态的改变引起围护结构承受荷载，并导致围护结构和土体的变形。围护结构的内力（围护桩和墙的内力、支撑轴力或土锚拉力等）和变形（深基坑坑内土体的隆起、基坑支护结构及其周围土体的沉降和侧向位移等）中的任一量值超过容许的范围，将造成基坑的失稳破坏或对周围环境造成不利影响。

深基坑开挖工程往往在建筑密集的市中心，施工场地四周有建筑物和地下管线，基坑开挖所引起的土体变形将在一定程度上改变这些建筑物和地下管线的正常状态。当土体变形过大时，会造成邻近结构和设施的失效或破坏。同时，基坑相邻的建筑物又相当于较重的集中荷载，基坑周围的管线常引起地表水的渗漏，这些因素又是导致土体变形加剧的原因。

现场监控量测作为信息化施工的组成部分，不仅能够及时了解地层、支护体系的受力和变形规律及周围环境变化信息，而且能够掌握地层、支护结构及周围环境的相互作用、时空效应。安全和稳定状况，有针对性地制订施工方案和应急措施，对施工过程进行有效控制和管理，防止灾害事故的发生。通过监测数据还可以判断设计方案、参数及施工方法、工艺、措施是否合理，及时优化和调整设计参数和施工方法，实现动态设计和信息化施工。此外，通过监测资料积累数据，可为类似工程提供经验和参考。

1. 基坑施工监测目的

对于深大基坑，施工过程中建立起全面、严密、完整的监测体系是十分必要的，通过监测成果反馈指导施工，不仅可保证施工和结构的安全，还可对周围环境影响进行有效控制，减少施工对周边建（构）筑物、路面及地下管线等的不利影响，确保环境安全。基坑工程监测的主要目的如下：

（1）监控施工过程中周围地层的变化情况，掌握施工中地层的变位和破坏规律，选择合理的施工方法和工艺，采取有效的措施进行控制，确保施工质量和安全。

（2）掌握支护体系的受力和变形规律，并对其合理性、安全性、稳定性和经济性进行评价，以便优化设计方案和参数。

（3）根据地质条件和施工方法，对基坑附近的建（构）筑物、地下管线及其他重要设施的影响作出定量评价，并根据其受力和变形特点，提出加固和保护方案，确保环境的安全。

（4）通过现场监测成果反馈和信息化施工，及时调整施工组织，优化资源配置，选择较佳的施工时机，达到安全、优质、高效施工的目的，并为今后类似工程提供借鉴。

（5）通过监测信息反馈，进行安全和经济评价。在确保质量和安全的前提下，降低工程成本和造价，使工程投资得到有效的控制。

2. 监测项目

基坑工程施工监测的内容主要包括三大部分，即围护结构监测、相邻环境监测及主体结构监测。围护结构监测包括对围护桩（墙）、水平支撑、围檩和圈梁、立柱、坑底土层、坑内地下水等的监测；相邻环境监测包括对相邻地层、地下管线、房屋、桥梁、轨道交通等构筑物的监测；主体结构监测主要包括对结构板、侧墙等的监测。基坑工程检测项目见表8-1。具体监测项目应根据基坑的重要性、地质条件、基坑形状和规模以及周边环境等条件来确定。

从理论上讲，凡是能够反映围岩与围护结构力学形态变化的物理量，都可以作为参数被测量。但是，要求被测的物理量既能反映土体与围护结构力学形态变化，同时在技术、经济上又容易实现。变形乃是土体和围护结构力学形态变化最直观的表现，基坑坍塌和围护结构系统的破坏都是变形发展到一定限度的必然结果，同时，变形监测具有量测结果直观、测试数据可靠及测试费用低廉的特点。因此，在选用测试项目时多以位移监测为首选项目。

基坑工程检测项目　　　　　　　　　　　　　　　表8-1

监测结构	检测对象	监测项目	监测仪器
围护结构	围护桩（墙）	桩(墙)顶水平位移与沉降	全站仪、水准仪
		桩(墙)深层水平位移	测斜仪
		桩(墙)内力	钢筋应力计、频率仪
		桩(墙)水土压力	土压力盒、孔隙水压力计、频率仪
	水平支撑	轴力	钢支撑轴力计、应变计或频率计
	圈梁	内力	钢筋应力计或应变计、频率计
	围檩	水平位移	经纬仪
	立柱	轴力	钢筋应力计或应变计、频率计
	坑底土层	隆起、下沉	水准仪或全站仪
		垂直隆起	水准仪、深层沉降标、回弹监测标
	坑内地下水	水位	水位管、水位计

续表

监测结构	检测对象	监测项目	监测仪器
相邻环境	相邻地层	地表沉降	水准仪
		分层沉降	分层沉降仪
		水平位移	测斜仪
	地下管线	垂直沉降	水准仪
		水平位移	经纬仪
	相邻房屋	垂直沉降	水准仪
		倾斜	全站仪、经纬仪
		裂缝	目测、测缝仪
		爆破振动	爆破振动监测仪
	既有线的桥梁、隧道、路基、轨道等	沉降	静力式水准系统
		水平位移	全站仪
		倾斜	静力式水准系统
		结构缝及裂缝	测缝仪
主体结构	结构板	沉降	水准仪
		内力	钢筋应力计或应变计、频率计
	侧墙	水平收敛	收敛计

3. 监测的基本要求

（1）监测工作必须是有计划的，应根据设计提出的监测要求和业主下达的监测任务书预先制订详细的基坑监测方案。计划性是监测数据完整性的保证，但计划性也必须与灵活性相结合，因为基坑工程在施工过程中会发生意想不到的情况，就应该根据变化的情况来修正原先的监测方案，但基本原则是不能变的。

（2）监测数据必须是可靠真实的，数据的可靠性由测试元件安装或埋设的可靠性、监测仪器的精度与可靠性以及监测人员操作的规范性来保证。监测数据必须以原始记录为依据，任何人不得更改、删除原始记录。

（3）监测数据必须是及时的，监测数据需在现场及时计算处理，计算有问题可及时复测、尽量做到当天报表当天出。因为基坑开挖是一个动态的施工过程，只有保证及时监测，才能有利于及时发现隐患，及时采取措施。

（4）埋设于结构中的监测元件应尽量减少对结构正常受力的影响，埋设水土压力监测元件、测斜管和分层沉降管时的回填土应注意与岩土介质的匹配，同时应做好测点的保护工作。

（5）监测中应将多种监测项目结合应用。在开挖和支撑施工过程中，基坑的力学效应是从多方面同时展现出来的，各监测项目之间存在着内在的必然联系。通过对多个项目的连续监测，可以对监测结果综合分析、互相印证，从而正确全面地把握监测结果。

（6）对重要的监测项目，应按照工程具体情况预先设定预警值和报警制度预警值应包括变形或内力的量值及其变化速率。

（7）基坑监测应整理完整的监测记录表、数据报表、形象的图表和曲线，监测结束后整理出监测报告。

4. 监测期限与频率

基坑工程施工的宗旨在于确保工程快速、安全、顺利地施工完成。为了达到这一目标，施工监测工作基本上伴随基坑开挖和地下结构施工的全过程，即从基坑开挖第一批土直至地下结构施工到±0.000高程。现场施工监测工作一般需连续开展6～8个月，基坑越大，监测期限则越长。

监测频率应根据基坑的规模、重要程度、环境条件、施工阶段等因素确定，并根据监测结果进行调整；当出现异常情况时，应适当加密。根据《建筑基坑工程监测技术标准》GB 50497—2019的有关规定，基坑监测的频率见表8-2。

基坑监测频率　　　　　　　　　　　　　　　　　　表 8-2

基坑设计安全等级	施工进程		监测频率
一级	开挖深度 h	$\leqslant H/3$	1次/(2～3)d
		$H/3\sim 2H/3$	1次/(1～2)d
		$2H/3\sim H$	(1～2)次/d
	底板浇筑后时间/d	$\leqslant 7$	1次/d
		7～14	1次/3d
		14～28	1次/5d
		＞28	1次/7d
二级	开挖深度 h	$\leqslant H/3$	1次/3d
		$H/3\sim 2H/3$	1次/2d
		$2H/3\sim H$	1次/d
	底板浇筑后时间/d	$\leqslant 7$	1次/2d
		7～14	1次/3d
		14～28	1次/7d
		＞28	1次/10d

注：1. h——基坑开挖深度；H——基坑设计深度。

　　2. 支撑结构开始拆除到拆除完成后3d内监测频率加密为1次/d。

　　3. 基坑工程施工至开挖前的监测频率视具体情况确定。

　　4. 当基坑设计安全等级为三级时，监测频率可视具体情况适当降低。

　　5. 宜测、可测项目的仪器监测频率可视具体情况适当降低。

5. 监测控制标准

监测控制指标一般以总变化量和变化速率两个量控制，累计变化量的控制指标一般不宜超过设计限值。对于不同的地区、不同类型的工程及工程的不同部位，其地质条件、设计方案、施工方法、环境条件等可能不同，因此很难建立统一的监测控制标准，一般应根据各个工程的具体情况，单独制订控制标准，这里介绍一些规范所规定的控制标准以供参考。

（1）《建筑基坑工程监测技术标准》GB 50497—2019的有关规定

根据《建筑基坑工程监测技术标准》GB 50497—2019的有关规定，基坑及支护结构监测预警值应根据基坑设计安全等级、工程地质条件、设计计算结果及当地工程经验等因素确定；当无当地工程经验时，土质基坑及支护结构监测预警值可按表8-3确定，基坑工程周边环境监测预警值见表8-4。

土质基坑及支护结构监测预警值　　　　　　表 8-3

序号	监测项目	支护类型	基坑设计安全等级								
			一级			二级			三级		
			累计值		变化速率/(mm/d)	累计值		变化速率/(mm/d)	累计值		变化速率/(mm/d)
			绝对值/mm	相对基坑设计深度H控制值		绝对值/mm	相对基坑设计深度H控制值		绝对值/mm	相对基坑设计深度H控制值	
1	围护墙（边坡）顶部水平位移	土钉墙、复合土钉墙、锚喷支护、水泥土墙	30~40	0.3%~0.4%	3~5	40~50	0.5%~0.8%	4~5	50~60	0.7%~1.0%	5~6
		灌注桩、地下连续墙、钢桩、型钢水泥土墙	20~30	0.2%~0.3%	2~3	30~40	0.3%~0.5%	2~4	40~60	0.6%~0.8%	3~5
2	围护墙（边坡）顶部竖向位移	土钉墙、复合土钉墙、喷锚支护	20~30	0.2%~0.4%	2~3	30~40	0.4%~0.6%	3~4	40~60	0.6%~0.8%	4~5
		水泥土墙、型钢水泥土墙	—	—	—	30~40	0.6%~0.8%	3~4	40~60	0.8%~1.0%	4~5
		灌注桩、地下连续墙、钢板桩	10~20	0.1%~0.2%	2~3	20~30	0.3%~0.5%	2~3	30~40	0.5%~0.6%	3~4
3	深层水平位移	复合土钉墙	40~60	0.4%~0.6%	3~4	50~70	0.6%~0.8%	4~5	60~80	0.7%~1.0%	5~6
		型钢水泥土墙	—	—	—	50~60	0.6%~0.8%	4~5	60~70	0.7%~1.0%	5~6
		钢板桩	50~60	0.6%~0.7%	2~3	60~80	0.7%~0.8%	3~5	70~90	0.8%~1.0%	4~5
		灌注桩、地下连续墙	30~50	0.3%~0.4%	2~3	40~60	0.4%~0.6%	3~5	50~70	0.6%~0.8%	4~5
4	立柱竖向位移		20~30	—	2~3	20~30	—	2~3	20~40	—	2~4
5	地表竖向位移		25~35	—	2~3	35~45	—	3~4	45~55	—	4~5
6	坑底隆起（回弹）		累计值(30~60)mm，变化速率(4~10)mm/d								
7	支撑轴力		最大值：(60%~80%)f_2			最大值：(70%~80%)f_2			最大值：(70%~80%)f_2		
8	锚杆轴力		最小值：(80%~100%)f_y			最小值：(80%~100%)f_y			最小值：(80%~100%)f_y		
9	土压力		(60%~70%)f_1			(70%~80%)f_1			(70%~80%)f_1		
10	孔隙水压力										
11	围护墙内力		(60%~70%)f_2			(70%~80%)f_2			(70%~80%)f_2		
12	立柱内力										

注：1. H——基坑设计深度；f_1——荷载设计值；f_2——构件承载能力设计值，锚杆为极限抗拔承载力；f_y——钢支撑、锚杆预应力设计值。

2. 累计值取绝对值和相对基坑设计深度 H 控制值两者的较小值。

3. 当监测项目的变化速率达到表中规定值或连续 3 次超过该值的 70%，应预警。

4. 底板完成后，监测项目的位移变化速率不宜超过表中速率预警值的 70%。

基坑工程周边环境监测预警值　　　　　　　　表 8-4

监测对象		项目	累计值/mm	变化速率/(mm/d)	备注
1		地下水位变化	1000～2000（常年变幅以外）	500	—
2	管线位移（刚性管道）	压力	10～20	2	直观观察点数据
		非压力	10～30	2	
		柔性管线	10～40	3～5	—
3		邻近建筑位移	小于建筑物地基变形允许值	2～3	
4	邻近道路路基沉降	高速公路、道路主干	10～30	3	
		一般城市道路	20～40	3	
5	裂缝宽度	建筑结构性裂缝	1.5～3（既有裂缝）0.2～0.25（新增裂缝）	持续发展	—
		地表裂缝	10～15（既有裂缝）1～3（新增裂缝）	持续发展	—

注：1 建筑整体倾斜度累计值达到 2/1000 或倾斜速度连续 3d 大于 0.0001H/d（H 为建筑承重结构高度）时应预警。

　　2 建筑物地基变形允许值应按现行国家标准《建筑地基基础设计规范》GB 50007—2011 的有关规定取值。

（2）《地铁工程监控量测技术规程》DB 11/490—2007 的有关规定

根据《地铁工程监控量测技术规程》DB 11/490—2007 的有关规定，地铁明（盖）挖法施工监控量测值控制标准见表 8-5。

地铁明（盖）挖法施工监控量测值控制标准　　　　　　　　表 8-5

序号	监测项目及范围	允许位移控制值 U_0/mm			位移平均速率控制值/(mm/d)	位移最大速率控制值/(mm/d)
		一级基坑	二级基坑	三级基坑		
1	围护桩(墙)顶部沉降	≤10			1	1
2	地表沉降	≤0.15％H 或≤30，两者取小值	≤0.2％H 或≤40，两者取小值	≤0.3％H 或≤50，两者取小值	2	2
3	围护桩(墙)水平位移	≤0.15％H 或≤30，两者取小值	≤0.2％H 或≤40，两者取小值	≤0.3％H 或≤50，两者取小值	2	3
4	竖井水平收敛	50			2	5
5	基坑底部土体隆起	20	25	30	2	3

注：1. H 为基坑开挖深度。

　　2. 位移平均速率为任意 7d 的位移平均值；位移最大速率为任意 1d 的位移最大值。

8.3.2 新奥法隧道施工监测

隧道结构由主体建筑物和附属建筑物两部分组成。隧道的主体建筑物是为了保持隧道的稳定，保证列车安全运行而修建的，由洞身衬砌和洞门组成。在洞口容易坍塌或有落石危险时则需接长洞身或加筑明洞。隧道的附属建筑物是为了养护与维修工作的方便以及满足供电、通信等方面的要求而修筑的。铁路隧道附属建筑物主要包括防水排水设施、避车洞，电缆槽、通信及电力设施、隧道的通风设施等，公路隧道还有照明设施与安全应急设施等。

1. 监测的目的

自从新奥法技术问世以来，隧道和地下工程的设计与施工技术已有较大的进展。新奥法构筑隧道的特点是，借助现场量测对隧道围岩进行动态监测，并据以指导隧道的开挖作业和支护结构的设计与施工。在新奥法支护结构的设计问题上，许多学者曾寻求过数解法，1978年以来，许多学者也发表了一些数解法的文章，但是，由于岩石的生成条件和地质作用的复杂性，导致岩体的产状和结构也非常复杂，同时，在隧道构筑过程中，由于开挖方法、支护方法、支护时机、支护结构刚度等对围岩稳定性都有影响，所以寻求能正确反映岩体状态的物理力学模型非常困难。

对于隧道工程施工，虽然目前很难用一种有效的本构模型对承载结构进行全面准确的力学计算，但是承载结构变化最直观的就是产生位移，可以利用不同的量测方法和量测仪器得到承载结构位移及内力的变化。通过以往获得大量的承载结构变形及内力量测结果，可以得出承载结构变形及内力变化与承载结构稳定之间的规律。结合已有的工程监测资料，利用类比法可以确定现有承载结构受力变化是否安全。隧道监测的实施运用，便是通过种种量测方法得到准确的承载结构变化的相关数据，利用数学方法进行分析，通过类比可以得出一定的结论。

目前，新奥法的设计工作是在其理论基础的指导下，参考已建工程的设计参数进行初选设计后，再通过施工过程对围岩的监测分析来完善设计。因此，监测工作是监视设计、施工是否正确的眼睛，是监视围岩是否安全稳定的手段，它始终伴随着施工的全过程，是新奥法构筑隧道非常重要的一环。实践证明，利用工程类比法和量测手段获得有关参数进行设计是可以收到满意的效果的。施工监测被认为是新奥法的三大支柱之一，其目的可归纳为下述三点：

（1）掌握围岩动态和支护结构的工作状态，利用量测结果修改设计，指导施工。

（2）预见事故和险情，以便及时采取措施，防患于未然。

（3）积累资料，为以后的隧道设计提供类比依据。

2. 监测项目及其分类

隧道施工的监测旨在收集可反映施工过程中围岩动态的信息，据以判定隧道围岩的稳定态以及所选支护结构参数和施工的合理性，因此量测项目可分为必测项目和选测项目两大类。

（1）必测项目

必测项目是必须进行的常规量测项目，是为了在设计施工中确保围岩稳定、判断支护结构工作状态、指导设计施工的经常性量测。这类量测通常测试方法简单、费用少、可靠性高,对监测围岩稳定和指导设计施工有巨大的作用。必测项目是新奥法隧道施工监测的重点,必测项目见表8-6。

必测项目

表 8-6

序号	监测项目	常用量测仪器	备注
1	洞内、外观察	现场观察、数码相机、罗盘仪	—
2	拱顶下沉	水准仪、钢挂尺或全站仪	—
3	净空变化	收敛仪或全站仪	—
4	地表沉降	水准仪、钢钢尺或全站仪	隧道浅埋段

（2）选测项目

选测项目是对一些有特殊意义和具有代表性的区段进行补充测试,以求更深入地了解围岩的松动范围和稳定状态以及喷锚支护的效果,为未开挖区段的设计与施工积累现场资料。这类量测项目测试比较麻烦,量测项目较多,费用较高。因此,除了有特殊量测任务的地段外,一般根据需要选择其中一些必要的项目进行量测,选测项目见表8-7。

选测项目

表 8-7

序号	监测项目	常用量测仪器
1	围岩压力	压力盒
2	钢架压力	钢筋计、应变计
3	喷混凝土内力	混凝土应变计
4	二次衬砌内力	混凝土应变计、钢筋计
5	初期支护与二次衬砌间接触压力	压力盒
6	锚杆轴力	钢筋计
7	围岩内部位移	多点位移计
8	隧底隆起	水准仪、钢钢尺或全站仪
9	爆破振动	振动传感器、记录仪
10	孔隙水压力	水压计
11	水量	三角堰、流量计
12	纵向位移	多点位移计、全站仪

3. 监测的基本要求

现场量测是监控设计的基础,量测数据质量的好坏直接影响着监控的成败,量测手段必须适应监控设计的需要。实践表明,监控的现场量测手段必须满足下列要求:

（1）尽快埋设测点。一般情况下,应力、位移的变化在测点前后两倍洞径范围内最大。第一次测设宜在埋设测点后24h内进行,以便取得初始数据。通常要求在爆破后24h内和下一次爆破之前测读初始读数。

（2）进行一次量测的时间宜尽量短。

（3）传感元件要有较好的防振、防冲击波的能力,且长期有效。

（4）测设的数据要求直观、准确、可靠。隧道开挖、支护作业是连续循环进行的，信息反馈必须及时、全面，否则会影响到施工或因漏掉重要信息而造成严重后果。为了便于信息反馈，测设数据以直观为好，即测得数据不需经过复杂的计算就可直接应用。

（5）测试仪器要有足够的精度。监测手段和测试仪器的确定主要取决于围岩工程地质条件、力学性质以及测量的环境条件。通常，对于软弱围岩中的隧道工程，由于围岩变形量值较大，因而可以采用精度稍低的仪器和装置，而在硬岩中则必须采用高精度监测原件和仪器。在干燥无水的隧道工程中，电测仪表往往能较好工作，在地下水发育的地层中进行电测就较为困难。

4. 监测频率

必测项目的监测频率应根据测点距开挖面的距离以及位移速度分别按表 8-8 和表 8-9 确定。由位移速度决定的监测频率和由距开挖面的距离决定的监测频率之中，原则上采用较高的频率值。出现异常情况或不良地质时，应增大监测频率。选测项目监测频率应根据设计和施工要求以及必测项目反馈信息的结果确定。

按距开挖面距离确定的监测频率　　　　　　　　　　　　　　表 8-8

监测断面开挖面距离/m	监测频率	监测断面距开挖面距离/m	监测频率
$(0\sim1)B$	2 次/d	$(2\sim5)B$	1 次/$2\sim3$d
$(1\sim2)B$	1 次/d	$>5B$	1 次/7d

注：B 为隧道开挖宽度。

按位移速度确定的监测频率　　　　　　　　　　　　　　　表 8-9

位移速度/(mm/d)	监测频率	位移速度/(mm/d)	监测频率
$\geqslant5$	2 次/d	$0.2\sim0.5$	1 次/3d
$1\sim5$	1 次/d	<0.2	1 次/7d
$0.5\sim1$	1 次/$2\sim3$d	—	—

5. 监测控制标准

监测控制基准包括隧道内位移、地表沉降、爆破振动等，应根据地质条件、隧道施工安全性、隧道结构的长期稳定性以及周围建（构）筑物特点和重要性等因素制定。

隧道初期支护极限相对位移可参照表 8-10 和表 8-11 选用。

跨度 $B\leqslant7$m 隧道初期支护极限相对位移 U_0　　　　　　表 8-10

围岩级别	隧道埋深 h/m		
	$h\leqslant50$	$50<h\leqslant300$	$300<h\leqslant500$
	拱脚水平相对净空变化/%		
Ⅱ	—	—	$0.20\sim0.60$
Ⅲ	$0.10\sim0.50$	$0.40\sim0.70$	$0.60\sim1.50$
Ⅳ	$0.20\sim0.70$	$0.50\sim2.60$	$2.40\sim3.50$
Ⅴ	$0.30\sim1.00$	$0.80\sim3.50$	$3.00\sim5.00$

续表

围岩级别	隧道埋深 h/m		
	$h \leqslant 50$	$50 < h \leqslant 300$	$300 < h \leqslant 500$
拱顶相对下沉/%			
Ⅱ	—	0.01～0.05	0.04～0.08
Ⅲ	0.01～0.04	0.03～0.11	0.10～0.25
Ⅳ	0.03～0.07	0.06～0.15	0.10～0.60
Ⅴ	0.06～0.12	0.10～0.60	0.50～1.20

注：1. 本表适用于复合式衬砌的初期支护，硬质围岩隧道取表中较小值，软质围岩隧道取表中较大值。表列数值可在施工中通过实测资料积累作适当修正。

2. 拱脚水平相对净空变化指两拱脚测点间净空水平变化值与其距离之比，拱顶相对下沉指拱顶下沉值减去隧道下沉值后与原拱顶至隧底高度之比。

3. 墙腰水平相对净空变化极限值可按拱脚水平相对净空变化极限值乘以 1.2～1.3 后采用。

跨度 $7m < B \leqslant 12m$ 隧道初期支护极限相对位移 U_0　　　　表 8-11

围岩级别	隧道埋深 h/m		
	$h \leqslant 50$	$50 < h \leqslant 300$	$300 < h \leqslant 500$
拱脚水平相对净空变化/%			
Ⅱ	—	0.01～0.03	0.01～0.08
Ⅲ	0.03～0.10	0.08～0.40	0.30～0.60
Ⅳ	0.10～0.30	0.20～0.80	0.70～1.20
Ⅴ	0.20～0.50	0.40～2.00	1.80～3.00
拱顶相对下沉/%			
Ⅱ	—	0.03～0.06	0.05～0.12
Ⅲ	0.03～0.06	0.04～0.15	0.12～0.30
Ⅳ	0.06～0.10	0.08～0.40	0.30～0.80
Ⅴ	0.08～0.16	0.14～1.10	0.80～1.40

位移控制基准应根据测点距开挖面的距离，由初期支护极限相对位移按表 8-12 要求确定。

位移控制基准　　　　表 8-12

类别	距开挖面 $1B(U_{1B})$	距开挖面 $2B(U_{2B})$	距开挖面较远
允许值	65% U_0	90% U_0	100% U_0

注：B 为隧道开挖宽度，U_0 为极限相对位移值。

根据位移控制基准，可按表 8-13 分为三个位移管理等级。

位移管理等级　　　　表 8-13

管理等级	距开挖面 $1B$	距开挖面 $2B$	施工状态
Ⅲ	$U < U_{1B}/3$	$U < U_{2B}/3$	可正常施工

续表

管理等级	距开挖面 $1B$	距开挖面 $2B$	施工状态
Ⅱ	$U_{1B}/3 \leqslant U \leqslant 2U_{1B}/3$	$U_{2B}/3 \leqslant U \leqslant 2U_{2B}/3$	应加强支护
Ⅰ	$U > 2U_{1B}/3$	$U > 2U_{2B}/3$	应采取特殊措施

注：U 为实测位移值。

8.3.3 盾构法隧道施工监测

1. 盾构法隧道施工监测目的

城市地铁盾构施工是在岩土体内部进行的，无论其埋深大小，盾构的施工将不可避免地扰动土体，破坏地层原有的平衡状态，而向新的平衡状态转化。无论盾构隧道施工技术如何改进，由于施工技术、工艺质量及周围的环境和岩土介质的特点，其施工引起的地层移动是不可能完全消除的。地铁线路一般都会穿过人口密集、交通繁忙、地面建筑物林立、地下管线密集的繁华地段，这对施工引起的地表沉降和变形控制要求很高。因此，在盾构隧道施工期间，加强对地表与周边环境的变形监测及盾构隧道自身的监测是至关重要的。

在施工期间，对盾构法隧道施工沿线周围重要的地下、地面建（构）筑物、管线、地面及道路的位移实施监测，可为业主提供及时、可靠的信息，用以评定隧道施工对周围环境的影响，并对可能发生的危及环境安全的隐患或事故进行及时、准确的预报，让有关各方有时间作出反应，避免事故的发生。监测的目的主要有：

（1）通过监测了解各施工阶段地层与支护结构的动态变化，把握施工过程中结构所处的安全状态。

（2）通过对监测数据的处理、分析，采取工程措施来控制地表下沉，确保地面交通顺畅和地面建筑物的正常使用。

（3）用现场实测的结果弥补理论分析过程中存在的不足，并把监测结果反馈设计，指导施工，以确保建（构）筑物及作业人员和居民的安全。

2. 盾构法隧道施工监测内容和项目

（1）监测内容

1）环境安全（施工对邻近地面、建筑物、地下管线的影响）。

2）区间盾构施工过程中，拱顶的沉降和隧道上浮。

3）区间盾构施工过程中，隧道周边收敛。

（2）监测项目

《地铁工程监控量测技术规程》DB 11/490—2007 规定了地铁盾构区间隧道监测项目的要求，见表 8-14。

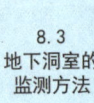

8.3
地下洞室的
监测方法

地铁盾构区间隧道监测项目汇总表

表 8-14

类别	监测项目	监测仪器及元件	测点布置	监测频率
必测项目	洞内外观察	—	管片衬砌变形、开裂；洞外地表沉降开裂、建筑物开裂等（肉眼观察）	每天不少于 1 次

类别	监测项目	监测仪器及元件	测点布置	监测频率
必测项目	地表隆起	水准仪	纵向地表测点沿盾构推进轴线设置,测点间距为 10～30m;在地层或周边环境较复杂地段布置横向监测断面。横向地表测点的布置范围应根据预测的沉降槽确定,一排横向地表测点不宜少于 7 个,且应近密远疏;在盾构始发的 100m 初始掘进段内,监测布点宜适当加密,并宜布置一定数量的横向监测断面;在工法和结构断面变化的部位如车站与区间结合部位、车站与风道结合部位等应设置监测点	掘进面距监测断面前后≤20m 时,1～2 次/d;掘进面距监测断面前后≤50m 时,1 次/2d;掘进面距监测断面前后＞50m 时,1 次/周;根据数据分析确定沉降基本稳定后 1 次/月
	邻近建(构)筑物	水准仪;全站仪或经纬仪;裂缝观测仪	根据建(构)筑物的沉降、倾斜、裂缝的不同内容分别布置	沉降和倾斜监测频率同地表隆沉;裂缝监测频率按照控制两次观测间裂缝发展不大于 0.1mm 及裂缝所处位置确定
	地下管线沉降	水准仪	地下管线每 5～15m 一个测点管线接头处或位移变化敏感部位加设测点	同地表隆沉
	管片衬砌变形	全站仪;收敛仪;断面扫描仪	每一区间隧道设 1～2 个主测断面	分别在盾构拼装成环但尚未脱出盾尾,即无外荷载时和衬砌环脱出盾尾承受荷载作用且能通视时两个阶段进行监测
选测项目	土体分层沉降及水平位移	分层沉降仪;倾斜仪	与上述主测断面对应设 1～2 个主测断面	同地表隆起
	管片衬砌和地层间接触应力	土压力盒;频率接收仪	与上述主测断面对应设 1～2 个主测断面,每断面不少于 5 个测点	同地表隆起
	管片内力	钢筋应力计;混凝土应变计	与上述主测断面对应设 1～2 个主测断面,每断面不少于 5 个测点	同地表隆起

3. 盾构法隧道施工监测控制标准

（1）地表沉降与变形对结构的影响分析

隧道施工引起的地表沉降和变形对结构物的影响因素很多,除地层特征以外,结构物遭受损害的程度与结构物的基础与结构形式、结构物所处的位置以及地表的变形性质和大小有关。

隧道开挖施工引起地表以及建筑设施的损害可以分为直接开挖损害和间接开挖损害两种情况。位于主要影响范围的对象（结构物、管线、道路等）所受的损害称为直接开挖损害。在个别情况下,在主要影响范围以外比较远的地方,也可能发现开挖影响的存在,这种影响也与隧道开挖施工有关,称为间接开挖损害,如开挖引起的大范围的地下水的变化对环境的影响等。常见的开挖损害形式如下:

1）地表沉降损害

地表的均匀沉降使结构物产生整体下沉。一般说来，这种均匀下沉对于结构物的稳定性和使用条件不会产生太大的影响，但是过量的地表下沉，即使是均匀的，也有可能从另一方面带来严重的问题。如下沉较大，地下水位较浅时，会造成地面积水，不但影响结构物的使用，而且使地基土长期浸水，强度降低。对于市政道路或铁路线路，沉降会使得整个线路方向产生不平顺。

不均匀沉降引起结构物产生结构破坏裂缝，会严重影响工程质量。在砖混结构中，不均匀沉降产生的裂缝较为常见。对于框架结构，结构物的不均匀沉降将使框架产生附加轴力，框架梁产生附加剪力和弯矩。对于运营的既有铁路线路，不均匀沉降产生轨道差异沉降，可能引起列车的倾倒，还可能产生轨向变化，引起列车脱轨事故。

2）地表隆起损害

盾构机掘进时，当千斤顶推力大于静止侧压力、机身与地层间的摩擦力之和时，前方土体受到挤压，引起地表隆起。地表的隆起，使坐落在地基上面的结构物产生倾斜和弯曲，危及结构的安全。

3）地表倾斜损害

虽然地层沉降本身对结构物不至于产生严重的损害，但是地层不均匀的沉降所导致的地表倾斜改变了地面的原始坡度，将可能对结构物产生危害。地表倾斜对于高度大而底面积小的高耸结构物，如烟囱、水塔、高压线塔等的影响较大。它使高耸结构物的重心发生偏斜，引起附加应力重新分布，结构物所受的均匀荷载将变成非均匀荷载，导致结构内应力发生变化而引起破坏。对于普通楼房，即使不丧失稳定性，过量倾斜也会使结构物的使用条件恶化。

4）地表水平变形损害

地表水平变形有拉伸和压缩两种，它对结构物的破坏作用很大，尤其是拉伸变形的影响，结构物抵抗拉伸变形的能力远小于抵抗压缩变形的能力，压缩变形使墙体产生水平裂缝，并使纵墙褶曲，屋顶鼓起。

由于结构物对于地表拉伸变形非常敏感，位于地表拉伸区的结构物，其基础底面受到来自地基的外向摩擦力，基础侧面受到来自地基的外向水平推力的作用，而一般结构物抵抗拉伸作用的能力很小，不大的拉伸变形足以使结构物开裂。

（2）结构物的保护等级和变形标准

任何地面及地下结构物均有一定的结构强度、一定的安全系数，即有一定的抵抗地面位移和变形的能力，结构物的容许变形，是指结构物在地表变形值的范围内并不影响正常使用，为结构物所容许的数值。各种不同类型的结构物，因其基础形式和上部结构形式不同，它们抵抗变形的能力也各异。

我国规定结构物的容许变形值为：拉伸 2mm/m、倾斜 3mm/m。为了保证结构物的安全，《建筑地基基础设计规范》GB 50007—2011 规定结构物的地基变形允许值：当地基为高压缩性土时，单层排架结构（柱距为 6m）柱基的沉降量为 200mm；高耸结构基础的沉降量，当结构物的高度为 100～250m 时，地基变形允许值为 200～400mm。

对于在既有地铁车站结构下面施工隧道，施工前需对既有结构状态进行调查检测与评价。然后应根据地铁运营安全要求和相关规范规程的要求，结合既有线路的实际情况进行警戒值的确定。《铁路线路维修规则》中对线路的要求如下：对到发线静态轨距的容许偏差规定为 $-4\sim+8$mm；对到发线静态水平的容许偏差规定为 6mm；对到发线静态高低的容许偏差规定为 6mm；对到发线静态轨向的容许偏差规定为 6mm；对行驶速度 $v\leqslant$ 100km/h，按保养标准的动态轨距容许偏差规定为 $+12$mm 和 -8mm；对 $v\leqslant100$km/h，按保养标准的动态水平容许偏差规定为 $\geqslant12$mm；对 v 行驶速度 $\leqslant100$km/h，按保养标准的动态高低容许偏差规定为 12mm；对 v 行驶速度 $\leqslant100$km/h，按保养标准的动态轨向容许偏差规定为 10mm。因此，对于盾构穿越既有结构物的保护问题，要根据结构物本身的结构功能、运营功能等进行确定。

（3）地表沉降的控制基准分析

在实际工程施工中，由于工程的地质条件不同，施工方法和技术、管理等不同，为了保护地面结构物的安全以及围岩和结构的稳定，还应当针对每一个具体工程提出一个地表下沉控制基准值作为施工监测指标。《地铁工程监控量测技术规程》DB 11/490—2007 规定了地铁盾构法施工监测控制标准，见表 8-15。

地铁盾构法施工监测控制标准　　　　　　　　　　　表 8-15

序号	监测项目及范围	允许位移控制值 U_0/mm	位移平均速率控制值 /(mm/d)	位移最大速率控制值 /(mm/d)
1	地表沉降	30	1	3
2	拱顶隆起	20	1	3
3	地表隆起	10	1	3

8.3.4　边坡工程施工监测

1. 边坡工程监测的意义和目的

从岩土力学的角度来看，边坡工程是通过人为结构给边坡施加外力作用以改善原有边坡的环境，最终使其达到力学平衡状态。但由于边坡内部岩土力学作用的复杂性，难以获得其真实的力学效应进行准确设计。为了反映边坡岩土真实力学效应，检验设计与施工的可靠性及边坡的稳定状态，对边坡工程进行监测具有极其重要的意义。

边坡工程监测的主要任务就是通过监测数据反演分析边坡的内部力学作用，检验设计与施工的可靠性，确保边坡安全，同时为其他边坡设计和施工积累参考资料。边坡工程监测的作用在于：

（1）对高边坡进行稳定性监测，实施动态设计、动态施工，确保安全快速施工。

（2）评价边坡施工及其使用过程中的稳定性，并做出有关预测预报，为业主、施工单位及监理提供预报数据，跟踪和控制施工过程，合理采用和调整有关施工工艺和步骤，取得最佳经济效益。

（3）为防止滑坡及可能的滑动和蠕变提供及时支持，预测和预报滑坡的边界条件、规模滑动方向、发生时间及危害程度，并及时采取措施，以尽量避免和减轻灾害损失。

（4）为滑坡理论和边坡设计方法的研究提供参考依据。

（5）为边坡支护工程的维护提供依据。

边坡工程监测是边坡研究工作中的一项重要内容，随着科学技术的发展，各种先进的监测仪器设备、监测方法和监测手段的不断更新，使边坡监测工作的水平正在不断的提高。

2. 边坡工程监测的内容与方法

边坡工程监测分为施工安全监测、处治效果监测和动态长期监测。一般以施工安全监测和处治效果监测为主。

（1）施工安全监测是在施工期对边坡的位移、应力、地下水等进行监测，监测结果作为指导施工、反馈设计的重要依据，是实施信息化施工的重要内容。施工安全监测将对边坡体进行实时监控，以了解由于工程扰动等因素对边坡体的影响，及时地指导工程实施、调整工程部署以及安排施工进度等。在进行施工安全监测时，测点布置在边坡体稳定性差或工程扰动大的部位，力求形成完整的剖面，采用多种手段互相验证和补充。边坡施工安全监测包括地面变形监测、地表裂缝监测、滑带深部位移监测、地下水位监测、孔隙水压力监测、地应力监测等内容。施工安全监测的数据采集原则上采用24h自动实时观测方式进行，以使监测信息能及时地反映边坡体变形破坏特征，供有关方面作出决断。如果边坡稳定性好，工程扰动小，可采用8~24h观测一次的方式进行。

（2）边坡处治效果监测是检验边坡处治设计和施工效果、判断边坡处治后的稳定性的重要手段。一方面可以了解边坡体变形破坏特征，另一方面可以针对实施的工程进行监测，例如，监测预应力锚索应力值的变化、抗滑桩的变形和土压力及排水系统的过流能力等，以直接了解工程实施效果。通常结合施工安全和长期监测进行，以了解工程实施后，边坡体的变化特征，为工程的竣工验收提供科学依据。边坡处治效果监测时间一般要求不少于一年，数据采集时间间隔一般为7~10d，在外界扰动较大时，如暴雨期间，可加密观测次数。

（3）边坡长期监测将在防治工程竣工后，对边坡体进行动态跟踪，了解边坡体稳定性变化特征。边坡长期监测一般沿边坡主剖面进行，监测点的布置少于施工安全监测和防治效果监测；监测内容主要包括滑带深部位移监测、地下水位监测和地面变形监测。数据采集时间间隔一般为10~15d。

边坡监测的具体内容应根据边坡的等级、地质及支护结构的特点进行考虑。通常对于一类边坡防治工程，建立地表和深部相结合的综合立体监测网，并与长期监测相结合；对于二类坡防治工程，在施工期间建立安全监测和防治效果监测点，同时建立以群测为主的长期监点；对于三类边坡防治工程，建立群测为主的简易长期监测点。

监测项目一般包括地表大地变形监测、地表裂缝位错监测、地面倾斜监测、裂缝多点位移监测、边坡深部位移监测、地下水监测、孔隙水压力监测、边坡地应力监测等。表8-16为边坡工程监测项目表。

边坡工程监测项目表 表 8-16

监测项目	测试内容	测点布置	方法与工具
变形监测	地表大地变形、地表裂缝位错、边坡深部位移、支护结构变形	边坡表面、裂缝、滑带、支护结构顶部	经纬仪、全站仪、GPS、伸缩仪、位错计、钻孔倾斜仪、多点位移计、应变仪等
应力监测	边坡地应力、锚杆（索）拉力、支护结构应力	边坡内部、外锚头、锚杆主筋、结构应力最大处	压力传感器、锚索测力计、压力盒、钢筋计等

监测项目	测试内容	测点布置	方法与工具
地下水监测	孔隙水压力、扬压力、动水压力、地下水水质、地下水、渗水与降雨关系以及降雨、洪水与时间关系	水点、钻孔、滑体与滑面	孔隙水压力计、抽水试验、水化学分析等

3. 边坡工程监测计划与实施

边坡工程监测计划应综合施工、地质、测试等方面的要求，由设计人员完成。监测计划应据边坡地质地形条件、支护结构类型和参数、施工方法和其他有关条件制定。监测计划一般应包括下列内容：

（1）监测项目、方法及测点或测网的选定，测点位置、量测频率，量测仪器和元件的选定及其精度和率定方法，测点埋设时间等。

（2）量测数据的记录格式，表达量测结果的格式，量测精度确认的方法。

（3）量测数据的处理方法。

（4）量测数据的大致范围，作为异常判断的依据。

（5）从初期量测值预测最终量测值的方法，综合判断边坡稳定的依据。

（6）量测管理方法及异常情况对策。

（7）利用反馈信息修正设计的方法。

（8）传感器埋设设计。

（9）固定元件的结构设计和测试元件的附件设计。

（10）测网布置图和文字说明。

（11）监测设计说明书。

4. 边坡工程监测的基本要求

边坡监测方法的确定、仪器的选择既要考虑到能反映边坡体的变形动态，同时必须考虑到仪器维护方便和节省投资。由于边坡所处的环境恶劣，对所选仪器应遵循以下原则：

（1）仪器的可靠性和长期稳定性好。

（2）仪器有能与边坡体变形相适应的足够的量测精度。

（3）仪器对施工安全监测和防治效果监测精度和灵敏度较高。

（4）仪器在长期监测中具有防风、防雨、防潮、防震、防雷等与环境相适应的性能。

（5）边坡监测系统应包括仪器埋设、数据采集、存储和传输、数据处理、预测预报等。

（6）所采用的监测仪器必须经过国家有关计量部门标定，并具有相应的质检报告。

（7）边坡监测应采用先进的方法和技术，同时应与群测群防相结合。

（8）监测数据的采集尽可能采用自动化方式，数据处理须在计算机上进行，包括建立监测数据库、数据和图形处理系统、趋势预报模型、险情预警系统等。

（9）监测设计须提供边坡体险情预警标准。并在施工过程中逐步加以完善。监测方须半月（或一月）一次定期向建设单位、监理单位、设计单位和施工单位提交监测报告，必要时，可提交实时监测数据。

课后练习 🔍

资源名称	项目 8　课后练习	项目 8　课后练习答案
资源类型	文档	文档
资源二维码		

项目9

Project 09

地下给水排水管网系统

▶▶

教学目标

1. 知识目标

了解给水管网地理信息系统的概念、功能单元及相关管网属性；理解地下给水管网监测与检漏的方法原理和仪器装备；熟悉管道及附属构筑物的基本构造、开挖施工的方法原理和管道安装的技术要点；掌握管道及构筑物养护的技术原理、作业流程和安全事项。

2. 能力目标

能够有效的运用所学知识，分析地下给水排水管网的监测、检漏、施工及养护工作中遇到的问题，有效解决工程实际问题。

3. 素质目标

培养学生的安全规范意识、职业道德素养、工科思维模式和大国工匠精神等。

本项目主要介绍地下给水管网的地理信息系统、地下给水管网的监测与检漏、地下给水管道的施工和地下排水管道养护的相关知识、技术和作业规范。

任务 9.1 地下给水管网地理信息系统

9.1
地下给水管
网地理信息
系统（一）

城市给水系统一般由取水设施、净水厂、送水泵站（配水泵站）和配水管网构成。给水系统从水源地取水送入净水厂进行净化处理。经泵站加压，将符合国家水质标准的清洁水通过配水管网送至用户。城市给水系统通常是由若干座净水厂向配水管网供水。每座净水厂的送（配）水泵站设有数台水泵（包括调速水泵），根据需水量进行调配。此外，某些给水区域内的地形和地势对配水压力影响较大时，在配水管网上可设有增压泵站、调蓄泵站或高位水池等调压设施，以保证为用户安全可靠的供水。

城市给水系统的调度工作主要是及时掌握各净水厂送水量、配水管网特征点的运行状态，根据预定配水需求计划方案进行生产调度，并进行给水需求趋势预测和管网压力分布估算与调控、水厂运行宏观调控等。在水厂和管网的规划中应十分重视结合城市的实际情况，充分利用有利的条件进行给水系统合理的布局。

城市总体规划是在城市现状基础上进行的，给水工程规划必须对城市现有水源的状况、给水设施能力、工艺流程、管网布置以及现有给水设施有无扩建可能等情况有充分了解。给水工程规划应充分发挥现有给水系统的能力，注意使新老给水系统形成一个整体，做到既安全供水，又节约投资。

9.1.1 给水管网存在的问题

给水管网系统是一个庞大复杂的"反应器"，经水厂处理合格的水，在管网中会发生一系列物理、化学及生物反应而导致水质下降。用户对水量和水质要求的提高也加大了供水系统的运行难度。

在满足社会需求和环境保护要求的前提下，必须尽量减少供水成本。电费在自来水成本中所占比例较大（一般为30%～40%），故降低电耗始终是贯彻节能方针、提高供水企业经济效益的重要环节。管网漏失在计算供水成本时往往被忽视，实际上它应是影响供水企业经济效益的最重要因素。管网漏失率过大是长期困扰我国供水行业的问题。随着近年来劳动力价格的提高，劳动力成本成为供水成本中一个不可忽视的项目。依靠技术进步解决、消化部分不合理的人工成本增加。管网优化运行要求管网布局科学，由于我国经济发展迅速、城市化发展快、自来水普及率提高迅速而导致供水系统布局和规划有欠科学，忽略了供水系统是一个多目标问题，致使管线连接复杂、铺设冗余，出现了管理困难、停留时间长、事故影响范围大等问题，故应逐步改善管网布局以实现管网的优化运行。给水设施及其附属设施（检查井、消火栓、阀门井、绿化井、各类监测点井室）的管理存在很大问题，各类井室的用途、数量、位置不清，导致企业的资产不清，设施维护处于随机状态，导致在设施维护上的随意性，致使维护费用不可控。输水管线也面临此问题。

大多数企业都是以管网管理为目的来建设地理信息系统，没有进行系统建设，同时在建设的过程中没有考虑该系统是给水数学模型系统的基础平台，导致模型建设时管网拓扑结构的重复性建设。

9.1.2　国家行业管理要求

为了改变与现实工作越来越不适应的传统管理手段和方式，提高城市供水系统的安全性能，满足供水行业对于供水设施管理和供水管网运行日渐提高的要求，着手实施建立国内整个行业地理信息系统（Geographic Information System，简称 GIS）和标准已是势在必行。随着科学技术的不断进步，现代网络、现代控制理论、通信媒介以及计算机技术等的不断发展，有力地促进了城市供水系统的控制和管理水平的提高，使供水系统借助计算机工具进行科学管理成为可能。

9.1.3　供水企业技术进步的需求

目前我国大、中城市管网更新改造的任务逐年加大，迫切需要实用的水力分析及扩建改造优化设计的软件系统。尽管近年来有关管网优化设计理论和方法的研究日趋成熟，但应用并不广泛，究其原因就在于优化模型的建立及其算法与编程对于部分设计人员来讲难度较大，尤其是扩建、改造方案的优化，不仅涉及的问题比较复杂，而且往往需要庞大的数据量。而解决这一难题的有效办法就是将管网计算理论、系统优化理论与 GIS 相结合，凭借 GIS 强大的空间数据管理功能，利用 GIS 上的管网拓扑构造出管网计算图形，并从 GIS 的属性数据库中提取有关数据，进行管网水力工况分析。在此基础上再将 GIS 管网分析与优化模型建立及求解融合在一起，建立一个给水设施扩建、改造优化的辅助设计系统。这样不仅将优化设计的思想、方法渗透到管网建设中，而且有利于城市供水管网的合理布局与科学调整，为日后管网的优化调度奠定良好的基础；同时通过 GIS 将管网大量的基础数据、水力分析计算、优化设计计算以及设计方案输出等集成为易于操作的专业软件，为工程技术和管理人员实际应用提供方便的工具。

从长远目标来看，根据可靠、准确的管网运行资料，建立管网数学模型，并据此对管网运行工况进行动态模拟，是实现管网优化运行的必经之路。而在管网建模过程中，GIS 以其独特的优势，将作为对管网运行实施信息模拟不可替代的工具。在 GIS 的支持下，管网的结构参数和状态参数融为一体，可以利用 GIS 数字高程模型，模拟管网水压分布状态，并以二维或三维图形直观显示；也可以在多水源管网中寻求管网内供水分界线的变化规律，以合理设置供水分界地带的测压点，并确定各测压点之间的关联关系，为优化调度提供决策依据。

此外，GIS 的空间分析、网络分析还可用于管道施工、管网维修预案和管网事故抢修决策等方面。如在管网建设施工中，利用 GIS 的缓冲区模型，对将要敷设的管道进行缓冲区分析，并将计算出的缓冲区与数字高程模型叠加，计算其工程土方量。又如在未来的管网事故紧急抢修时，可以采用 GIS 与 GPS 相结合，一方面通过 GPS 系统准确获取抢修车的地面位置和路网交通状况，并将数据实时传送给 GIS，计算最短行车路线；另一方面利用 GIS 的关阀搜索、管网状态仿真模型，快速分析事故的影响范围和影响程度，模拟管网动态变化，以便调度管网有关设施，确保供水服务质量。显然与传统的处理方法手段相比，信息技术的高效性、准确性、仿真性是不可比拟的。

以上列举的各项只是 GIS 在输配水系统中的部分应用，实际上 GIS 在供水系统中还可用于水资源规划与管理、地面水水质模型、地下水水质保护以及 GIS 结合专家系统实现供水系统区域优化等众多领域，并将日益发挥更大的功效。

由于在现实生活中，供水管线处在暗处，看不见摸不着，对管线的走向、相互间距、埋设深度无法直接了解，而且管线敷设的时间、管材等不同给管线的管理造成不便和困难。目前，对于地下管网的管理大多采取的是人工方式进行管理，效率低下，在实际应用中既不利于管理层的决策，也不利于基层单位对供水管网的维修及抢修工作的展开，造成人力和物力资源的极大浪费，所以急需一种可以解决上述问题的技术方法和手段。

9.1.4　我国地理信息系统的发展历程

地理信息系统的存在与发展已历经 50 余年。用户的需要、技术的进步、应用方法论的提高以及有关组织机构的建立等因素，深深地影响着地理信息系统的发展。

我国 GIS 起步较晚，但发展较快，分为以下几个阶段：

20 世纪 70 年代准备阶段：一些知名人士和 GIS 先驱者看到 GIS 的广阔前景和 GIS 的重要性，进行积极呼吁，为 GIS 在我国的发展奠定了基础并做了一些可行性实验。

20 世纪 80 年代试验起步阶段：这期间我国在 GIS 理论探索、规范探讨、软件开发、系统建立等方面取得了突破和进展，进行了一些典型试验、专题试验等软件开发工作。

20 世纪 90 年代 GIS 发展阶段：我国改革开放以来，沿海经济开发区的发展、土地的有偿使用和外资的引进，急需 GIS 为之服务，这些在客观上也极大地推动了 GIS 在我国的全面发展。1996 年以后是我国 GIS 产业化阶段。

9.1.5　我国给水行业的地理信息系统状况

国内供水 GIS 的发展经历了一个从无到有，从单机到互联网、从图形数据管理到空间数据库管理的模式变化过程。过去供水企业对供水管网大量的设计、施工、竣工资料和图表一直采用人工管理方式，能够满足当时管网覆盖范围比较小，管线运行压力和等级较低的情况。20 世纪 90 年代中后期，一些供水企业，率先建立基于 AutoCAD 供水管网地理信息系统，并为自己培养了一批既懂专业知识又熟悉信息技术的人才，为地理信息系统将来的健康发展提供了技术保障。随着互联网以及专业的图形平台，如 ArcGIS、MapLnfo、SuperMap 高速发展以及国家行业相关政策的要求，供水企业的 GIS 系统开始大量出现了。各种平台、各种网络环境下的应用系统都相继出现。

9.1.6　给水管网地理信息系统的建立和功能

给水管网地理信息管理的主要功能是给水管网的地理信息管理，包括泵站、管道、管道阀门井、水表井、减压阀、泄水阀、排气阀、用户资料等。建立管网系统中央数据库，全面实现管网系统档案的数字化管理，形成科学、高效、丰富、翔实、安全可靠的给水排水管网档案管理体系，为管网系统规划、改建、扩建提供图纸及精确数据。准确定位管道的埋设位置、埋设深度、管道井、阀门井的位置、供水管道与其他地下管线的布置和相对位置等，以减少由于开挖位置不正确造成的施工浪费和开挖时对通信、电力、燃气等地下管道的损坏带来的经济损失甚至严重后果。提供管网优化规划设计、实时运行模拟、状态参数校核、管网系统优化调度等技术性功能的软件接口，实现供水管网系统的优化、科学运行、降低运行成本。

9.2
地下给水管网地理信息系统(二)

管网地理信息系统的空间数据信息主要包括与供水系统有关的各种基础地理特征信息，如地形、土地使用、地表特征、地下构筑物、河流等以及供水系统本身的各地理特征信息，如检查井、水表、管道、泵站、阀门、水厂等。

给水管网 GIS 整体框架如图 9-1 所示。

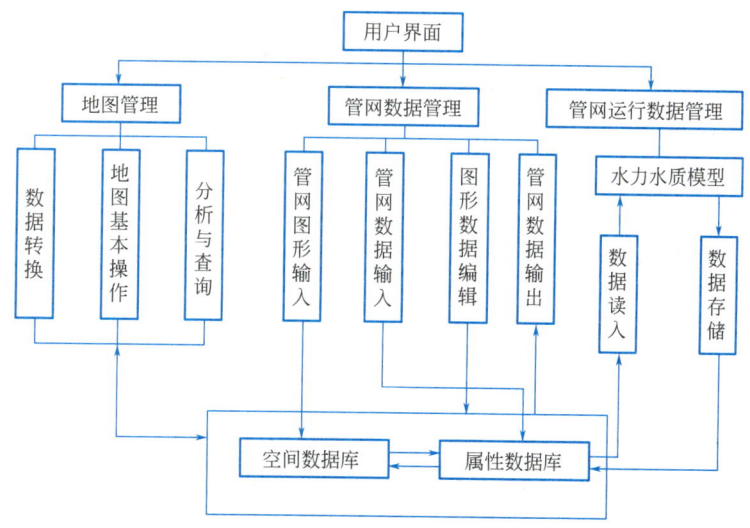

图 9-1　给水管网 GIS 整体框架

地下给水管网地理信息系统是建立在地理信息系统软件平台基础之上的给水管网的图形与数据库系统，利用地理信息系统的图形和空间分析等功能实现对给水管网系统信息的高效管理和决策分析。

管网属性数据可按实体类型包括节点属性、管道属性、阀门属性、水表属性等。节点属性主要包括节点编号、节点坐标（X、Y、Z）、节点流量、节点所在道路名等。管道属性包括管道编号、起始节点号、终止节点号、管长、管材、管道粗糙系数、施工日期、维修日期等。阀门属性主要包括阀门编号、阀门坐标（X、Y、Z）、阀门种类、阀门所在道路名等。水表属性主要包括水表编号、水表坐标（X、Y、Z）、水表种类、水表用户名等。

在管网系统中采用地理信息技术，可以使图形和数据之间的互相查询变得十分方便快捷。由于图形和属性可被看作是一体的，所以得到了图形的实体号也就得到了对应属性的记录号，并获得了对应数据，而不用在属性数据库中从头到尾地搜索一遍来获取数据。

GIS 与管网水力水质模型相联接后，水力及水质模型可以调用 GIS 属性数据库中的相关数据对供水系统进行模拟、分析和计算，并将模拟结果存入 GIS 属性数据库，通过 GIS 将模拟所得的数据与空间数据相联接。建立管网地理信息管理系统，利用计算机系统实现对供水管网的全面动态管理是市政设施信息化建设和管理的重要组成部分，也是城市市政设施现代化管理水平的重要体现。

给水管网 GIS 系统目标：管网资料管理上的信息化、管网资料使用上的信息化、实现管网养护的信息化以及通知工作的信息化等。给水管网 GIS 系统的功能界面如图 9-2 所示。给水管网 GIS 系统的功能主要有：

1. 水量校核分析图层管理（创建、删除、分层控制等）。
2. 图形浏览（漫游、开窗、缩放、旋转、全景显示等）。
3. 图形测量（长度、面积、位置、角度等）。
4. 图形编辑。
5. 查询统计（图形化查询、基于拓扑分析查询、属性查询等）。
6. 检索定位（道路名称定位、地址定位、用户水表账号定位等）。
7. 地标查询。
8. 道路信息。
9. 图形、报表打印输出。
10. 关阀方案分析。
11. 受影响用户分析。
12. 断水通知单管理。
13. 水量校核分析。

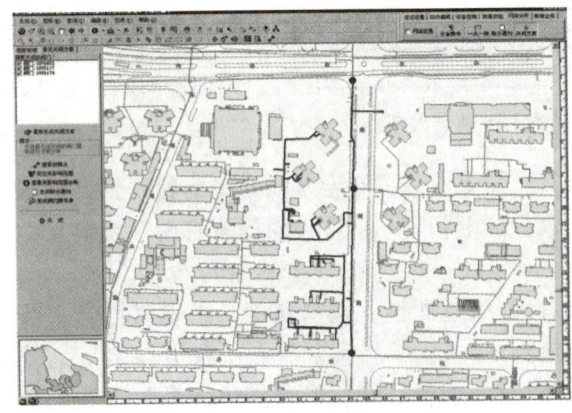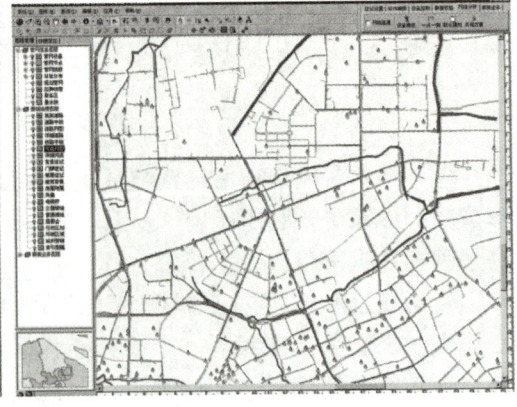

图 9-2　给水管网 GIS 系统的功能界面

任务 9.2　地下给水管网监测与检漏

随着城市化进程的加快，地下市政管道的种类和数量日益增多，庞大规模的管道对于日常运维管理而言是一项严峻的挑战。我国城市市政管道在日常运维过程中因缺乏科学有效的管理，导致管道在设计、施工、运行和维护过程中一旦出现漏洞，可导致管道事故的发生，所以从被动应急向主动防控转变非常重要。

9.3
地下给水管
网监测与
检漏

由于地下管线的不可见性，地下管线只有在发生事故时才被重视，造成了大量的经济损失，同时也给修复工作带来了很大的困难。为解决这一问题，世界各国都投入了大量人力和财力进行泄漏检测的相关研究，并取得了一定进展。目前，普遍公认的观点是应当及时掌握地下给水管网的状况。

根据 2017 年城市供水统计年鉴，我国供水管道全年的水资源漏失总量达 78.55 亿 m^3，相当于 22 座日供水量为 100 万 m^3 的自来水厂全年的供水总量。我国城市供水管道的漏失率远高于欧美国家（漏失率仅为 7%），也高于国家制定的供水管网漏失率不应大于 12% 的目标。供水管网的泄漏增加了供水成本，影响供水企业的经济效益，加剧我国水资源短缺的局面；同时管道的泄漏还会引发次生灾害，如管道长期泄漏，会冲刷道路和建筑物基础，引发道路塌陷和建筑物坍塌；管道因泄漏造成水压下降，导致漏点周围的污物和细菌有可能通过漏点进入管道从而污染水质。对于病害管道，维修前需要进行病害检测，确定管道发生破坏或者泄漏的位置以及缺口大小，施工人员才能更好地进行修复。

9.2.1　给水管网水压和流量测定

1. 管道测压和测流的目的

管网测压、测流是加强管网管理的具体步骤。通过它系统地观察和了解输配水管道的工作状况，管网各节点自由压力的变化及管道内水的流向、流量的实际情况，有利于城市给水系统的日常调度工作。长期收集、分析管网测压、测流资料，进行管道粗糙系数 n 值的测定，可作为改善管网经营管理的依据。通过测压、测流可以及时发现和解决环状管网中不少疑难问题。

通过对各段管道压力、流量的测定，核定输水管中的阻力变化，方可查明管道中结垢严重的管段，从而有效地指导管道养护检修工作。必要时对某些管段进行刮管涂衬的大修工程，使管道恢复到较好的水力条件。当新铺设的主要输、配水干管投入使用前后，对全管网或局部管网进行测压、测流，还可推测新管道对管网输配水的影响程度。管网的改建与扩建，也需要以积累的测压、测流数据为依据。

2. 水压的测定

（1）管道压力测点的布设和测量

在测定管网水压时首先应挑选有代表性的测压点，在同一时间测读水压值，以便对管网输、配水状况进行分析。测压点的选定既要能真实反映水压情况，又要均匀合理布局，使每一测压点能代表其附近地区的水压情况。测压点以设在大中口径的干管线上为主，不宜设在进户支管上或有大量用水的用户附近。测压点一般设立在输配水干管的交叉点附近、大型用水户的分支点附近、水厂、加压站及管网末端等处。当测压、测流同时进行时，测压孔和测流孔可合并设立。

测压时可将压力表安装在消火栓或给水龙头上，定时记录水压，能有自动记录压力仪则更好，可以得出 24h 的水压变化曲线。测定水压，有助于了解管网的工作情况和薄弱环节。根据测定的水压资料，按 0.5～1.0m 的水压差，在管网平面图上绘出等水压线，由此反映各条管线的负荷。

由等水压线标高减去地面标高，得出各点的自由水压，即可给出等自由水压线图，据此可了解管网内是否存在低水压区。在城市给水系统的调度中心，为了及时掌握管网控制节点的压力变化，往往采用远传指示的方式把管网各节点压力数据传递到调度中心。

（2）管道测压的仪表

管道压力测定的常用仪器是压力表。这种压力表只能指示瞬时的压力值，若是装配上计时、纸盘、记录笔等装置，成为自动记录的压力仪，它就可以记测出 24h 的水压变化关系曲线。

常用的压力测量仪表有单圈弹簧管压力表，电阻式、电感式、电容式、应变式、压阻式、压电式、振频式等远传压力表。单圈弹簧管压力表常用于压力的就地显示，远传式压力表可通过压力变送器将压力信号远传至显示控制端。

管网测压孔上的压力远传，首先可通过压力变送器将压力转换成电信息，用有线或无线的方式把信息传递到终端（调度中心）显示、记录、报警、自控或数据处理等。压力变送分电位器式（包括常见的滑变电阻式远传压力表）、电感式、应变式、电容式、音频式、差动变压器式、压阻式、压电式等多种方式。

电感式压力变送、有线远传压力仪是通过敏感元件（弹簧管或波纹管）将水压值变换成轴向位移，使电磁线圈中棒状铁芯变换位置，二次线圈中感应出变化的电流，经整流后通过电话线路传至调度端相对应的仪表上显示。

现在许多自来水公司都配有压力远传设备，采用分散目标，无线电通道的数据及通话两用装置，把数十公里范围内管网测压点的压力等参数，以无线遥测系统（图 9-3）的方法，远传到调度中心，并在停止数传时可以通话。

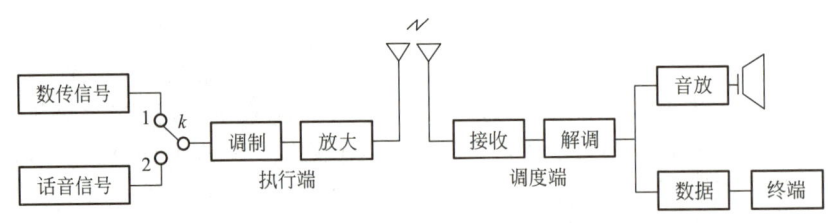

图 9-3　无线遥测系统示意

3. 管道流量的测定

管道流量的测定，是指测定管段中水的流向、流速和流量。

（1）测流孔的布设原则

1）在输配水干管所形成的环状管网中，每一个管段上应设测流孔，当该管段较长，引接分支管较多时，常在管段两端各设一个测流孔；若管段较短而没引接支管时，可设一个测孔，若管段中有较大的分支输水管时，可适当增添测流孔。测流的管段通常是管网中的主要管段，有时为了掌握某区域的配水情况，以便对配水管道进行改造，也可临时在支管上设立测流孔，测定配水流量等数据。

2）测流孔设在直线管段上，距离分支管、弯管、阀门应有一定间距，有些城市规定测流孔前后直线管段长度为 30～50 倍管径。

3）测流孔应选择在交通不频繁、便于施加的地段，并砌筑在井室内。

4）按照管材、口径的不同，测流孔的形成方法亦不同。对于铸铁管、水泥压力管的管道，可安装管鞍、旋塞，采取不停水的方式开孔；对于中、小口径的铸铁管也可不停水开孔；对于钢管，用焊接短管节后安装旋塞的方法解决。

（2）测定方法

一般用毕托管测流，测定时将毕托管插入待测水管的测流孔内。毕托管有两个管嘴，一个对着水流，另一个背着水流，由此产生的压差可在 U 形压差计中读出。

实测时，须先测定水管的实际内径，然后将该管径分成上下等距离的 10 个测点（包括圆心共 11 个测点），用毕托管测定各测点的流速。因圆管断面各测点的流速不均匀分布，可取各测点流速的平均值 V_a，乘以水管断面积即得流量。用毕托管测定流量的误差一般为 3%～5%。

除了用毕托管测流量外，还可用便携式超声波流量计、电磁流量计及其他新型的流量测量仪器，并可打印出流量、流速和流向等相应数据。

9.2.2　给水管网检漏

1. 给水管网检漏的原因

城市给水管网的漏水损耗是相当严重的，其中绝大部分为地下管道的接口暗漏所致。

据多年的观察和研究，漏水有以下几个原因：

（1）管材质量不合格；

（2）接口质量不合格；

（3）施工质量问题：管道基础不好，接口填料问题，支墩后座土壤松动，水管转角度偏大，易使接头坏损或脱开，埋设深度不够等；

（4）水压过高时，水管受力相应增加，爆管漏水概率相应增加；

（5）温度变化；

（6）水锤破坏；

（7）管道防腐不佳；

（8）其他工程影响；

（9）道路交通负载过大，管道埋设过浅或车辆过重，会增加对管道的动荷载，易引起接头漏水或爆管。

2. 国内外给水管网漏水控制的指标

（1）管网漏损水平

国际上衡量管网漏损水平有三个指标。

1）未计量水率

$$未计量水率 = \frac{年供水量 - 年售水量}{年供水量} \times 100\% \qquad (9\text{-}1)$$

2）漏水率

漏水率，也称漏耗率或损失率或漏损率。

$$漏水率 = \frac{年漏水量}{年供水量} \times 100\% \qquad (9\text{-}2)$$

这种方法在实际运用中不易计算，采用较少。

3）单位管长漏水率

$$单位管长漏水率 = \frac{漏水量}{配水管长 \times 时间} \times 100\% \qquad (9\text{-}3)$$

这种方法是目前国际上公认的比较合理的衡量管网漏损水平的指标。

（2）管网供水损失量

供水损失量，是指供水总量和有效供水量之差。这种水量划分也是国际上通常采用的方法。

供水损失率的定义为：

$$供水损失率 = \frac{供水损失量}{供水量} \times 100\% \qquad (9\text{-}4)$$

按照定义：

$$供水损失量 = 供水量 - 有效水量 \qquad (9\text{-}5)$$

目前在计算供水损失量时采用的是：

$$供水损失量 = 供水量 - 售水量 \qquad (9\text{-}6)$$

供水量的划分见表 9-1。

供水量的划分　　　　　　　　　　　　表 9-1

供水量		收费水量	售水量
	有效供水量	未收费水量	用水而未付费用 消防用水 管道冲洗 管道施工排水 抢修排水
	无效供水量	明显漏水量	水表偏差 滴漏
		真实漏损量	输水管漏水 配水管漏水 进户管至水表漏水

3. 给水管网检漏的传统方法

（1）音频检漏

当水管有漏水口时，压力水从小口喷出，水就会与孔口发生摩擦，相当能量会在孔口消失，孔口处就形成振动。

听音检漏法分为阀栓听音和地面听音两种，前者用于漏水点预定位，后者用于精确定位。漏水点预定位法主要分阀栓听音法和漏水声自动监测法。

阀栓听音法：阀栓听音法是用听漏棒或电子放大听漏仪直接在管道暴露点（如消火栓、阀门及暴露的管道等）听测由漏水点产生的漏水声，从而确定漏水管道，缩小漏水检测范围。

漏水声自动监测法：泄漏噪声自动记录仪是由多台数据记录仪和一台控制器组成的整体化声波接收系统。只要将记录仪放在管网的不同地点，如消火栓、阀门及其他管道暴露点等。按预设时间（如凌晨 2：00～4：00）同时自动开/关记录仪，可记录管道各处的漏水声信号，该信号经数字化后自动存入记录仪中，并通过专用软件在计算机上进行处理，从而快速探测装有记录仪的管网区域内是否存在漏水。

漏水点精确定位：当通过预定位方法确定漏水管段后，用电子放大听漏仪在地面听测地下管道的漏水点，并进行精确定位。听测方式为沿着漏水管道走向以一定间距逐点听测比较，当地面拾音器越靠近漏水点时，听测到的漏水声越强，在漏水点上方达到最大，如图 9-4 所示。

图 9-4　漏水点精确定位

相关检漏法：相关检漏法是当前最先进最有效的一种检漏方法，特别适用于环境干扰噪声大、管道埋设太深或不适宜用地面听漏法的区域。用相关仪可快速准确地测出地下管道漏水点的精确位置。一套完整的相关仪是由一台相关仪主机（无线电接收机和微处理器等组成）、两台无线电发射机（带前置放大器）和两个高灵敏度振动传感器组成。图 9-5 为相关检漏仪进行管道检漏工作示意。其工作原理为：当管道漏水时，在漏口处会产生漏水声波，该波沿管道向远方传播，当把传感器放在管道或连接件的不同位置时，相关仪主机可测出该漏水声波传播到不同传感器的时间差 T，只要给定两个传感器之间管道的实际长度 L 和声波在该管道的传播速度 V，漏水点的位置 L_x 就可按下式计算出来：

$$L_x = \frac{L - V \times T}{2} \tag{9-7}$$

式中：V 取决于管材、管径和管道中的介质，单位为 m/s，并全部存入相关仪主机中。

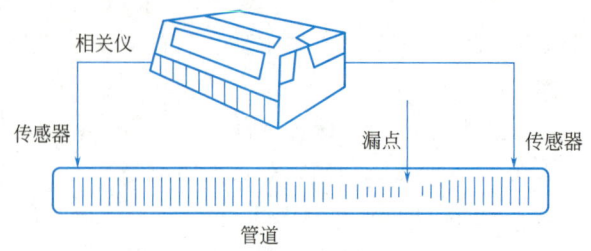

图 9-5　相关检漏仪进行管道检漏工作示意

（2）区域装表法

把整个给水管网分成小区，凡是和其他地区相通的阀门全部关闭，小区内暂停用水，然后开启装有水表的一条进水管上的阀门，使小区进水。如小区内的管网漏水，水表指针将会转动，由此可读出漏水量。

1）干管漏水量的测定。关闭主干管两端阀门和此干管上的所有支管阀门，再在一个阀门的两端焊 DN15 小管，装上水表，水表显示的流量就是此干管的漏水量。

2）区域漏水量的测定。要求同时抄表。

3）利用用户检修、基本不用水的机会，将用户阀门关闭，利用水池在一定时间内的落差计算漏水量。关闭用水阀门，根据水位下降计算漏水量。

（3）质量平衡检漏法

质量平衡检漏法工作原理为：在一段时间（Δt）内，测量的流入质量可能不等于测得的流出质量。

（4）水力坡降线法

水力坡降线法是根据上游站和下游站的流量等参数，计算出相应的水力坡降，然后分别按上游站出站压力和下游站进站压力作图，其交点就是理想的泄漏点。但是这种方法要求准确测出管道的流量、压力和温度值。

（5）统计检漏法

统计检漏法是一种不带管道模型的检漏方法。该方法根据在管道的入口和出口测取的流体流量和压力，连续计算泄漏的统计概率。对于最佳检测时间的确定，使用序列概率比试验方法。当泄漏确定后，可通过测量流量和压力及统计平均值估算泄漏量，用最小二乘算法进行泄漏定位。

（6）基于神经网络的检漏方法

基于神经网络检测管道泄漏的方法，能够运用自适应能力学习管道的各种工况，对管道运行状况进行分类识别，是一种基于经验的类似人类的认知过程的方法。试验证明这种方法是十分灵敏和有效的。这种检漏方法能够迅速准确预报出管道运行情况，检测管道运行故障并且有较强的抗恶劣环境和抗噪声干扰的能力。

4. 管网检漏应配备的仪器

我国城市供水公司生产规模、技术条件和经济条件等因素差异相当大，根据这些差异可分为四类：

第一类为最高日供水量超过 100 万 m^3，同时是直辖市、对外开放城市、重点旅游城市或国家一级企业的供水公司。

第二类为最高日供水量在 50 万～100 万 m³ 的其他省会城市或国家二级企业的供水公司。

第三类为最高日供水量在 10 万～50 万 m³ 的供水公司。

第四类为最高日供水量在 10 万 m³ 以下的供水公司。

根据供水量的差异，按下列情况配置必要的仪器：一类供水公司配备一定数量电子放大听漏仪（数字式）、听音棒、管线定位仪、井盖定位仪及超级型相关仪、漏水声自动记录仪。二类供水公司配备一定数量电子放大听漏仪（数字式）、听音棒、管线定位仪、井盖定位仪及普通型相关仪。三类供水公司配备一定数量电子放大听漏仪（模拟式）、听音棒、管线定位仪及井盖定位仪。四类供水公司配备少量电子放大听漏仪（模拟式）、听音棒、管线定位仪及井盖定位仪。

5. 管网漏水的处理与管道渗漏的修补

（1）管网漏水的处理方法

据以上方法测定的漏水量若超过允许值，则应进一步检测以确定准确漏水点再进行处理。根据现场不同的漏水情况，可以采取不同的处理方法。

1）直管段漏水处理，处理方法是将表面清理干净停水补焊。

2）法兰盘处漏水处理，更换橡皮垫圈，按法兰孔数配齐螺栓，注意在上螺栓时要对称紧固。如果是因基础不良而导致的，则应对管道加设支墩。

3）承插口漏水或承插口局部漏水，应将泄漏处两侧宽 30mm、深 50mm 的封口填料剔除，注意不要动不漏水的部位。用水冲洗干净后，再重新打油麻，捣实后再用青铅或石棉水泥封口。

（2）管道渗漏的修补

渗漏的表现形式有：接口渗水、窜水、砂眼喷水、管壁破裂等。可以使用快速抢修剂，快速抢修剂为稀土高科技产品，是应用在管道系统的紧急带压抢修的堵塞剂。其优点是：数分钟快速固化致硬，迅速止住漏水；抢修剂的堵塞处密封性好、防渗漏性能佳，抗水压强度高、胶粘度强、应用范围较广，如钢管、铸铁管、UPVC 管、混凝土管以及各类阀门的渗漏情况。

任务 9.3　地下给水管道施工

随着城乡居民生活水平的提高，城镇建设规模的扩大，特别是大力提倡城镇环境保护和节水节能的今天，对给水管线改造和新建工程的施工技术水平和质量要求越来越高。近年来，给水管道施工技术不断发展和提高，从开槽施工法发展到顶管施工、水平定向钻进施工和盾构施工等不开槽施工法，降低了对城镇工业生产和居民生活的影响，提高了工程质量和综合效益，加快了城镇建设的发展。

目前，管道开槽施工虽是传统的施工方法，但采用新管材、新技术和新设备，加快了工程进度，工期大大缩短，此法仍是城镇给水排水施工的主要方法。

不开槽施工，是指在地下铺设或修复旧管道利用少开挖或不开挖技术的施工方法，采用这一方法不需要在地面全线开挖、而只要从管线的特定场所出发，采用顶管、水平定向钻进等方法在地下敷设管道，这一特点对交通繁忙、人口密集、地面建筑物众多、地下构筑物和管线复杂的城市来说是非常重要的。为了减少对交通、市民正常活动的干扰，减少房屋的拆迁，改善市容和环境卫生，不开槽施工已成为地下管道施工的最佳方案。

9.3.1 给水管道构造

给水管道为压力流，在施工过程中要保证管材及其接口强度满足要求，并根据实际情况采取防腐、防冻措施；在使用过程中要保证管材不因地面荷载作用而引起损坏，管道接口不因管内水压而引起损坏。因此，给水管道的构造一般包括基础、管道、覆土三部分。

1. 基础

给水管道的基础用来防止管道不均匀沉陷造成管道破裂或接口损坏而漏水。一般情况有三种基础。

（1）天然基础

当管底地基土层承载力较高，地下水位较低时，可采用天然地基作为管道基础。施工时，将天然地基整平，管道铺设在未经扰动的原状土上即可，如图 9-6（a）所示。为安全起见可将天然地基夯实后再铺设管道；为保证管道铺设的位置正确，可将槽底做成 90°～135°的弧形槽。

（2）砂基础

当管底为岩石、碎石或多石地基时，对金属管道应铺设不小于 100mm 厚的中砂或粗砂，对非金属管道铺垫不小于 150mm 厚的中砂或粗砂，构成砂基础，再在上面铺设管道，如图 9-6（b）所示。

（3）混凝土基础

当管底地基土质松软，承载力低或铺设大管径的钢筋混凝土管道时，应采用混凝土基础。根据地基承载力的实际情况，可采用强度等级不低于 C10 的混凝土带形基础，也可采用混凝土枕基，如图 9-6（c）所示。

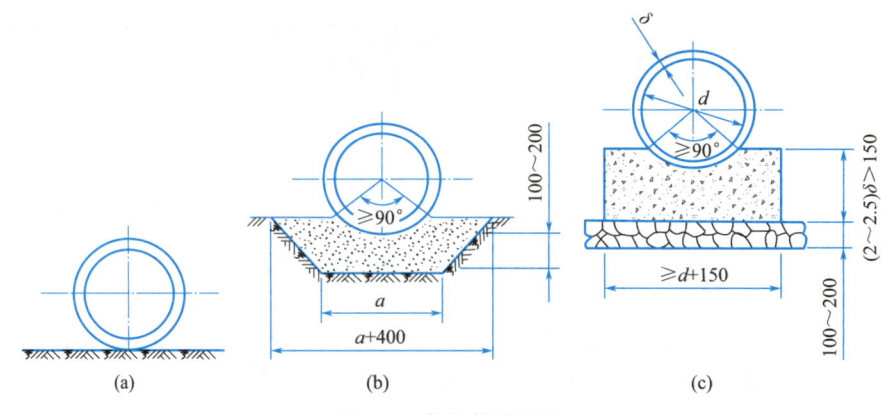

图 9-6　给水管道基础

（a）天然基础；（b）砂基础；（c）混凝土基础

混凝土带形基础是沿管道全长做成的基础，而混凝土枕基是只在管道接口处用混凝土块垫起，其他地方用中砂或粗砂填实。

对混凝土基础，如管道采用柔性接口，应每隔一定距离在柔性接口下，留出 600～800mm 的范围不浇筑混凝土而用中砂或粗砂填实，以使柔性接口有自由伸缩沉降的空间。

在流砂及淤泥地区，地下水位高，此时应先采取降水措施降低地下水位，再做混凝土基础。当流砂不严重时，将块石挤入槽底土层中，在块石间用砂砾找平。然后再做基础；当流砂严重或淤泥层较厚时，须先打砂桩，然后在砂桩上做混凝土基础。当淤泥层不厚时，可清除淤泥层换以砂砾或干土做人工垫层基础。

为保证荷载正确传递和管道铺设位置正确，可将混凝土基础表面做成 90°、135°、180°的管座。

2. 管道

（1）管道是指采用设计要求的管材，给水管道为压力流给水管材应满足下列要求：

1）要有足够的强度和刚度，以承受在运输、施工和正常输送水过程中所产生的各种荷载。

2）要有足够的密闭性，以保证经济有效的供水。

3）管道内壁应整齐光滑，以减小水头损失。

4）管道接口应施工简便且牢固可靠。

5）管道应寿命长、价格低廉且有较强的抗腐蚀能力。

（2）在市政给水管道工程中常用的给水管材主要有：

1）铸铁管

铸铁管主要用作埋地给水管道。与钢管相比具有制造较易，价格较低，耐腐蚀性较强等优点，其工作压力一般不超过 0.6MPa；但铸铁管质脆、不耐振动和弯折、重量大。我国生产的铸铁管有承插式和法兰盘式两种。承插式铸铁管分砂型离心铸铁管、连续铸铁管和球墨铸铁管三种。

球墨铸铁是通过（铸造铁水经添加球化剂后）球化和孕育处理得到球状石墨有效地提高了铸铁的机械性能，特别是提高了塑性和韧性，从而得到比碳钢还高的强度。

为了提高管材的韧性及抗腐蚀性，可采用球墨铸铁管，其主要成分石墨为球状结构，比石墨为片状结构的灰口铸铁管的强度高，故其管壁较薄，重量较轻，抗腐蚀性能远高于钢管和普通的铸铁管，是理想的市政给水管材。目前我国球墨铸铁管的产量低、产品规格少、故其价格较高。

法兰盘式铸铁管不适用于做市政埋地给水管道，一般常用作建（构）筑物内部的明装管道或地沟内的管道。

2）钢管

钢管具有自重轻、强度高、抗应变性能比铸铁管及钢筋混凝土压力管好、接口操作方便、承受管内水压力较高、管内水流水力条件好等优点；但钢管的耐腐蚀性能差，使用前应进行防腐处理。

钢管有普通无缝钢管和纵向焊接或螺旋缝焊接的焊接钢管。

3）钢筋混凝土压力管

钢筋混凝土压力管按照生产工艺分为预应力钢筋混凝土管和自应力钢筋混凝土管两

种，适宜做长距离输水管道，其缺点是质脆、体笨，运输与安装不便；管道转向、分支与变径目前还须采用金属配件。

4）预应力钢筒混凝土管（PCCP管）

预应力钢筒混凝土管是由钢板、钢丝和混凝土构成的复合管材，分为两种形式：一种是内衬式预应力钢筒混凝土（PCCP-L管），是在钢筒内衬以混凝土，钢筒外缠绕预应力钢丝，再敷设砂浆保护层而成。另一种是埋置式顺应力钢筒混凝土管（PCCP-E管），是将钢筒埋置在混凝土里面，然后在混凝土管芯上缠绕预应力钢丝，再敷设砂浆保护层。

5）塑料管

我国从20世纪60年代初，就开始用塑料管代替金属管做给水管道。塑料管具有良好的耐腐蚀性及一定的机械强度，加工成型与安装方便，输水能力强、材质轻、运输方便、价格便宜；但其强度较低、刚性差，热胀冷缩性大，在日光下老化速度加快，老化后易断裂。

目前国内用作给水管道的塑料管有热塑性塑料管和热固性塑料管两种。热塑性塑料管有硬聚氯乙烯管（UPVC管）、聚乙烯管（PE管）、聚丙烯管（PP管）、苯乙烯管（ABS工程塑料管）、高密度聚乙烯管（HDPE管）等。热固性塑料管主要是玻璃纤维增强树脂管（GRP管），它是一种新型的优质管材，重量轻、施工运输方便、耐腐蚀性强、寿命长、维护费用低，一般用于强腐蚀性土壤处。

6）给水管材的选择

应根据管径、内压、外部荷载和管道铺设地区的地形、地质、管材的供应等条件，按照安全、耐久、减少漏损、施工和维护方便、经济合理以及防止二次污染的原则，通过技术经济、安全等综合分析后确定。通常情况下，球磨铸铁管、钢管应用于市政配水管道与输水管道；非车行道下小管径配水管道可采用塑料管；应力钢筒混凝土管、钢筋混凝土管也常用作输水管。

采用金属管时应考虑防腐：内防腐（水泥砂浆衬里）；外防腐（环氧煤沥青、胶粘带、PE涂层、PP涂层）；电化学腐蚀（阴极保护）。

3. 覆土

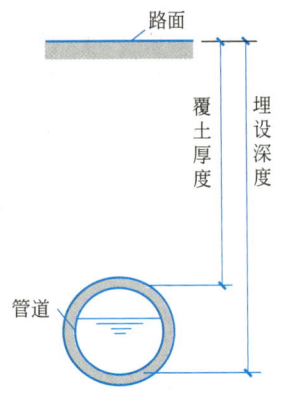

图9-7 管道覆土厚度

给水管道埋设在地面以下，其管顶以上应有一定厚度的覆土，以保证管道内的水在冬季不会因冰冻而结冰，在正常使用时不会因各种地面荷载作用而损坏。管道的覆土厚度是指管顶到地面的垂直距离，如图9-7所示。

在非冰冻地区，管道覆土厚度的大小主要取决于外部荷载、管材强度、管道交叉情况以及抗浮要求等因素。一般金属管道的最小覆土厚度在车行道下为0.7m，在人行道下为0.6m；非金属管道的覆土厚度不小于1.0～1.2m。当地面荷载较小，管材强度足够，或采取相应措施能确保管道不致因地面荷载作用而损坏时，覆土厚度的大小也可降低。

在冰冻地区，管道覆土厚度的大小，除考虑上述因素外还要考虑土壤的冰冻深度，一般应通过热力计算确定，通常覆土厚度应大于土壤的最大冰冻深度。当无实际资料不能通过热力计算确定时，管底在冰冻线以下的距离可按下列经验数据确定，如：

DN≤300mm 时，为（DN+200）mm；

300mm＜DN≤600mm 时，为 0.75DNmm；

DN＞600mm 时，为 0.5DNmm。

9.3.2 给水管网附属构筑物

为保证给水管网的正常工作，满足维护管理的需要，在给水管网上还需设置一些附属构筑物。常用的附属构筑物主要有以下几种：

1. 阀门井

给水管网中的各种附件一般都安装在阀门井中，使其有良好的操作和养护环境。阀门井的形状有圆形和矩形两种。阀门井的大小取决于管道的管径、覆土厚度及附件的种类、规格和数量。为便于操作、安装、拆卸与检修，井底到管道承口或法兰盘底的距离不应小于 0.1m，法兰盘与井壁的距离应大于 0.15m，从承口外边缘到井壁的距离应大于 0.3m，以便于接口施工。

阀门井一般用砖、石砌筑，也可用钢筋混凝土现场浇筑。其形式、规格和构造见市政工程设计施工系列图集《给水 排水工程（上、下）》或其他相关资料；阀门井尺寸见表 9-2。当阀门井位于地下水位以下时，井壁和井底应不透水，在管道井壁处必须保证有足够的水密性。在地下水位较高的地区，阀门井还应有良好的抗浮稳定性。

阀门井尺寸

表 9-2

阀门直径/mm	阀井内径/mm	管中到井底高/mm	地面操作立式阀门井		井下操作立式阀门井
			最小井深/mm		最小井深/mm
			方头阀门	手轮阀门	
75(80)	1000	440	1310	1380	1440
100	1000	450	1380	1440	1500
150	1200	475	1560	1630	1630
200	1400	500	1690	1880	1750
250	1400	525	1800	1940	1880
300	1600	550	1940	2130	2050
350	1800	675	2160	2350	2300
400	1800	700	2350	2540	2430
450	2000	725	2480	2850	2680
500	2000	750	2660	2980	2740
600	2000	800	3100	3480	3180
700	2200	850		3660	3430
800	2400	900		4230	3990
900	2400	950		4230	4120
1000	2800	1000		4850	4620

2. 泄水阀门井

泄水阀一般放置在阀门井中构成泄水阀门井，当由于地形因素排水管不能直接将水排走时，还应建造一个与阀门井相连的湿井。当需要泄水时，由排水管将水排入湿井，再用水泵将湿井中的水排走，如图 9-8 所示。

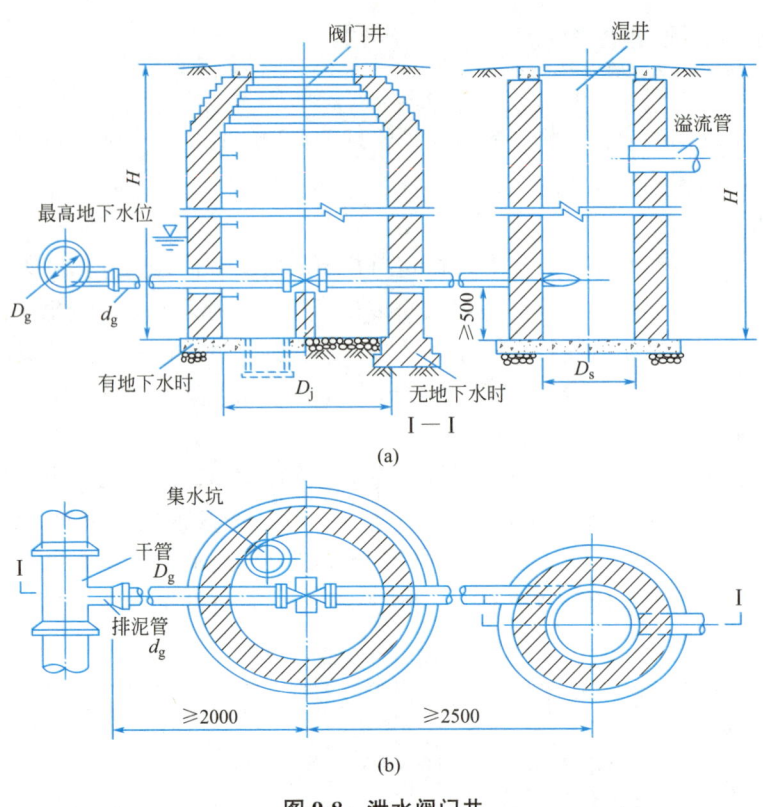

图 9-8　泄水阀门井

（a）剖面图；（b）平面图

泄水阀门井的构造和阀门井相同，其常见尺寸见表 9-3。

表 9-3

泄水阀门井尺寸

干管直径 /mm	泄水管直径/mm	井内径/mm	湿井内径/mm	管件规格/mm	
				三通	闸阀
200	75	1200	700	200×75	75
250	75	1200	700	200×75	75
300	75	1200	700	200×75	75
350	75～100	1200	700	300×75(100)	75～100
400	100～150	1200	1000	400×75(150)	100～150
450	150～200	1200～1400	1000	450×150(200)	150～200
500	150～200	1200～1400	1000	500×150(200)	150～200
600	200	1400	1000	600×200	200
700	200～250	1400	1000～1200	700×200(250)	200～250

续表

干管直径/mm	泄水管直径/mm	井内径/mm	湿井内径/mm	管件规格/mm	
				三通	闸阀
800	250	1400	1200	800×250	250
900	250～300	1600	1200	900×250(300)	250～300
1000	300～400	1800	1200	1000×300(400)	300～400

3. 排气阀门井

排气阀门井与阀门井相似，如图 9-9 所示。其尺寸见表 9-4。

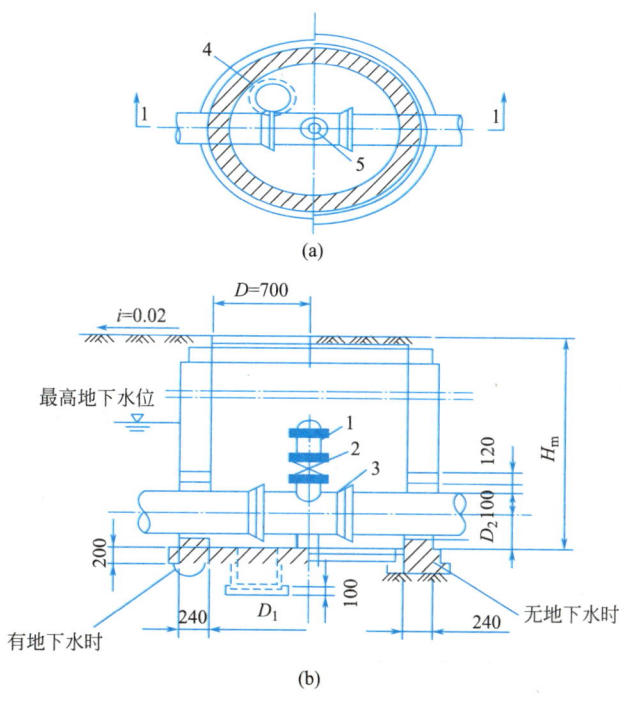

(a)

(b)

图 9-9　排气阀门井

1—排气阀；2—阀门；3—排气丁字管；4—集水坑（DN200 混凝土管）；5—支墩

排气阀门井尺寸　　　　　　　　　　　　　　　　　　　表 9-4

干管直径/mm	井内径/mm	最小井深/mm	排气阀规格	闸阀规格/mm	排气三通规格/mm
100	1200	1690	16 单口	75	100×75
120	1200	1740	16 单口	75	150×75
200	1200	1820	20 单口	75	200×75
250	1200	1870	20 单口	75	250×75
300	1200	1950	25 单口	75	300×75
350	1200	2000	25 单口	75	350×75
400	1200	2170	50 双口	75	400×75
450	1200	2210	50 双口	75	450×75

续表

干管直径/mm	井内径/mm	最小井深/mm	排气阀规格	闸阀规格/mm	排气三通规格/mm
500	1200	2260	50 双口	75	500×75
600	1200	2360	75 双口	75	600×75
700	1200	2480	75 双口	75	700×75
800	1400	2570	75 双口	75	800×75
900	1400	2780	100 双口	100	900×75
1000	1400	2880	100 双口	100	1000×100
1200	1400	3140	100 双口	100	1200×100
1400	1600	3590	150 双口	150	1400×150
1500	1800	3690	150 双口	150	1500×150
1600	1800	3790	150 双口	150	1600×150
1800	2400	4010	200 双口	200	1800×200
2000	2400	4210	120 双口	200	2000×200

4. 给水管道支墩

承插式接口的给水管道，在弯管、三通、变径管及水管末端盖板处，由于水流的作用都会产生向外的推力。当推力大于接口所能承受的阻力时，就可能导致接头松动脱节而漏水，因此必须设置支墩以承受此推力，防止漏水事故的发生。

但当管径小于 350mm，且试验压力不超过 980kPa 时；或管道转弯角度小于 10° 时，接头本身均足以承受水流产生的推力，此时可不设支墩。支墩一般用混凝土建造，也可用砖、石砌筑，一般有水平弯管支墩、垂直向上弯管支墩、垂直向下弯管支墩等，如图 9-10 所示。给水管道支墩的形状和尺寸参见市政工程设计施工系列图集《给水 排水工程（上、下）》或其他相关资料。

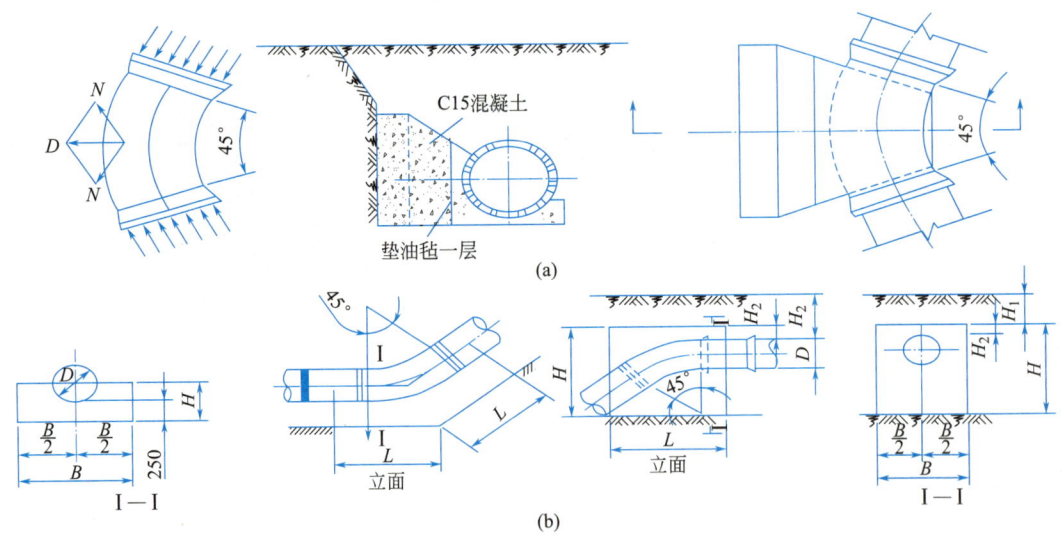

图 9-10 给水管道支墩

（a）水平弯管支墩；（b）垂直弯管支墩

5. 管道穿越障碍物

市政给水管道在通过铁路、公路、河谷时，必须采取一定的措施保证管道安全可靠通过。管道穿越铁路或公路时，其穿越地点、穿越方式和施工方法，应符合相应的技术规范的要求，并经过铁路或交通运输部门同意后才可实施。根据穿越的铁路或公路的重要性，一般可采取如下措施：

（1）穿越临时铁路、一般公路或非主要路线且管道埋设较深时，可不设套管，但应优先用铸铁管（青铅接口），并将铸铁管接口放在障碍物以外；也可选用钢管（焊接接口），但应采取防腐措施。

（2）穿越较重要的铁路或交通繁忙的公路时，管道应放在钢管或钢筋混凝土套管内，套管直径根据施工方法而定。大开挖施工时，应比给水管直径大 300mm，顶管施工时应比给水管直径大 600mm。套管应有一定的坡度以便排水，路的两侧应设阀门井，内设阀门和支墩，并根据具体情况在低的一侧设泄水阀。

给水管穿越铁路或公路时，其管顶或套管顶在铁路轨底或公路路面以下的深度不应小于 1.2m，以减轻路面荷载对管道的冲击。

根据穿越河谷的具体情况一般可采取如下措施：

1）当河谷较深，冲刷较严重，河道变迁较快时，应尽量设在现有桥梁的人行道下面穿越，此种方法施工、维护、检修方便，也最为经济。如不能架设在现有桥梁下穿越，则应以架空管的形式通过。架空管一般采用钢管焊接连接，两端设置阀门井和伸缩接头，最高点设置排气阀。架空管的高度和跨度以不影响航运为宜，一般矢高和跨度比为 1：6～1：8，常用 1：8。

架空管维护管理方便、防腐性好，但易遭破坏、防冻性差，在寒冷地区必须采取有效的防冻措施。

2）当河谷较浅，冲击较轻，河道航运繁忙，不适宜设置架空管；或穿越铁路和重要公路时，须采用倒虹管，如图 9-11 所示。

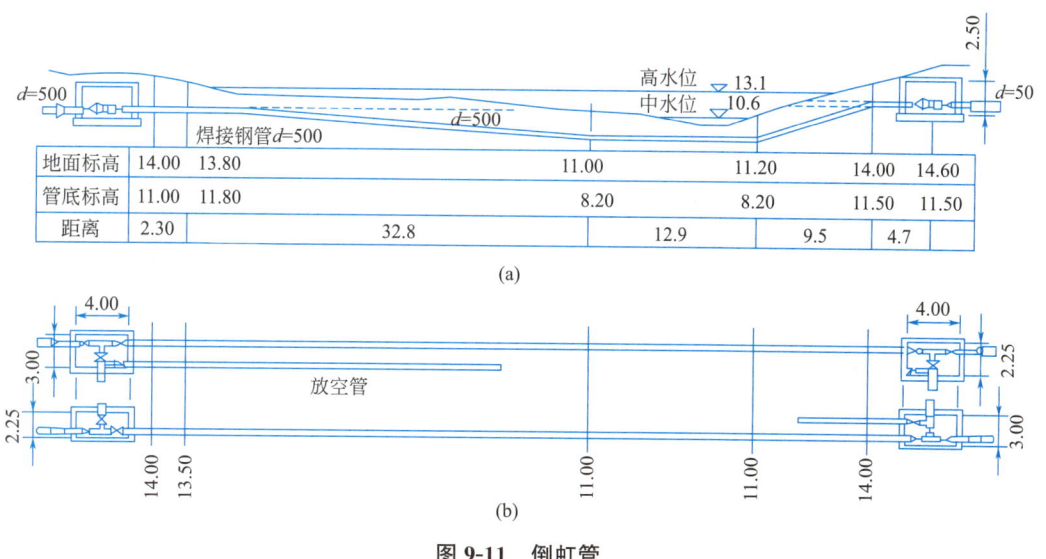

图 9-11　倒虹管
（a）纵剖面；（b）平面

倒虹管的穿越地点、穿越方式和施工方法，应符合相应的技术规范的要求，并经相关管理部门的同意后才可实施。倒虹管在河床下的深度一般不小于0.5m，但在航道线范围内不应小于1.0m；在铁路路轨底或公路路面下一般不小于1.2m。一般同时敷设两条，一条工作另一条备用，两端设置阀门井，最低处设置泄水阀以备检修用。一般采用钢管，焊接连接，并加强防腐措施，管径一般比其两端连接的管道的管径小一级，以增大水流速度，防止在低凹处淤积泥砂。

在穿越重要的河道、铁路和交通繁忙的公路时，可将倒虹管置于套管内，套管的管材和管径应根据施工方法确定。倒虹管具有适应性强、不影响航运、保温性好、隐蔽安全等优点，但施工复杂、检修麻烦，须做防腐。

9.3.3 给水管道工程施工图识读

给水管道工程施工图的识读是保证工程施工质量的前提，一般给水管道施工图包括平面图、纵剖面图、大样图和节点详图。

1. 平面图识读

管道平面图主要体现的是管道在平面上的相对位置以及管道敷设地带一定范围内的地形、地物和地貌情况，如图9-12所示。识读时应主要搞清以下问题：

（1）图纸比例、说明和图例。

（2）管道施工地带通路的宽度、长度、中心线坐标、折点坐标及路面上的障碍物情况。

（3）管道的管径、长度、节点号、桩号、转弯处坐标、中心线的方位角、道路中心线或永久性地物间的相对距离以及管道穿越障碍物的坐标等。

（4）与本管道相交、相近或平行的其他管道的位置及相互关系。

（5）附属构筑物的平面位置。

（6）主要材料明细表。

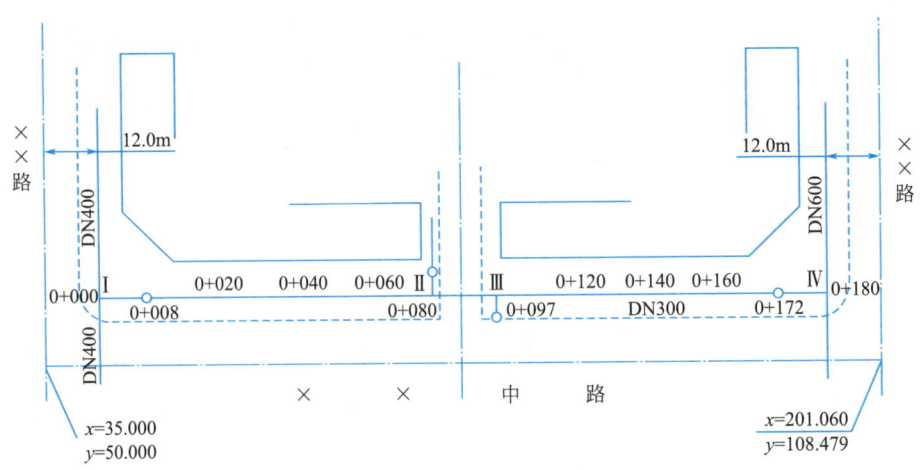

图9-12 管道平面图（示意）

2. 纵剖面图识读

纵剖面图主要体现管道的埋设情况，如图 9-13 所示。识读时应主要搞清以下问题：

（1）图纸横向比例、纵向比例、说明和图例。

（2）管道沿线的原地面标高和设计地面标高。

（3）管道的管中心标高和埋设深度。

（4）管道的敷设坡度、水平距离和桩号。

（5）管径、管材和基础。

（6）附属构筑物的位置、其他管线的位置及交叉处的管底标高。

（7）施工地段名称。

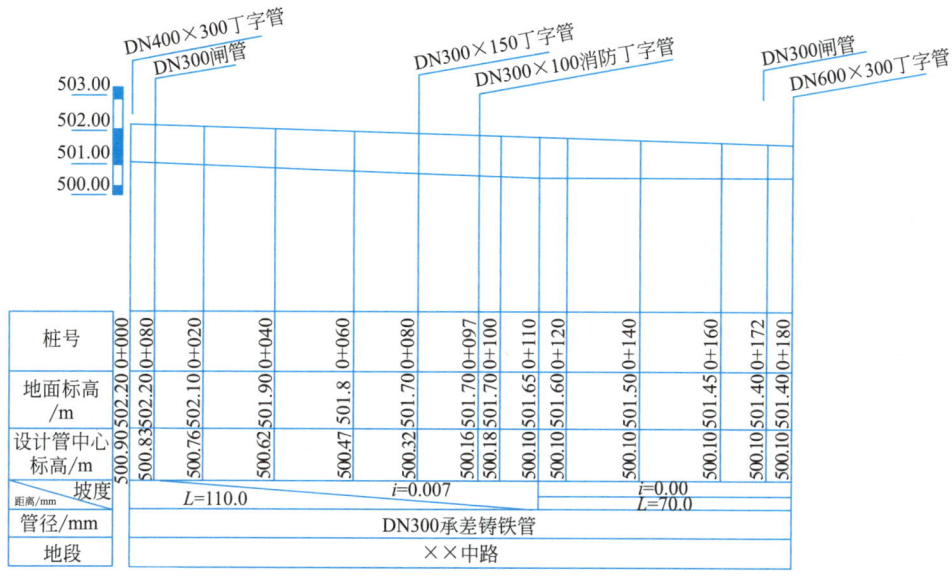

图 9-13　纵剖面图（示意）

3. 大样图识读

大样图主要是指阀门井、消火栓井、排气阀井、泄水阀井、支墩等的施工详图，一般由平面图和剖面图组成。识读时应主要搞清以下内容：

（1）图纸比例、说明和图例。

（2）井的平面尺寸、竖向尺寸、井壁厚度。

（3）井的组砌材料、强度等级、基础做法、井盖材料及大小。

（4）管件的名称、规格、数量及其连接方式。

（5）管道穿越井的位置及穿越处的构造。

（6）支墩的大小、形状及组砌材料。

4. 节点详图

节点详图主要是体现管网节点处各管件间的组合、连接情况，以保证管件组合经济合理、水流通畅，识读时应主要搞清以下内容：

（1）管网节点处所需的各种管件的名称、规格、数量。

（2）管件间的连接方式。

9.3.4 管道开槽施工

根据管道种类、地质条件、管材、施工机械条件等不同，管道开槽施工工艺有所不同，但其主要工艺步骤是相同的，如图 9-14 所示。其中，沟槽支撑和沟槽排水是管道开槽施工的临时安全措施，在沟槽开挖或开挖前进行，在沟槽回填或回填后拆除。

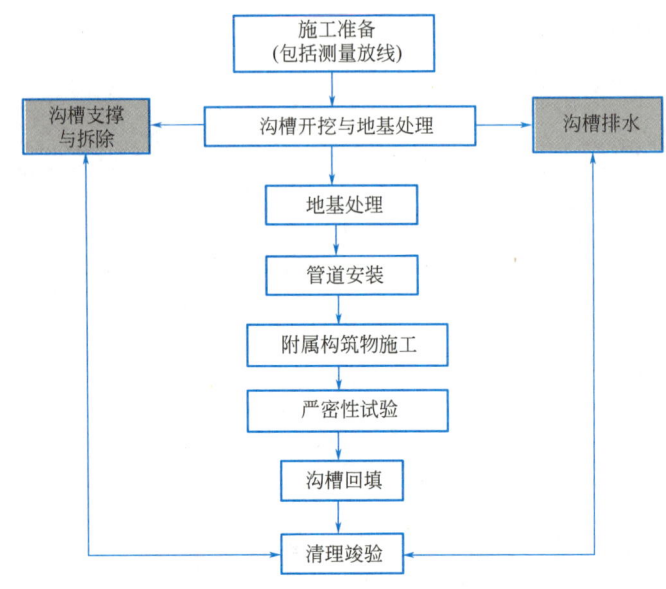

图 9-14 管道开槽施工工艺流程

1. 测量放线

沟槽的测量控制工作是保证管道施工质量的先决条件。管道工程开工前，应进行以下测量工作：

（1）核对水准点，建立临时水准点。

（2）核对接入原有管道或河道的高程。

（3）测设管道中心线、开挖沟槽边线、坡度线及附属构筑物的位量。

（4）推土堆料界限及其他临时用地范围。

在施工单位与设计单位进行交接后，施工人员按设计图纸及施工方案的要求，用全站仪等测量仪器测定管道的中线桩（中心线）、高程水准点。给水管道一般每隔 20m 设中心桩，排水管道一般每隔 10m 设中心桩，但在阀门井、管道分支处、检查井等附属构筑物处均应设中心桩。管道中心线测定后，在中心线两侧各量 1/2 沟槽上口宽度，拉线撒白灰，定出管沟开挖边线。测定管道中线桩并放出沟槽开挖边线的过程叫测量放线。

施工测量应实行施工单位复核制、监理单位复核制，填写相关记录，施工测量允许误差需符合表 9-5 的规定，并应满足《工程测量标准》GB 50026—2020 和《城市测量规范》CJJ/T 8—2011 的有关规定；对有特定要求的管道还应遵守其特殊规定。

项　目		允许偏差
水准测量高程闭合差	平　地	$\pm 20\sqrt{L}$（mm）
	山　地	$\pm 6\sqrt{n}$（mm）
导线测量方位角闭合差		$\pm 40\sqrt{n}$（"）
导线测量相对闭合差	开槽施工管道	1/1000
	其他方法施工管道	1/3000
直接丈量测距的两次较差		1/5000

施工测量允许误差　　　　　　　　　　表 9-5

注：1. L 为水准测量闭合线路的长度（km）；

　　2. n 为水准或导线测量的测站数量。

2. 沟槽开挖与地基处理

（1）沟槽断面形式

沟槽断面形式的选择依据管径大小、材质、埋深、土壤的性质等来选定。

常用的沟槽断面形式有直槽、梯形槽、混合槽及联合槽，如图 9-15 所示。

图 9-15　沟槽断面形式

（a）直槽；（b）梯形槽；（c）混合槽；（d）联合槽

1）直槽：即槽帮边坡基本为直坡（边坡坡度小于 0.05 的开挖断面），直槽一般用于工期短、深度较浅的小管径工程，或地下水位低于槽底，直槽深度不超过 1.5m 的情况。如在无地下水的天然湿度的土中开挖沟槽，可按直槽开挖，但最大开挖深度不超过表 9-6 的规定。在城区为减少开挖面积大多采用直槽断面形式，如深度超过最大挖深，则必须采用支护形式以保证施工安全。

2）梯形槽（大开槽）：即槽帮具有一定坡度的开挖断面，可不设支撑，应用较广泛。

3）混合槽：即由直槽与梯形槽组合而成的多层开挖断面，适合较深的沟槽开挖。

4）联合槽：一般用于平行铺设雨水和污水管道，即两条管道同沟槽施工。

直槽的最大开挖深度　　　　　　　　　　表 9-6

土质情况	最大挖深/m
砂土和砾石土	1.0
矿质粉土和黏质粉土	1.25
黏土	1.5
特别密实土	2.0

（2）沟槽开挖

沟槽开挖方法有人工开挖和机械开挖两种。如采用机械开挖，在接近槽底时，一定要采用人工开挖清底，以免造成超挖现象。

1）人工开挖

沟槽深度在 3m 以内，可直接采用人工开挖；超过 3m 应分层开挖。每层深度不宜超过 2m。人工开挖多层沟槽的层间留台宽度：放坡开槽时不应小于 0.8m，直槽时不应小于 0.5m，安装井点设备时不应小于 1.5m。

2）机械开挖

分层开挖时，沟槽分层的深度按机械性能确定。在机械开挖中常用单斗挖掘机和多斗挖土机。

液压挖掘装载机能完成挖掘、装载、起重、推土、回填、垫平等工作。常用于中小型管道沟槽的开挖，可边挖槽边安装管道。适用于一般大型机械不能适应的管沟施工现场。

（3）推土要求

1）不影响：建筑物、管线、其他设施。

2）不掩埋：消火栓、管道闸阀、雨水口与各种井盖、测量标志。

3）距沟槽边缘≥0.8m。

4）推土高度≤1.5m。

5）严禁超挖。

6）槽底不得受水浸泡和受冻。

7）槽壁平顺、边坡符合要求。

3. 沟槽土方量计算

计算土方工程量时应先确定沟槽开挖的断面形式。沟槽底宽与挖深，如图 9-16 所示。

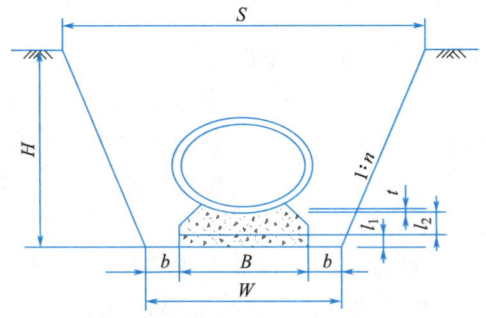

图 9-16　沟槽底宽与挖深

t—管壁厚度；l_2—管座厚度；l_1—基础厚度

$$沟槽底宽 \ W = B + 2b \tag{9-8}$$

式中：W——沟槽底宽度，m；

　　　B——基础结构宽度，m；

　　　b——工作面宽度，m。

$$沟槽上口宽度 \ S = W + 2nH \tag{9-9}$$

式中：S——沟槽上口宽度，m；

　　　n——沟槽槽壁边坡率；

　　　H——沟槽开挖深度，m。

n 值越小，边坡越陡，土体的下滑力大，一旦下滑力大于该土体的抗剪强度，土体会侧滑引起边坡坍塌。含水量大的土，土颗粒间产生润滑作用，使土粒间的内摩擦力或粘聚力减弱，因此应留有较缓的边坡。含水量小的砂土，颗粒间内摩擦力减少，亦不宜采用陡坡。当沟槽上荷载较大时，土体会在压力下产生滑移，因此边坡应缓一点，或采取支撑加固。深沟槽的上层槽应为缓坡。

4. 地基处理

（1）地基加固方法

地基的加固方法较多，管道地基的常用加固方法有换土、压实、挤密桩等（此处不再赘述）。

（2）地基处理规程

1）当挖深不超过 150mm 时，可用挖槽原土回填夯实，其压实度不应低于原地基土的密实度。

2）槽底地基土壤含水量较大，不适于压实时，应采取换填等有效措施。

3）排水不良造成地基土扰动时，扰动深度在 100mm 以内，宜填天然级配砂石或砂砾处理；扰动深度在 300mm 以内，但下部坚硬时，宜换填卵石或块石，并用砾石填充空隙并找平表面。

4）设计要求换填时，应按要求清槽，并经检查合格；回填材料应符合设计要求或有关规定。

5）柔性管道地基处理宜采用砂桩、搅拌桩等复合地基。

9.3.5　下管与稳管

下管是在沟槽和管道基础已经验收合格后进行，下管前应对管材进行检查与修补。管子经过检验、修补后，在下管前应在槽上排列成行（称排管），经核对管节管件无误方可下管。

压力流管道若为承插铸铁管时，承口应朝向介质流来的方向，并宜从下游开始铺设，以插口去对承口；当在坡度较大的地段，承口应朝上，为便于施工，由低处向高处铺设。

1. 下管方法

下管的方法要根据管材种类、管节的重量和长度、现场条件及机械设备等情况来确定，一般分为人工下管和机械下管两种形式。

（1）人工下管

人工下管多用于施工现场狭窄、不便于机械操作或重量不大的中小型管子，以方便施工操作安全为原则。

（2）机械下管

机械下管一般是用汽车式或履带式起重机械（多功能挖土机）进行下管，机械下管有分段下管和长管段下管两种方式。分段下管是起重机械将管子分别吊起后下入沟槽内。这种方式适用于大直径的铸铁管和钢筋混凝土管。长管段下管是将钢管节焊接连接成长串管段，用 2～3 台起重机联合起重下管。

2. 管子的装卸与堆放

管子在运输过程中，应有防止滚动和互相碰撞的措施。非金属管材可将管子放在有凹槽或两侧钉有木楔的垫木上。管子上下层之间应用垫木、草袋或麻袋隔开。装好的管子应用缆绳或钢丝绑牢，金属管材与缆绳或钢丝绑扎的接触处，应垫以草袋或麻袋等软衬，以免防腐层受到损伤。铸铁直管装车运输时，伸出车体外部分不应超过管子长度的1/4。

管节和管件装卸时应轻装轻放。运输时应垫稳、绑牢。不得相互撞击，接口及钢管的内外防腐层应采取保护措施；金属管、化学建材管及管件吊装时，应采用柔韧的绳索、兜身吊带或专用工具，采用钢丝绳或铁链时不得直接接触管节。

管节堆放宜选用平整、坚实的场地，堆放时必须垫稳，防止滚动，堆放层高可按照产品技术标准或生产厂家的要求。

3. 管节、管件贮存和运输

管节、管件贮存和运输过程中应采取防止变形措施，并符合下列规定：

（1）长途运输时，可采用套装方式装运，套装的管节间应设有衬垫材料，并应相对固定，严禁在运输过程中发生管与管之间、管与其他物体之间的碰撞。

（2）管节、管件运输时，全部直管宜设有支架。散装件运输应采用带挡板的平台和车辆均匀堆放，承插口管节及管件应分插口、承口两端交替堆放整齐。两侧加支垫，保持平稳。

（3）管节、管件搬运时，应小心轻放，不得抛、摔、托管以及受剧烈撞击和锐物的划伤。

（4）管节、管件应堆放在温度不超过40℃，并远离热源及带有腐蚀性试剂或溶剂的地方；室外堆放不应长期露天暴晒，堆放高度不应超过2.0m。堆放附近应有消防设施。

（5）橡胶圈贮存、运输应符合下列规定：

1）贮存的温度宜为−5～30℃。存放位置不宜长期受紫外线光源照射，离热源距离应不小于1m。

2）不得将橡胶圈与溶剂、易挥发物、油脂或对橡胶产生不良影响的物品放在一起。

3）在贮存、运输中不得长期受挤压。

4. 稳管

稳管是将管子按设计高程和位置稳定在地基或基础上。对距离较长的重力流管道工程，一般由下游向上游进行施工，以便使已安装的管道先期投入使用，同时也有利于地下水的排除。

稳管时，控制管道的轴线位置和高程是十分重要的，也是检查验收的主要项目。

（1）管道轴线位置的控制

轴线位置控制主要有中心线法和边线法两种。对于大型管道也可采用经纬仪或全站仪直接控制。

1）中心线法。在连接两块坡度板的中心钉之间的中线上挂一铅锤，当铅锤线通过水平尺中心时，表示管子已对中。

2）边线法。边线两端拴在槽底或槽壁的边桩上。稳管时控制管子水平直径处外皮与边线间的距离为一常数，则管道处于中心位置。用这种方法对中，比中心线法速度快，但准确度不如中心线法。金属给水管对中时，目测垂线在管道中心位置即可。

（2）高程控制

高程控制可用塔尺和水准仪直接控制（用于管节较长的化学管材施工），也可用测设的坡度板来间接控制（用于管节较短的钢筋混凝土管）。

坡度板控制高程，是沿管线每 10~15m 埋设一坡度板（又称龙门板、高程样板）。在稳管前出测量人员将管道的中心钉和高程钉测设在坡度板上，两高程钉之间的连线即为管底坡度的平行线，称为坡度线。坡度线上的任何一点到管内底的垂直距离为一常数，称为下反数。稳管时用制样尺（或称高程尺）垂直放入管内底中心处，根据下反数和坡度线就可控制高程。样尺高度一般取整数。

9.3.6　给水球墨铸铁管道安装施工

给水管道在沟槽开挖和基底处理后就可进行安装了。

球墨铸铁管属于柔性管道，具有强度高、韧性大、抗腐蚀能力好等优点。球墨铸铁管的接口主要有滑入式接口（T 形接口）、机械式接口（K 形接口）和法兰式接口（RF 形接口），以 T 形接口应用居多。这里主要介绍滑入式接口球墨铸铁管的安装。

1. T 形接口球墨铸铁管的安装程序

T 形接口形式如图 9-17 所示。

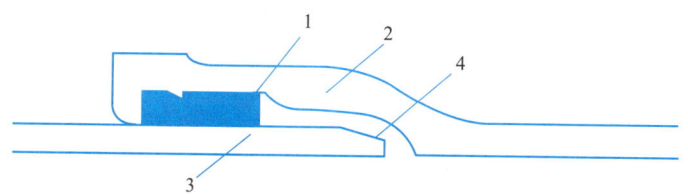

图 9-17　T 形接口

1—胶圈；2—承口；3—插口；4—坡口（锥度）

T 形接口球墨铸铁管安装的安装程序为：下管→管口清理→清理胶圈→上胶圈→安装机具设备→在插口外表面和胶圈上涂刷润滑油→顶推管子使插口插入承口→检查。

2. 顶推方法

滑入式接口（T 形接口）球墨铸铁管的安装方法有：撬杠顶入法、千斤顶顶入法、吊链拉入法和牵引机拉入等方法。

（1）撬杠顶入法

撬杠顶入法如图 9-18 所示，将撬杠插入待安装管承口端工作坑的土层中，在撬杠与承口端面间垫以木板，扳动撬杠使插口进入已连接管的承口，将管顶入。

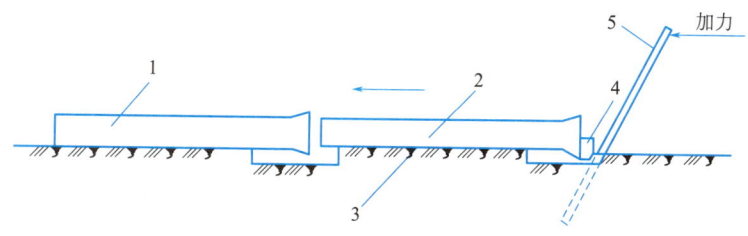

图 9-18　撬杠顶入法

1—已安装好的管子；2—待安装的管子；3—管沟底；4—垫木；5—撬杠

（2）千斤顶顶入法

先在管沟两侧各挖一竖槽，每槽内埋入一根方木作为后背，用钢丝绳、滑轮与符合管节模数的钢拉杆与千斤顶连接。启动千斤顶，将插口顶入承口，如图9-19所示。每顶进一根管子加一根钢拉杆，一般安装10根管子移动一次方木。

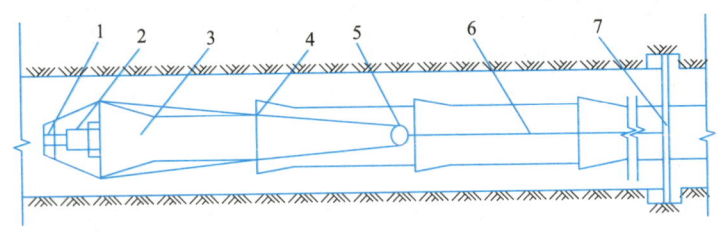

图9-19　千斤顶入法

1—垫木；2—千斤顶；3—管子；4—钢丝绳；5—滑轮；6—钢筋拉杆；7—方木

（3）吊链（捯链）拉入法

在已安装稳固的管子上拴住钢丝绳，在待拉入管子承口处放好后背横梁，用钢丝绳和吊链（捯链）连好绷紧对正，拉动吊链，即将插口拉入承口中，如图9-20所示。每接一根管子，将钢拉杆加长一节，安装数根管子后，移动一次拴管位置。

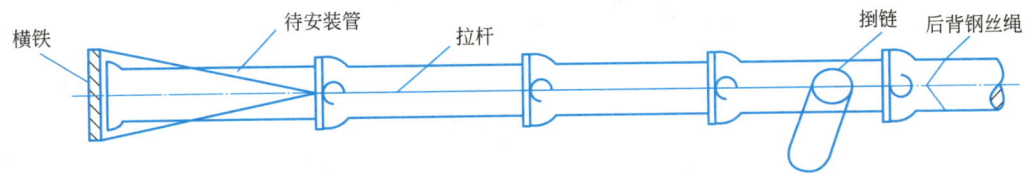

图9-20　吊链拉入法

（4）牵引机拉入法

在待连接管的承口处，横放一根后背方木，将方木、滑轮（或滑轮组）和钢丝绳连接好。启动牵引机械（如卷扬机、绞磨）将对好胶圈的插口拉入承口中，如图9-21所示。

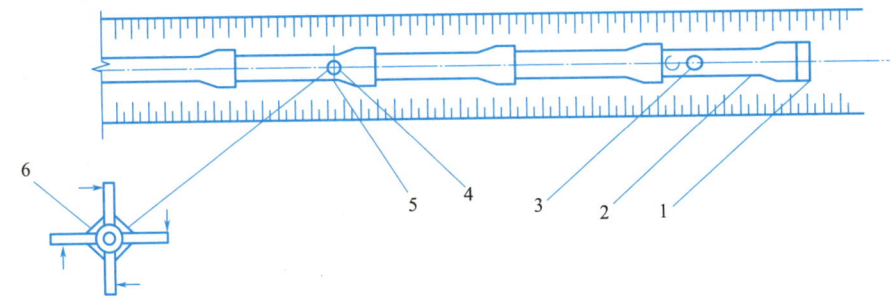

图9-21　牵引机拉入法

1—横木；2—钢丝绳；3—滑轮；4—转向滑轮；5—转向滑轮固定钢丝绳；6—绞磨

（5）推进工具

安装球墨铸铁管T形接口所使用的工具，按照顶推工艺的要求不同而有所差异，常用的工具有吊链、捯链、环链、钢丝绳、钩子、扳手、撬棍、探尺、钢卷尺等，也有一些专用工具，如连杆千斤顶（图 9-22）和专用环（图 9-23）。

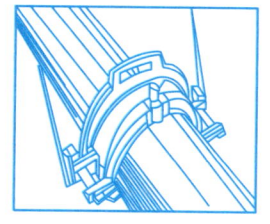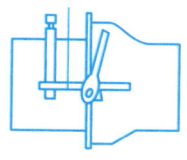　　　　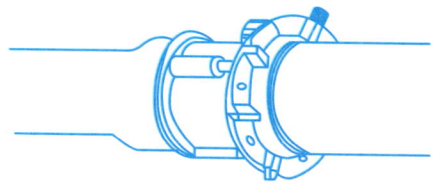

图 9-22　连杆千斤顶　　　　　　　　　　图 9-23　专用环

对球墨铸铁管 T 形接口进行安装拆卸比较方便。连杆千斤顶适用的管径为 DN80～DN250mm、专用环适用的管径为 DN300～DN2000mm。

3. 给水管道铺设质量验收标准（适用所有管材）

（1）管道埋设深度、轴线位置应符合设计要求，无压管道严禁倒坡。

（2）刚性管道无结构贯通裂缝和明显缺损情况。

（3）柔性管道的管壁不得出现纵向隆起、环向扁平和其他变形情况。

（4）管道铺设安装必须稳固，管道安装后应线形平直，无线漏、滴漏现象。渗水程度描述适用的术语、定义和标识符号按表 9-7 采用。

渗水程度描述适用的术语、定义和标识符号　　　　　表 9-7

术语	定义	标识符号
湿渍	混凝土管道内壁，呈现明显色泽变化的潮湿斑；在通风条件下潮湿斑可消失，即蒸发量大于渗入量的状态	⌗
渗水	水从混凝土管道内壁渗出，在内壁上可观察到明显的流挂水膜范围；在通风条件下水膜也不会消失，即渗入量大于蒸发量的状态	○
水珠	悬挂在混凝土管道内壁顶部的水珠，管道内侧壁渗漏水用细短棒引流并悬挂在其底部的水珠，其滴落间隔时间超过 1min；渗漏水用干棉纱能够拭干，但短时间内可观察到擦拭部位从湿润到水渗出的变化	◇
滴漏	悬挂在混凝土管道内壁顶部的水珠，管道内侧壁渗漏水用细短棒引流并悬挂在其底部的水珠，其滴落速度每 min 至少 1 滴；渗漏水用干棉纱不易拭干，且短时间内可观察到擦拭部位有水渗出和集聚的变化	▽
线流	指渗漏水呈线流、流淌或喷水状态	↓

（5）管道内应光洁平整，无杂物、油污；管道无明显渗水和水珠现象。

（6）管道与井室洞口之间无渗漏水。

（7）管道内外防腐层完整，无破损现象。

（8）钢管管道开孔应符合钢管安装的相应规定。

（9）闸阀安装应牢固、严密、启闭灵活、与管道轴线垂直。

（10）管道铺设的允许偏差应符合表 9-8 的规定。

管道铺设的允许偏差（单位：mm）　　　　表 9-8

	检查项目		允许偏差		检查数量		检查方法
					范围	点数	
1	水平轴线		无压管道	15	每节管	1 点	经纬仪测量或挂中线用钢尺测量
			压力管道	30			
2	管底高程	$Di \leqslant 1000$	无压管道	±10			水准仪测量
			压力管道	±30			
		$Di > 1000$	无压管道	±15			
			压力管道	±30			

9.3.7　给水钢管安装

钢管具有强度高、耐震动、长度大、接头少和加工接口方便等优点。但易生锈、不耐腐蚀、价格高。通常只在口径大、水压高以及穿越铁路、河谷和地震地区使用。

钢管在下管前一定要检查其质量是否符合要求，钢管在运输和安装过程中一定要注意保护防腐层不被破坏。管道安装前，管节应逐根测量、编号，宜选用管径相差最小的管节组对对接。

钢管的接口形式有焊接、法兰连接和各种柔性接口等。

1. 钢管过河架空施工

给水管道跨越河道时一般采用架空敷设，管材一般采用强度高、重量轻、韧性好、耐震动、管节长、加工接头方便的钢管。于管线高处设自动排气阀，为了防止冰冻与震害，管道应采取保温措施，设置抗震柔口；在管道转弯等应力集中处应设置支墩。其架空方法一般有如下两种：

（1）管道附设于桥梁上

管道跨河应尽量利用原建或拟建的桥梁铺设。可采用吊环法、托架法、桥台法等。

1）吊环法

安装要点：架空管道宜安装在现有公路桥一侧，采用吊环将管道固定于桥旁。仅在桥旁有吊装位置或公路桥设计已预留敷管位置条件下方可使用；管子外围设置隔热材料，予以保温。

2）托架法

安装要点：将过河管道架设在原建桥旁焊出的钢支架上通过，钢管过河管托架设置间距见表 9-9。

3）桥台法

安装要点：将过河管架设在现有桥旁的桥墩端部，桥墩间距不得大于钢管管道托架要求改道的间距。

钢管过河管托架设置间距　　　　表 9-9

管径/mm		70	80	100	125	150	200	250	300
间距/m	保温	4.0	4.0	4.5	5.0	6.0	7.0	8.0	8.5
	不保温	6.0	6.0	6.5	7.0	8.0	9.5	11.0	11.5

（2）支柱式架空管（桥管）

设置管道支柱时，应事先征得航运部门、航道管理部门及农田水利规划部门的同意，并协商确定管底标高、支柱断面、支柱跨度等。管道宜选择于河宽较窄，两岸地质条件较好的老土地段。支柱可采用钢筋混凝土桩架式支柱或预制支柱。

连接架空管和地下管之间的桥台部位，通常采用 S 弯部件，弯曲曲率为 45°～90°。若地质条件较差时，可于地下管道与弯头连接处安装波形伸缩节，以适应管道不均匀沉陷的需要。若处强震区地段，可在该处加设抗震柔口，以适应地震波引起管道沿轴向波动变形的需要。

9.3.8　硬聚氯乙烯（聚乙烯管、聚丙烯管及其复合管）给水管道安装

硬聚氯乙烯管、聚乙烯管、聚丙烯管及其复合管为柔性管道。

（1）管道及管件的质量检查

管节及管件的规格、性能应符合国家有关标准规定和设计要求，进入施工现场时其外观质量应符合下列规定：

1）不得有影响结构安全、使用功能及接口连接的质量缺陷。

2）内、外壁光滑、平整、无气泡、无裂纹、无脱皮和严重的冷斑及明显的痕纹、凹陷。

3）管节不得有异向弯曲，端口应平整。

（2）管道铺设

1）采用承插式（或套筒式）接口时，宜人工布管且在沟槽内连接，槽深大于 3m 或管外径大于 400mm 的管道，宜用非金属绳索兜住管节下管，严禁将管节翻滚抛入槽中。

2）采用电熔、热熔接口时，宜在沟槽边上将管道分段连接后以弹性铺管法移入沟槽；移入沟槽时，管道表面不得有明显的划痕。

9.3.9　玻璃钢夹砂管道安装

玻璃钢夹砂管是一种柔性的非金属复合材料管道，管道具有重量轻、刚度高、阻力小及抗腐蚀等特点。管节及管件的规格、性能应符合国家有关标准规定和设计要求，进入施工现场时其外观质量应符合要求；内、外径偏差、承口深度（安装标记环）、有效长度、管壁厚度、管端面垂直度等应符合产品标准规定；内、外表面应光滑平整，无划痕、分层、针孔、杂质、破碎等现象；管端面应平齐、无毛刺等缺陷；橡胶圈应符合相应的标准。以下是安装要点：

1. 当沟槽深度和宽度达到设计要求后，在基础相对应的管道接口位置下挖一个长约 50cm、深约 20cm 的接口工作坑。

2. 下管前进行外观检查，并清理管内壁杂物和泥土，特别是要注意将管内壁的一层塑料薄膜撕干净，以防供水时随水流剥落堵塞水表。

3. 准确测量已安装就位管道承口上的试压孔到承口端的距离，之后在待安装的管道插口上划限位线。

4. 在承口内表面均匀涂上润滑剂，然后把两个 O 形橡胶圈分别套装在插口上。

5. 每根玻璃钢管道承口端均有试压孔，安装时一定要将试压孔摆放在上部并使其处于两胶圈之间。

6. 用纤维带吊起管道，将承口与插口对好。采用捯链或顶推的方法将管道插口送入，直至限位线到达承口端为止。校核管道高程，使其达到设计要求，管道安装完毕。

7. 在试压孔上安装试压接头，进行打压试验。一般试验时间为 3～5min，压力降为零即表示合格。

9.3.10 给水管道严密性试验（水压试验）

给水管道一般为压力管道（工作压力大于或等于 0.1MPa），水压试验是检验压力管道安装质量的主控项目。水压试验是在管道部分回填之后和全部回填土前进行的。

水压试验分为预试验和主试验阶段。单口水压试验合格的大口径球墨铸铁管、玻璃钢管、预应力钢筋混凝土管或预应力混凝土管等管道，设计无要求时，压力管道可免去预试验阶段，而直接进行主试验阶段。

管道水压试验的试验压力按表 9-10 选择确定。

管道水压试验的试验压力表（单位：MPa） 表 9-10

管材种类	工作压力 P	试验压力
钢管	P	$P+0.5$，且不小于 0.9
球墨铸铁管	≤0.5	$2P$
	>0.5	$P+0.5$
预（自）应力混凝土管	≤0.6	$1.5P$
预应力钢筒混凝土管	>0.6	$P+0.3$
现浇钢筋混凝土管渠	P	$1.5P$
化学建材管	P	$1.5P$，且不小于 0.8

规范规定，水压试验合格的判定依据分为允许压力降值和允许渗水量值。按设计要求确定，如设计无要求时，应根据工程实际情况，选用其中一项值或同时采用两项值作为试验合格的最终判定依据。

1. 测定压力降值

采用允许压力降值进行最终合格判定依据时，需测定试验管段的压力降。

停止注水补压，稳定 15min；当 15min 后，压力下降不超过允许压力降数值时，将试验压力降至工作压力并保持恒压 30min，进行外观检查。若无漏水现象，则水压试验合格。

2. 测定渗水量（放水法）

当采用允许渗水量进行最终合格判定依据时，需测定试验管段的渗水量。

水压升至试验压力后开始计时，每当压力下降，应及时向管道内补水，但最大降压不得大于 0.03MPa，保持管道试验压力始终恒定，恒压延续时间不得少于 2h，并计算恒压时间补入试验管段内的水量。

实测渗水量应按下式计算：

$$q = \frac{W}{T \times L} \times 1000 \tag{9-10}$$

式中：q——实测渗水量，L/（min·km）；

　　　W——恒压时间补入管道的水量，L；

　　　T——从开始计时至保持恒压结束的时间，min；

　　　L——试验管段的长度，m。

当实测渗水量符合表 9-11 的规定及公式（9-11）～公式（9-15）规定的允许渗水量时，水压试验为合格。

压力管道水压试验的允许渗水量　　　　　表 9-11

管道内径 Di/mm	允许渗水量/[L/（min·km）]		
	焊接接口钢管	球墨铸铁管、玻璃钢管	预(自)应力混凝土管、预应力钢筒混凝土管
100	0.28	0.70	1.40
150	0.42	1.05	1.72
200	0.56	1.40	1.98
300	0.85	1.70	2.42
400	1.00	1.95	2.80
600	1.20	2.40	3.14
800	1.35	2.70	3.96
900	1.45	2.90	4.20
1000	1.50	3.00	4.42
1200	1.65	3.30	4.70
1400	1.75	—	5.00

注意：管道内径大于上表中的数值时，允许渗水量应按下列公式计算：

钢管：

$$q = 0.05\sqrt{Di} \tag{9-11}$$

铸铁管、球铁管：

$$q = 0.1\sqrt{Di} \tag{9-12}$$

预（自）应力混凝土管、预应力钢筒混凝土管：

$$q = 0.14\sqrt{Di} \tag{9-13}$$

现浇钢筋混凝土管渠：

$$q = 0.014\sqrt{Di} \tag{9-14}$$

硬聚氯乙烯管：

$$q = 3 \times \frac{Di}{25} \times \frac{p}{0.3a} \times \frac{1}{1440} \tag{9-15}$$

式中：q——管道允许渗水量，L/（min·km）；

Di——管道内径，mm；

p——压力管道的工作压力，MPa；

a——温度-压力折减系数。当试验水温 0～25℃时，a 取 1；当试验水温 25～30℃时，取 0.8；当试验水温 35～45℃时，a 取 0.63。

任务 9.4　地下排水管道养护

9.4 地下排水管道养护

9.5 地下给水管道施工

地下排水管道及其构筑物在使用过程中会不断损坏，如污水的污泥沉积淤塞排水管道、水流冲刷破坏排水构筑物、污水与气体腐蚀沟道及其构筑物、外荷载损坏结构强度等。

为了使排水系统构筑物设施经常处于完好状态、保持排水通畅、不积水与淤泥、发挥排水系统的排水能力，必须对排水系统进行养护排水管道养护工作的目的就是保持排水系统的排水能力和正常使用。养护内容包含管网巡查，对管道进行经常性检查、冲洗和清通；对污水管道和构筑物加强维修，使之始终处于完好状态，预防意外事故的发生。

9.4.1　地下排水管道巡查

排水管道属于地下隐蔽工程，需要定期巡查。巡查内容包含污水冒溢、晴天雨水口积水、井盖缺损、管道塌陷、违章占压、违章排放、私自接管以及影响管道排水的工程施工等情况。根据管道的特性，巡查内容有所侧重。

1. 重力管涵巡查

重力管涵包含重力管道和排水箱涵。重力管涵内水体在重力的作用下流动，受地形、坡度等影响，流速变化大，在流速缓慢的管段，水中杂质容易淤积，影响管道过水量和运行安全。按照规范要求重力管涵每隔一段距离必须设置检查井等设施，连接上下游管道及供养护人员检测、维护或进入管内的构筑物。

结合重力管涵特点，重力管涵巡查内容包含：管道是否畅通，有无壅水、堵塞；是否有地下水或海水进入；有无违章排放（工业废水、建筑泥砂浆水、油烟等）；有无其他管线违章接入；有无雨污水系统（雨污合流除外）混接等情况。

2. 压力管道巡查

压力管道通过水泵等提压促使污水流动，流速受动力消耗和管道材质等影响。压力管道淤积情况通常好于重力管道。

在排水压力管道中存在着大量的气体，这些气体来自几个方面：泵吸入、压力降低释放气体及污水自身产气。污水泵站发生非正常运行时，会产生水锤现象，而气体的存在又会加剧水锤危害，导致污水管破裂，一般采用设置透气井、排气阀等来解决这个问题。

结合压力管道特点，压力管道巡查内容包含：透气井是否有浮渣；排气阀、压力井、透气井设施是否完好有效；定期开盖检查压力井盖板，检查盖板是否锈蚀、密封垫是否老化、井体是否有裂缝及管内积淤等情况。

3. 路面巡查

城市排水检查井属半密闭空间，管道中含有硫化氢等有毒气体，因管理不善或作业不规范等易发生人员坠落或中毒致死事故；管道破损、接口脱落会造成污水外溢掏空路基，将导致地面塌陷，威胁行人及车辆安全。因此及时进行管道路面巡查是避免安全隐患、确保管网安全运行的重要手段。管道路面巡查内容包含：（1）排水管道周边路面、绿化带等是否有下陷、坍塌以及排水外溢等异常情况；（2）检查井盖是否破损、缺失、松动，有无下陷或高出路面，是否存在影响交通、安全及扰民等情况；（3）排水井盖有无与其他类别井盖混盖，机动车道上的井盖型号及材料是否符合要求；（4）有无破坏、覆盖污水管网及附属设备（井）现象，有无在管道上方违章建筑。

4. 截流设施巡查

按照建设规范城市排水管网进行的雨污分流设计，由于雨污管道混接、错接以及沿街店面任意倾倒废水、住宅阳台功能改变等，导致雨污分流不彻底。随着环境保护要求的提升，对雨水排放口、排放箱涵实施截流，将未分流的污水和初期雨水收集进入污水处理厂集中处理。雨水排放口和排放箱涵承担城市排洪功能，如何做到晴天污水全截流、雨天不影响排洪是截流设施建设和管理的重点。

为确保晴天截流设施的污水截流功能，日常巡查内容包含：（1）截流堰等构筑物是否完好；（2）截流闸门等设备是否处于正常运行工况中；（3）垃圾杂物是否及时清理；（4）晴天截流污水是否有溢流等。

9.4.2　地下排水管道日常养护技术

1. 检测井及附属构筑物养护技术

（1）井盖防跳

排水管道的建设通常跟随道路同步建设，道路上的检查井盖长期经受机动车等碾压，井盖与井框密合度容易下降，当车辆快速经过时，易发生井盖跳起脱离井座的事故，造成车损人伤甚至更严重的安全事故。常用的检查井井盖有非金属井盖，如水泥井盖、复合材料井盖等；金属井盖如球墨铸铁井盖等。非金属井盖一般由于破损或规格不匹配造成下沉或松动，容易造成松脱"弹跳"，应及时发现和更换。金属井盖除提高井盖加工精度，包括对铸铁井盖与井座的接触面进行车削加工外，还应在井盖和井框的接触面安装防震橡胶圈。

（2）井盖防沉降

沥青混凝土路面已成为城市道路中运用最广泛的路面，然而依附于道路上的各类检查井井盖普遍存在不同程度的损坏，严重影响城市道路的使用性能、危及车辆及行人的交通出行安全以及影响路面行车的舒适度。可调式防沉降井盖通过施工预装混凝土调节环（图 9-24），消除井盖对井圈的硬性压力，通过增宽其外沿，增大受力面积，使得井盖所承受的压力充分分散到路面，井盖受力情况如图 9-25 所示。可以根据需要将不同高度的混凝土调节环固定在窖井顶部，解决检查井沉陷、井盖周沥青混凝土脱落等问题。

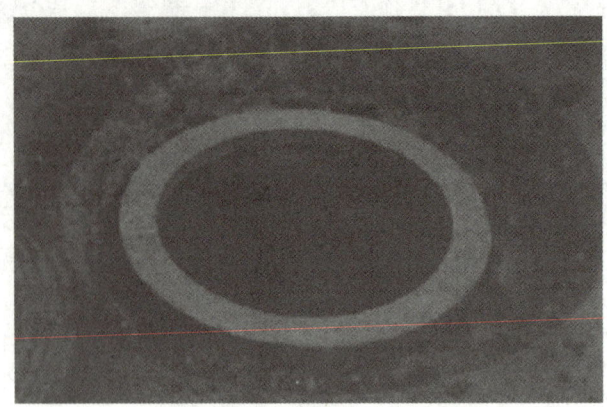

图 9-24　预装混凝土调节环

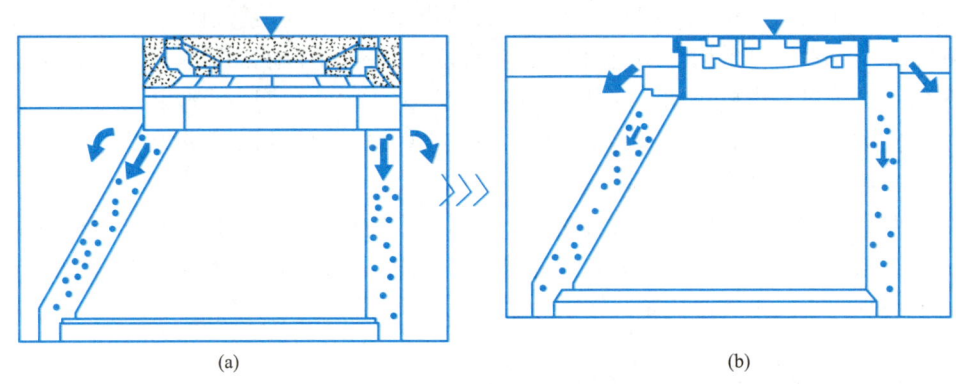

(a)　　　　　　　　　　　　　　　　　　　(b)

图 9-25　井盖受力情况

(a) 传统井盖落座在井筒上；(b) 防沉降井盖插入井筒内并与路面成一体

（3）水泥路面井盖快速更换技术

排水井盖通常位于机动车通行道路上，传统井盖更换方法（含路面切割和后期保养）所需时间约 28d。为尽量减少井盖更换期间对道路交通的影响，必须尽量缩短井盖更换时间。

下面介绍一种适合于水泥路面的快速更换井盖方法。

1）原材料的要求

① 水泥：采用强度等级为 42.5 的硅酸盐水泥。

② 钢筋：采用符合要求的 $\phi14mm$ 带肋钢筋。

③ 砂：采用质地坚硬、符合规定级配的洁净中粗砂。

2）搭建模板

① 预制一个正方形模板，其中用于水泥路面的模板规格为 $1.25m \times 1.25m \times 0.20m$，用于沥青路面的模板规格为 $1.25m \times 1.25m \times 0.10m$。

② 将球墨铸铁井盖固定在方形的模板内（图 9-26），调整好井座底位置离地面高度 80～100mm，便于混凝土的浇筑。

3）混凝土浇筑与振捣的要求

① 混凝土浇筑前应符合下列要求：

图 9-26　球墨铸铁井盖施工示意

A. 混凝土搅拌应严格按照施工配合比上料。混凝土的搅拌时间应按照配合比要求与施工对其工作性要求经试拌确定最佳搅拌时间，每盘最长总搅拌时间宜为 80～120s。

B. 模板位置、高程等符合设计要求。模板支撑应牢固，接缝严密，模内洁净，隔离剂涂刷均匀。

C. 钢筋的制作、安装符合要求。钢筋间隙不超过 15mm。

② 混凝土浇筑

浇筑前应将模板内的垃圾、泥土，钢筋上的油污等杂物清除干净。木模板应浇水使模板湿润，将混凝土浇筑到已搭建的正方形模板。

③ 采用插入式振捣棒振捣

振捣时，每一个位置的延续时间为 20～30s，时间不宜过长，以振至其表面出现气泡、泛出灰浆为准。移动间距应≥400mm，振捣上一层混凝土时，振动棒应插入下层混凝土内 100mm。浇灌过程中，不准振动钢筋。

4）混凝土井盖的养护

现场派专职的养护工对已经浇筑的混凝土污井盖进行 7d 养护。

5）井盖的快速更换

① 水泥混凝土路面切割破碎工序

A. 放样。根据预制好的污水井盖，放线 1.5m×1.5m 凿除。

B. 切割。按放样的标定线用切割机切割成规则的（1.50m×1.50m×0.25m）污井盖更换区。对于水泥混凝土修补材料，切割深度宜大于 0.25m。

C. 冲击破碎并清除。用混凝土破碎机具对切割后的污井盖及路面板进行破碎，使其成为碎片、碎屑，用修补工具将其清除干净。

② 更换井盖

A. 在清除干净的污井盖更换区底部，注入约 100mm 搅拌好的水泥砂浆，进行基层处理。

B. 用叉车将预制好的水泥污井盖垂直放置，保证井盖与检查井井壁对齐，调整井盖与周边路面顶面高差，控制在 ±5mm 范围内。

C. 将混凝土井盖四周凿毛，用搅拌好的水泥砂浆填入污井盖四周与路面衔接，水泥砂浆填充后用强夯机夯实，缝隙不宜超过 10mm。

6）沥青路面污水井盖快速更换

① 在清除干净的污井盖更换区底部，注入约 100mm 搅拌好的水泥砂浆，进行基层处理。

② 用叉车将预制好的沥青路面专用水泥污井盖垂直放置，保证井盖与检查井井壁对齐，调整井盖与周边路面顶面高差，控制在 ±5mm 范围内。

③ 沥青上面层施工前应将井框周围清理干净，混凝土表面凿毛（也可在混凝土终凝前进行拉毛）以便于与沥青结合，混凝土表面胶粘剂应喷洒均匀并粘结牢固。喷洒胶粘剂，在沥青摊铺前，应在井盖表面刷涂适量柴油，以保证井盖不被污染。

井口周围沥青厚度应不小于沥青上面层的设计厚度，实际施工过程中可适当增加 1～2cm。为保证井圈加固混凝土与沥青面层的结合，应在沥青摊铺前，将污井盖周边混凝土表面凿毛清洗干净并用水泥砂浆找平。

④ 沥青填充后用强夯机夯实。

7）更换污水井盖现场的养护

① 应对更换井盖的施工场所周围实施封闭养护，并悬挂警示标志。

② 无特殊情况，更换的井盖应在当天施工完成，以避免对周边居民及行人造成安全隐患。

③ 施工完成立即清理现场的垃圾及杂物，保持路面整洁。

2. 井下作业

井下作业属于有限空间作业，是指作业人员进入污水检查井实施的作业活动。由于作业空间封闭或部分封闭，进出口较为狭窄有限，因此未被设计为固定工作场所。又由于自然通风不良，因此易造成有毒有害、易燃易爆物质积聚或氧含量不足，如果作业不当则会引发中毒、缺氧、燃爆及坠落、溺水、电击等危害。

（1）井下作业流程

应尽可能减少井下作业，尽量利用工具或机械设备代替人工井下的工作。井下作业，必须执行下井作业相关制度。井下作业程序包括：

① 出车前检查。检查安全作业工具和设备是否齐全，性能是否良好。

② 到达现场后，车辆根据作业需要停放在合适的位置，尽量不妨碍交通和行人。

③ 设置警示标志。作业人员下车作业，须头戴安全帽、身穿反光服，在作业区域用反光路锥、三角旗（反光带）设置封闭作业区，将作业警示标志牌等警示标志放在适当且显眼的位置。

④ 作业现场严禁明火，严禁携带火种、易燃易爆物品下井。必须采用防爆型照明设备，其供电电压不得大于 12V。

⑤ 通风、降水和气体检测。井下作业期间必须保持管道内通风，观察井内水位和气体浓度变化情况，使用通风设备保持井内持续通风，每隔 20min 用气体检测仪检测一次，合格后才可继续作业。

⑥ 下井作业时，井上应有不少于两人监护。若进入管道，还应在井内增加监护人员作为中间联络员。监护人员不得擅离职守，要经常和井下作业人员保持联络。

⑦ 收尾工作。井下作业结束后，要盖回检查井盖，收拾好工具，清理并清洗作业

现场。

（2）井下通风

井下通风方式有自然通风和强制通风两种。一般地下管线检测采用自然通风即可，但必须打开作业井盖和其上下游 3～4 个井盖，通风时间不应小于 30min。当排水管道经过自然通风后，井下气体浓度仍不符合要求，作业前必须采用强制通风，可用鼓风机接上风管实施管道通风。管道内机械通风的平均风速不应小于 0.8m/s。

（3）气体检测

① 气体检测应测定井下的空气含氧量以及常见有毒有害、易燃易爆气体的浓度和爆炸范围。

② 井下的空气含氧量不得低于 19.5%。井下有毒有害气体的浓度除应符合国家现行有关标准的规定外，常见有毒有害、易燃易爆气体的浓度和爆炸范围还应符合表 9-12 的规定。

③ 气体检测人员必须经过专项技术培训，具备检测设备操作能力。

④ 应采用专用气体检测设备检测井下气体。可燃气体检测点应位于井口的中间位置。

⑤ 气体检测设备必须按相关规定定期进行检定，检定合格后方可使用。

⑥ 气体检测时，应先搅动作业井内泥水，使气体充分释放，保证测定井内气体实际浓度。

⑦ 检测记录应包括下列内容：检测时间、检测地点、检测方法和仪器、现场条件（温度、气压）、检测次数、检测结果和检测人员。气体检测读数应以表头读数平稳后的数据作为单次检测结果，每个点测 3 次，取平均值。

常见有毒有害、易燃易爆气体的浓度和爆炸范围　表 9-12

气体名称	相对密度（取空气相对密度为 1）	最高容许浓度①/（mg/m³）	时间加权平均容许浓度②/（mg/m³）	短时间接触容许浓度③/（mg/m³）	爆炸范围（容积百分比/%）	说明
硫化氢	1.19	10	—	—	4.3～45.5	—
一氧化碳	0.97	—	20	30	12.5～74.2	非高原
		20	—	—		海拔 2000～3000m
		15	—	—		海拔高于 3000m
氰化物	0.94	1	—	—	5.6～12.8	—
溶剂汽油	3.00～4.00	—	300	—	1.4～7.6	—
一氧化氮	1.03	—	15	—	不燃	—
甲烷	0.55	—	—	—	5.0～15.0	—
苯	2.71	—	6	10	1.45	—

注：①最高容许浓度指工作地点、在一个工作日内、任何时间有毒化学物质均不应超过的浓度；②时间加权平均容许浓度指以时间为权数规定的 8h 工作日、40h 工作周的平均容许解除浓度；③短时间接触容许浓度指在遵守时间加权平均容许浓度前提下容许短时间（15min）接触的浓度。

（4）管道清通

排水管网的清通是排水管网运行过程中一项长期工作，管道不畅通，对污水处理厂进水的水质、水量都会造成大的影响。清通的方法主要有水力清通、机械清通和专用设备清通三种方法。

1）水力清通

水力清通的方法是利用管道中污水，相邻河、湖水或是城市使用的自来水对污水管道进行冲洗。

① 冲洗原理：用人为的方法，提高沟道中的水头差，增加水流压力，加大流速和流量来清洗管道的沉积物。

② 具体操作方法：用带有钢丝绳的充气球体堵住检查井下游管段的进口，钢丝绳用固定支架与绞车相连。检查井上游管段充水，当井内水位升高并上升到1m左右时，突然释放球体内空气，这样球体就会逐渐缩小并浮至水面，由于水流的作用，充入的水在上游水头作用下，以较大的流速从球体下穿过，长期在管底沉积的淤泥由于水流作用会进入下游检查井中，这样淤泥就可用吸泥车抽走。

③ 我国城市排水管道清淤，用水力清通方法比较普遍。它的优点就是操作简便、安全可靠、工作效率高、工人工作条件较好。管道内污泥清除比较彻底，甚至一些沉积在管道中的碎砖瓦、石块也全部会被冲刷到下游检查井中，最后用吸泥车吸走。

2）机械清通

当管道沉积严重，特别是长年不清理，淤泥粘连密实，用水力清通效果较差时，一般要采用机械清通方式。在需要疏通的井段上下游井口地面上，分别设置一个绞车（人工绞车或机动绞车），如图9-27所示。将5～6cm宽的竹片衔接成长条，用竹片连通两井沟段，竹片的作用是使钢丝绳穿过沟道，把钢丝绳两端连接上通沟工具。这些工具一般可分为3种类型。

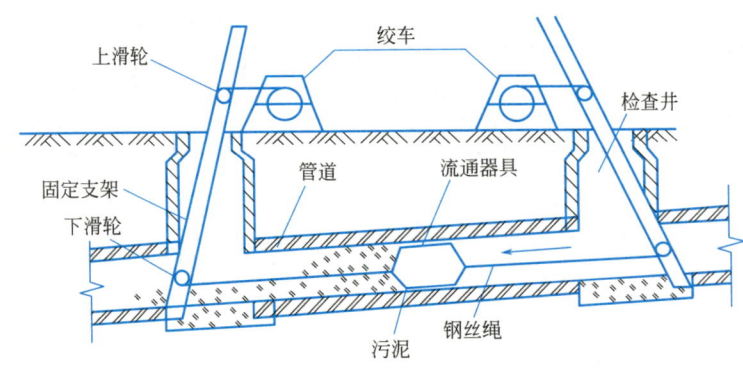

图 9-27　绞车疏通

① 起疏松游泥作用的耙犁工具，如铁锚、弹簧拉刀等。

② 起推移清除污泥作用的疏通工具，如拉泥刮板等。

③ 起清扫沟道作用的刷扫工具，适用于中小型管道，如管刷等。

3）专用设备清通

专用设备清通就是利用清通设备完成疏通、清除下水道中的污物，也是利用水力清通的一种方法，常用的有高压清洗车、联合疏通车等。

（5）管道清障

随着城市化发展，大量房地产开发及市政建设全面展开，部分城市雨水及污水管道出现了严重淤积情况，如施工企业将水泥砂浆、建筑废料等倾倒入管道。同时，出现了行道树的树根深入许多老旧管道内部，严重影响了管道的正常排水。这些严重的淤积情况，采用常规的高压冲洗车无法进行有效疏通清洗，特别是 400mm 以下的管道，由于无法进行人工作业，管理单位往往束手无策。

1）链式切割机型喷头

链式切割机型喷头如图 9-28 所示，该类型喷头专门用于清除管道内树根及严重淤积。喷头配套高压冲洗车作业，喷头前端有特种稀土合金刀头及特制链条（可根据管径及工况选择不同型号），配合不同支架放入管道，喷嘴为陶瓷制，通过高压水流推动喷头在管道内高速旋转对障碍物进行切割清除。

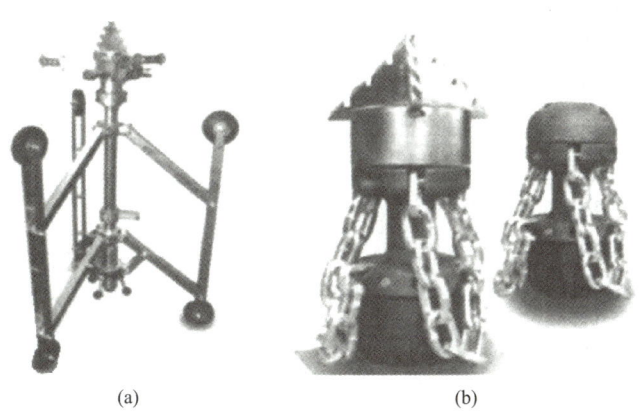

(a)　　　　　　　　　　　(b)

图 9-28　链式切割机型喷头

（a）链式切割机及支架；（b）链式切割机喷头

2）水泥粉碎机型喷头

水泥粉碎机型喷头如图 9-29 所示，该类型喷头专门用于管道混凝土等建筑废料淤积清除，喷头工作原理类似隧道及地铁掘进的"盾构机"。

（6）管道封堵及拆除

管道封堵前现场负责人应协调相关泵站或安装临时水泵以降低作业管段水位，并做好临时排水措施。封堵管道应先封上游管口，再封下游管口；拆除封堵时，应先拆下游管堵，再拆上游管堵。

图 9-29　水泥粉碎机型喷头

1）封堵管道可采用充气管塞、机械管塞、止水板、木塞、黏土麻袋或墙体等方式。封堵方法的选用应符合表 9-13 的要求。已变形的管道不得采用机械管塞封堵，带流槽的管道不得采用止水板封堵。

管道封堵方法　　　　　　　　　　　　　　　　　　　　表 9-13

管堵方法	小型管	中型管	大型管	特大型管
充气管塞	√	√	√	—
机械管塞	√	—	—	—
止水板	√	√	√	√

续表

管堵方法	小型管	中型管	大型管	特大型管
木塞	√	—	—	—
黏土麻袋	√	—	—	—
墙体	√	√	√	√

注：表中"√"表示适用，"—"表示不适用。

2）使用充气管塞封堵管道应符合下列规定：

① 必须使用合格的充气管塞。管塞所承受的水压不得大于该管塞的最大允许压力。安放管塞的部位不得留有石子等杂物。

② 应按规定的压力充气，在使用期间必须专人每天检查气压状况，发现低于规定气压时必须及时补气。

③ 应按规定做好防滑支撑措施。拆除管塞时应缓慢放气，并在下游安放拦截设备。

④ 放气时，井下操作人员不得在井内停留。

3）采用墙体封堵管道应符合下列规定：

① 根据水压和管径选择墙体的安全厚度，必要时应加设支撑。

② 在流水的管道中封堵时，宜在墙体中预埋一个或多个小口径短管，用于维持流水，当墙体达到使用强度后，再将预留孔封堵。

③ 大管径、深水位管道的墙体封拆，可采用潜水作业。

④ 拆除墙体前，应先拆除预埋短管内的管堵，放水降低上游水位；放水过程中人员不得在井内停留，待水流正常后方可开始拆除。墙体必须彻底拆除，并清理干净。

3. 特殊管道养护

（1）压力管道养护

压力管道是一个系统，相互关联、相互影响，牵一发而动全身。压力管道的日常维护是保证和延长其使用寿命的重要基础，因此压力管道的操作人员必须认真做好压力管道的日常维护工作。压力管道养护应符合下列规定：

① 定期巡视，及时发现并修理渗漏、冒漏等情况。

② 压力管应采用满负荷开泵的方式进行水力冲洗，至少每3个月一次。

③ 定期清除透气井内的浮渣。保持排气阀、压力井、透气井等附属设施的完好有效。

④ 定期开盖检查压力井盖板，发现盖板锈蚀、密封垫老化、井体裂缝、管内积泥等情况应及时维修保养。

（2）深水排放管道养护

排放口是将污水（雨水）向水体排放的构筑物。其任务是使排放的污水（雨水）与水体中的水尽快得到最大限度的混合，使排放污水中的污染物尽快得到稀释扩散并进一步降解净化。其中淹没式的深水排放口的环境效果最好，排放口前常设简单的沉淀池和加压泵站，经处理并加压后将污水送入污水输送管然后经排放口进入水体。

深水排放管道的养护应做好以下几个方面：

① 排放口周围水域不得进行拉网捕鱼、船只抛锚或工程作业。

② 排放口应设置浮标或标志牌，标志牌应定期检查和补上油漆，保持结构完好。

③ 排放口宜采用潜水检查的方法了解管道周围水域变化、管道淤积、构件腐蚀和水下生物附着情况。

④ 应定期采用满负荷开泵的方法进行水力冲洗，保持排放管和喷射口的畅通，每年冲洗的次数不应少于两次。

（3）倒虹管养护

倒虹管，是指倒虹吸的管道，是从地下或敷设在地面穿过河渠、溪谷、洼地或道路的输水压力管道，多采用钢筋混凝土管或预应力钢筋混凝土管，也可采用混凝土管或钢管。管道遇到河道、铁路等障碍物不能按原有高程埋设，而应按从障碍物下方绕过时采用的一种倒虹形管段。通过河道的倒虹管、一般不宜少于两条；通过谷地、旱沟或小河的倒虹管可采用一条。倒虹管在倒虹段容易产生淤积，除了在设计时满足特别考虑外，在日常保养中应做到以下几点：

① 倒虹管进水井的前一检查井应设置沉泥槽，并定期进行清淤。

② 倒虹管养护宜采用水量冲洗的方法，冲洗流速不宜小于 1.2m/s。在建有双倒虹管的地方，可采用关闭其中一条，集中水量冲洗另一条的方法。

③ 过河倒虹管的河床覆土不应小于 0.5m。在河床受冲刷的地方，应每年检查一次倒虹管的覆土状况。

④ 对过河倒虹管进行检修前，当需要抽空管道时，必须先进行验算。

项目 **10**

地下工程风险控制

1. 知识目标

在地下工程中，风险控制是确保工程顺利进行的重要环节。通过创新思维和详尽策略的应用，更加准确地认知和掌握地下工程风险，提高工程的安全性和经济性。

2. 能力目标

能够全面管理和监测地下工程项目，能够利用先进技术和解决方案降低施工风险，并积极探索创新的材料、技术和方法。

3. 素质目标

通过地下工程风险相关知识的学习，培养学生安全生产意识，切实增强做好安全生产工作的责任感、紧迫感和使命感以及培养学生解决实际问题能力。针对工程风险要按照防微杜渐、举一反三的要求，开展区域风险分析，找准主攻方向，避免事故发生。

　　由于城市环境复杂、地面及地下建（构）筑物密布并且工程活动频繁，使得城市地下工程建设期间存在着不可忽视的安全风险。城市地下工程风险是指工程在规划、设计、施工和运营的全过程中，安全风险事件可能导致的损失所造成工程项目的实际建设目标与预期建设目标之间的差异程度。差异程度越大，则安全风险越大，反之则越小。安全风险通常是指发生某种安全事故及其产生损失的各种可能情况的总和。

　　随着我国城市化进程的迅速加快，以城市轨道交通建设为主导的城市地下空间开发已进入高潮，为此将修建大量的地下工程。由于特殊的地理位置，城市地下工程通常是在软弱地层中施工，而且周边环境又极为复杂，存在较大的不确定性和安全风险。事实上，近年来国内外的城市地下工程建设中出现了多起安全事故，造成了严重的社会影响和重大的经济损失，究其原因主要在于：1. 没有从本质上认识安全事故的演化过程及形成机理，使得控制对策缺乏科学性；2. 某些核心技术没有实现突破，制约了整体技术水平的提高；3. 目前的安全性控制仍是以经验为主体，使得工程安全难以做到完全受控。这客观上已成为城市地下工程大规模建设中所面临的重要技术难题，由此也引起社会各界和政府有关部门的广泛关注。

　　近 30 年来，隧道及地下工程风险分析及应用研究得到了较大的发展，但在国外多以理念的建立和定性研究为主，定量的研究主要侧重于结构和岩土体介质材料的可靠度计算方法，缺乏可操作性；国内则侧重于监控量测、数值模拟分析以及监控量测方法和软件方面的研究，并依据经验标准对其安全性进行评价，过多地注重监测数据的信息化处理，具有明显的局限性。

　　隧道及地下工程的安全风险主要表现为工程结构自身安全风险和环境安全风险两个方面，而城市地下工程则以环境安全风险更为突出，也是风险控制的难点和重点。本质上，对安全事故的有效防控取决于对事故及灾害发生机理以及演化、孕育过程的深入认识。安全事故的发生是工程、结构、地层与环境综合作用的结果，而安全风险控制的关键在于针对不同类型的安全事故，进行系统的风险分析、评估、控制和监测，实现对工程建设全过程的风险控制。

　　由于城市环境和工程条件的复杂性，对地下工程的施工影响极其敏感，地下工程活动所引起的地层变形是造成环境安全事故的根源。因此，城市地下工程安全风险的控制应从隧道施工引起的地层变形机理和灾害发生机制出发，在系统分析"隧道开挖-地层变形-结构损害"相互作用关系的基础上，建立起基于技术主导的安全风险控制体系，提出"以结构现状评估为基础、以地层变形控制为核心、以地层加固和过程监测为重点、以工程建设安全为目标"的安全风险控制总体思路，实现对工程建设过程的动态控制。

　　以城市地下工程及其环境影响作为研究对象，在传统经验型控制方法的基础上，综合运用力学、工程灾害和工程管理等相关学科的研究成果，提出了基于关键技术的安全性系统控制方法，实现了城市地下工程建设安全性控制的技术突破，其创新性主要表现为：1. 基于系统论的观点，明确提出了包括结构现状安全性评估、影响预测及施工方案优化、过程控制方案制定、监控信息反馈和工后评估及恢复在内 5 阶段安全风险控制方法，实现了工程建设管理的规范化；2. 基于地层变形机理和隧道支护结构可靠性的理论分析，将地表沉降控制标准由 30mm 调整为 60mm，使其更加科学合理；3. 基于隧道施工过程力学的原理，建立了地层与结构变位分配的系统理论与方法，做到了毫米量级的分阶段控制，实现了精细化设计和施工；4. 基于注浆抬升机理的分析，提出四步骤的注浆模式，形成了以注浆为主体，可控制的结构变形恢复关键技术，使重要结构物的过程修复成为可能；5. 通过地层与结构动态作用关系的分析，明确了安全事故和灾害类型及其形成机理，并提出了相应的控制技术对策。由此实现了对工程建设过程的系统动态控制，整体提升了城市地下工程安全性控制的科学和技术水平。

城市地下工程建设中的安全事故是由地层变形所诱发，而地层与结构的动态作用关系则是安全性评估和控制的基础，由此所形成的安全风险控制体系适用于城市地表及地层中的各种建（构）筑物，包括地下管线、桥梁桩基、建筑物基础及既有轨道交通构筑物等。

今后 10～20 年内，我国的城市地下空间开发和利用将达到高潮，安全性控制仍将是其最核心的内容。城市地下工程将逐渐向多功能、复杂化和综合利用方向发展，所带来的安全性问题也将更加突出，如埋深增大后造成地层稳定性和结构水压力的控制、大规模复杂结构的建造方法和安全监控、地下空间结构的灾变防治等问题将更加突出。

任务 10.1　地下工程风险相关概念

10.1.1　城市地下工程建设全过程安全风险的来源

城市地下工程作为一种大型工程的建设，通常要经过以下几个阶段：预可行性研究（立项）阶段→可行性研究阶段→初步设计阶段→施工设计阶段→工程施工与建设阶段→项目竣工与工程验收阶段。在工程建设期的全过程中，其安全风险的产生和演化是非常复杂的，并具有多重风险耦合的特点，既可能来源于规划、设计和施工过程，也可能来源于建设期间安全风险控制标准值的制定。

1. 规划阶段是工程项目的筹划阶段，通常是在有限的地质资料基础上进行的决定，存在较大的主观性，规划阶段的决策结果直接决定了工程建设的安全风险环境，可以说，规划阶段的合理性对工程的设计和施工有着至关重要的影响。而由于在规划过程中，经验所占的成分较大，同时，方案的效果只能在施工阶段才能得到验证，因而规划阶段存在着一定的安全风险。

2. 设计是在规划的基础上进行的，理论上讲，城市地下工程设计过程中不会出现设计安全风险控制指标超过设计标准值，这是设计规范或相关规定所不允许的，也不可能通过审查。然而，设计安全风险却是客观存在的。这是因为在城市地下工程设计过程中存在着诸如计算模型差异、设计参数差异、人为失误以及结构过于复杂而导致目前的施工技术水平无法完全按照设计意图去实现等诸多因素所带来的不确定性。另一方面，规划阶段的不确定性也给设计阶段方案的制定带来了相应的风险。因而设计阶段同样存在着安全风险。

3. 施工阶段是工程项目的具体实施过程，理论上只要规划、设计方案合理，施工方法得当，就不会存在安全风险。然而，由于规划、设计过程均难免在地质条件的勘察和掌握上存在局限与疏漏，因而地质条件的不确定性将给规划设计方案带来一定的安全风险，在此基础上就导致了施工安全风险产生。另一方面，施工队伍本身的素质也是安全风险发生的因素之一，不同水平的施工队伍执行设计及应急的能力是有差别的。因此，施工阶段也是安全风险发生的主要来源。

4. 就城市地下工程建设期安全风险而言，控制标准的制定主要包含两方面：一是围岩稳定性控制标准，包括地下工程结构体的稳定性；二是地下工程施工影响范围内地层及各类结构物变形控制标准。不同城市地下工程地质条件及工程建设条件差异很大，不可能采用同一控制标准。关于前者目前国内外尚无统一定论，通常采用隧道开挖后的围岩变形量及变形速率作为判据。然而，该判据的确定更多依赖于经验法和数值模拟计算结果。由于市地下工程建设时间跨度较长，统计数据的可靠性及可比性存在局限，而数值模拟则存在模型、参数选取的不确定性等问题，同时，突水和围岩失稳存在着复杂的相互作用关系，因此，要准确制定围岩稳定性控制标准存在极大的难度。此外，目前对于城市地下工程地层变形机理的研究尚不够深入，地层变形标准也难以实现统一。由此可见，上述种种因素使得控制标准在制定过程中隐含很大的安全风险。

10.1.2　城市地下工程建设全过程安全风险形成机理

城市地下工程建设是现代都市发展的重要组成部分，对于改善交通、供水、排水等基础设施有着重要作用。然而，地下工程建设过程中存在着各种安全风险，这些风险的形成机理十分复杂且多样化。

1. 地下工程建设的施工过程中，土体的力学性质是一个关键因素。土体的稳定性受到很多因素的影响，例如土层的结构、含水量以及地下水位的变化等。当施工过程中土体的力学性质发生变化时，就会引发一系列的安全风险。例如，地下水位的降低可能导致土体干燥收缩而引发坍塌；相反，地下水位的上升可能导致土体流动性增加，增加沉陷的风险。此外，地下水位的变动也会引发地基沉降，进而对上层建筑物产生破坏。

2. 地下工程建设过程中的地质条件也是形成安全风险的一个重要因素。地质构造的变化会给地下工程建设带来很大的不确定性。例如，断层、岩层的出现都可能导致地下工程的破坏。此外，存在于地质构造中的裂隙、孔隙等都可能给施工过程带来一定的风险。这些裂隙、孔隙在作用力的作用下可能扩张，进而引发地下工程的塌陷或者冲刷。

3. 地下工程建设的设计和施工过程中的工程管理也是形成安全风险的原因之一。地下工程的设计和施工需要严格遵循相关的规范和标准，而一旦设计和施工不符合规范要求，就会增加安全风险的发生概率。例如，设计过程中的计算错误、施工中的材料选择不当等都可能导致地下工程的事故。

4. 地下工程建设过程中的人为操作也是造成安全风险的原因之一。工人在作业过程中的操作不当、安全意识不强等因素都可能导致安全事故的发生。例如，操作机械设备时的失误以及对气体中毒等危险的忽视都会增加地下工程的风险。

综上所述，城市地下工程建设全过程安全风险形成机理是一个复杂的系统。从土体的力学性质、地质条件以及工程设计、施工和人为操作等方面来看，都会对地下工程的安全性产生影响。因此，在地下工程建设过程中，需要充分考虑这些风险因素，并采取相应的措施来提高施工过程的安全性。只有这样，才能确保地下工程建设的顺利进行。

10.1.3　城市地下工程建设期安全风险管理的实质

1. 城市地下工程建设期所面临的安全风险主要包括勘探安全风险、设计安全风险、施工安全风险和运营安全风险。勘探安全风险指在地下工程勘探阶段可能导致地质灾害或人员伤亡的风险；设计安全风险是指地下工程设计方案存在缺陷或者因为资金、技术等原因导致的安全隐患；施工安全风险主要是指在地下工程施工过程中可能发生的事故；运营安全风险是指地下工程投入使用后可能出现的安全问题。

2. 为了科学地进行城市地下工程建设期安全风险管理，需要实施一系列的措施。首先，必须加强勘探工作，对地下工程的地质条件、地下水位等进行全面详细的调查和分析，以确保地下工程建设的可行性。同时，在设计阶段应充分考虑风险因素，加强与相关专业人员的沟通合作，不断完善设计方案。在施工过程中，应严格遵循安全操作规程，采取有效的措施，如设置安全防护措施、加强职工培训等，以确保施工过程安全可靠。最后，在地下工程建设投入使用后，应定期进行安全检查和隐患排查，及时处理存在的问题，确保工程的长期稳定运行。

3. 城市地下工程建设期安全风险管理的核心是科学预测和有效控制风险。科学预测风险是通过全面搜集和分析相关资料，运用专业知识和技术手段，对可能导致安全事故发生的因素进行评估和预测。而有效控制风险则需要根据风险预测结果，制订相应的安全措施和应急预案，严格执行，并及时评估和调整其有效性。只有在风险预测和风险控制两个环节都做到位，才能真正保障城市地下工程建设期的安全。

4. 城市地下工程建设期安全风险管理需要充分发挥各方面的作用。政府要加强对地下工程建设的监督和管理，制定相应的法律法规和政策措施，并加大执法力度，对违规行为进行严惩；施工方要切实履行安全责任，建立健全安全管理制度，培养专业的技术队伍；社会各界要加强宣传教育，提高公众安全意识，积极参与到安全监督中来。

10.1.4　城市地下工程及其安全风险特点

就规划、设计阶段而言，其过程就是一个减少或消除安全风险因素和改善安全风险环境的风险控制过程。比如人们进行的各种平纵线位的比选、防护设计和各种预加固、预支护设计以及选择复杂的开挖方法等都是为了规避设计安全风险因素或改善设计安全风险环境，进而规避安全事故的发生。规划设计过程中各种选择的正确性、设计成果的准确性以及防护措施的有效性都直接或间接关系着安全风险的大小。但这并不意味着要完全消除安全风险环境或安全风险因素，进而消除安全事故发生的可能性，因为这要以增加庞大的工程费用为代价。设计的目的是要将安全风险控制在可接受的范围内同时又使工程费用最省，即两个相互关联的设计原则：风险性最低原则和费用最低原则。

对施工阶段而言，施工过程即为对规划、设计方案的具体实施过程，是对规划、设计方案合理性的验证过程，同时也是对安全风险规避采取具体控制措施的过程。当然，施工过程本身也是会带来风险的，因此，城市地下工程建设期安全风险管理的实质即为风险、安全、效益多方面耦合的过程。

尽管地下工程有其复杂性，相比地面工程，具有隐蔽、布置灵活、不破坏原来地貌以及在特定条件下能够降低工程造价的优点。正是由于地下工程的这些优点或工程布置上的需要，地下工程在很多国家都得到较快的发展。指出地下工程复杂的一面，绝不等同于对它的否定，而在于使专业工作者对地下工程的特点有充分的认识，以加强勘探、设计和施工各方面的密切协作，更有效地建设地下工程。事实上，随着经验的积累、技术的进步和机械化程度的提高，地下工程必将更加充分地体现出其优点。国内外建设实践证明，只要做到严格遵循勘探、设计和施工的建设程序，密切地质、设计和施工等各专业之间的协作，充分掌握地质资料、正确选择施工方法、加强施工监测并及时反馈，地下工程建设必定会顺利成功。

10.1.5　目前地下工程安全风险管理中的主要问题

1. 对项目规划勘察阶段和设计阶段的安全风险研究重视程度不够。由于规划和设计阶段属于项目实施的准备阶段，其安全风险只能在施工或运营阶段体现出来，因此，后期发生某种事故很容易被看作是单纯由于施工或运营而产生的安全风险事故。实际中对规划或设计过程的安全风险研究往往被忽视。

2. 工程项目风险研究多局限于某一阶段，不能从整体和宏观上进行控制。以往的大量研究资料显示，大多关于工程风险的研究都限于某个建设阶段的研究，这其中又以设计阶段和施工阶段的风险研究居多。一些关于工程项目全寿命的风险管理也更多的是分别对各个阶段的风险进行分析评估，而没有考虑各阶段风险之间的关系。城市地下工程作为一个大型的系统工程，其规划阶段、设计阶段、施工阶段以及运营阶段的风险势必是相互联系的，各个阶段的风险又有其独特的特点，一旦不能很好处理，其必然会累积到随后阶段，可能会导致风险损失成倍增加或造成不可控的风险事故，这是应该引起人们重视的一个问题。

3. 风险指标与力学计算结合不够。在目前的隧道工程风险研究中，如隧道衬砌结构变形量、衬砌结构变形速率或地表沉降等硬指标缺乏，而常常采用一些无量纲的指标，例如风险度、效用值等，这些指标物理力学意义不明确，不能给人一个直观的认识，容易使风险研究进入误区。同时，目前的风险指标往往通过专家调查法等主观方法得到，缺少必要的力学理论分析、有限元计算及室内试验，使得风险指标的可靠性和准确性大打折扣。

4. 缺乏相关的历史统计资料。对于一些工程事故来说，事故资料处于被动公开局面，因而在进行风险研究时获得相关资料具有一定困难。另外，对于新时期发展起来的城市地下工程，有记载的事故资料相对缺乏，因而建立在统计资料上的分析方法目前并不适宜。目前的风险分析只能采用定性和半定量的分析方法，即根据专家经验和一些数学分析工具来进行风险分析。

5. 风险分析与可靠度概念混淆风险，它的意义包含"可能性""概率""不确定性"等，表示事物的一种不确定性状态。因此，有人将风险研究等同于可靠度研究或概率分析，将这两个概念混为一起使用，如概率风险、风险可靠度等。实际上，可靠度研究与风险分析确有许多共同点，例如都是以参数或目标的不确定性作为研究对象以及都存在概率分析等。但两者的研究也有很大不同：一是风险分析不仅仅局限于概率分析，还包括损失分析等其他研究内容；二是风险分析可以进行过程的连续分析，而可靠度研究由于其理论局限只能对过程中的某一点进行研究，对过程的分析是非连续的；三是可靠度理论应用时一般都是以安全分析为核心目标，不太关心经济指标，而风险分析则可以弥补这一不足，以实现技术、经济与环境三者的完美结合。因此，可靠度理论可以作为风险分析的一种方法，但不能等同于风险分析理论。

6. 难以实现真正的风险定量分析。近年来以实现风险定量分析为目标，对风险分析的研究做了许多工作，并取得了一些成果，但距离真正的风险定量分析还差得很远。目前所谓的定量分析，其实都是建立在定性分析的基础之上，将定性分析结果凭经验进行分类，然后运用层次分析法或模糊综合评判法等方法将定性结果定量化，得到风险指数，然后再进行定性评价，充其量只能称为半定量方法。进行类似的处理后，结果的可分析性显然要比定性结果大大增强，但与期望的结果还是有相当大的差距。而且不管是层次分析法还是模糊综合评判法，都存在着较大的人为影响因素，很难真正体现风险分析的评价和比较意义。因此，真正的风险定量分析及其实施等问题还有待进一步思考和研究。

任务 10.2　城市深基坑工程施工风险管理

10.2.1　城市深基坑工程的定义

10.1
深基坑
工程风险
控制

城市深基坑工程是指在城市建设中，为了处理地下空间的需求而进行的工程。它包括对于地下空间的挖掘、支护和加固等一系列工作。城市人口的增长，导致了对地下空间的需求日益增加。这就需要城市建设者采取一系列的措施，来满足人们对于地下空间利用的需求。

城市深基坑工程需要进行地下空间的挖掘。这是为了提供更多的地下空间，以满足城市发展的需求。在挖掘过程中，城市建设者需要根据相关规范和设计要求进行操作，确保挖掘的准确和安全。同时，还需要考虑地下空间的使用目的，以确定挖掘的深度和面积。城市深基坑工程需要进行地下空间的支护。这是为了确保挖掘后的空间能够稳定存在，并且不会对地上建筑物造成影响。在支护过程中，城市建设者需要选择合适的支护结构和材料，并进行合理的施工。同时，他们还需要监测地下空间的变形和应力情况，及时采取措施来保护支护结构的稳定性。通过科学的支护措施，城市建设者可以保障地下空间的安全和稳定，为地上建筑物提供坚实的基础。

城市深基坑工程需要进行地下空间的加固。这是为了提高地下空间的承载能力，以满足人们对于复杂地下结构的需求。在加固过程中，城市建设者需要选择合适的加固措施和材料，并进行精确的施工。同时，还需要考虑地下空间与地上建筑物的协同，确保加固后的地下空间能够与地上建筑物相互匹配。通过有效的加固措施，城市建设者可以增强地下空间的稳定性和安全性，为人们提供更加便捷和舒适的地下生活环境。

通过科学的操作和合理的设计，城市建设者可以为城市提供更多的地下空间，以满足人们对于地下空间利用的需求。这将有助于推动城市的发展和提升人们的生活质量。

10.2.2 城市深基坑工程施工风险的特点

城市深基坑工程施工是指在城市建设过程中，为了满足地下空间的开发和利用需求，进行的大规模基坑开挖和支护工程。在这个过程中，不可避免地会面临各种风险和挑战。本文将从工程复杂性、地质条件、环境因素和管理问题四个方面探讨城市深基坑工程施工风险的特点。

1. 城市深基坑工程的复杂性是其施工风险的主要特点之一。由于城市深基坑工程往往需要在繁忙的城市区域进行，因此施工空间狭小，周围存在众多的地下管线和建筑物。这就给施工过程中的地面膨胀和下沉、土体失稳等问题带来了巨大的挑战。同时，由于工程规模大、施工周期长、施工条件复杂，导致深基坑工程的施工风险更加突出。

2. 地质条件是城市深基坑工程施工风险的重要方面。由于城市地质情况的多样性，地下土体的物理力学性质、土层分布等都具有较大的差异。这就导致在不同地质条件下，基坑工程面临的风险也不尽相同。例如，在软弱土层中进行基坑开挖，容易出现土壤液化、沉降等问题；而在岩石层中进行基坑开挖，则可能面临岩爆、岩层破碎等地质灾害。

3. 环境因素也是城市深基坑工程施工风险的重要特点之一。城市深基坑工程的施工往往需要经过各种噪声、震动、尘埃等环境影响较大的区域。这些环境因素不仅对周围建筑物和管线造成影响，还可能对人员健康和施工质量产生不利影响。同时，城市深基坑工程施工往往需要使用大型机械设备和施工车辆，这就增加了施工过程中发生交通事故、设备故障等意外事件的风险。

4. 管理问题也是城市深基坑工程施工风险的一大特点。由于城市深基坑工程的施工规模大、周期长，需要协调各方资源和利益，管理问题变得尤为重要。例如，人员管理、施工队伍组织、安全管理等都需要高度的专业性和经验。同时，由于城市深基坑工程具有一定的不确定性，管理者需要及时调整施工计划和资源配置，以应对不同的风险和问题。

只有充分认识和理解城市深基坑工程施工风险的特点，才能切实做好施工风险的评估和控制工作。因此，在城市深基坑工程的施工过程中，我们必须加强工程设计、地质勘察和监测预警，完善施工管理和安全措施，以确保工程的安全顺利进行。

10.2.3 城市深基坑工程施工风险管理的定义及流程

城市深基坑工程施工风险管理是指针对城市建设中的深基坑工程所存在的各类不确定因素和潜在风险，采取一系列系统化的方法和措施，以最大限度地降低工程风险，并保障工程的安全、高效、顺利进行的过程。为了有效管理城市深基坑工程的风险，需要遵循一定的流程和步骤。

1. 风险识别是城市深基坑工程施工风险管理的第一步。这个阶段主要是通过收集和分析相关信息，确定可能出现的风险因素。例如，施工中可能会涉及地质条件复杂、地下管线错综复杂、周边建筑物安全等方面的风险。在识别风险的过程中，需要借助专业人员的经验和技术手段，对可能出现的风险进行全面的预测和评估。

2. 风险评估阶段。在这个阶段中，需要根据识别到的风险因素对其进行量化评估，确定每个风险事件发生的可能性和可能导致的影响。通过对风险的评估，可以对风险进行分类和排序，以便后续的风险应对措施的制定和优先级的确定。

3. 风险应对阶段。在这个阶段中，需要根据风险评估的结果，制定相应的风险应对策略和措施。根据不同的风险等级和影响程度，可以采取合适的措施进行风险的管理和控制。例如，对于高风险的事件可以采取更加严格的安全监控和管控措施，以确保工程的安全性。

4. 风险监控和反馈阶段。在整个深基坑工程的施工过程中，需要对风险进行持续的监控，并及时采取相应的纠正措施。通过建立完善的监测体系和信息反馈机制，可以实时了解施工中可能存在的风险情况，并及时进行调整和应对，以保障工程的顺利进行。

综上所述，城市深基坑工程施工风险管理的流程主要包括风险识别、风险评估、风险应对和风险监控和反馈四个阶段。通过科学化、系统化的管理方法，可以有效地降低城市深基坑工程所面临的各类风险，并保障工程的安全和顺利进行。只有在风险得到合理管理的基础上，才能确保城市建设的可持续发展。

10.2.4 城市深基坑工程施工风险因素识别

1. 施工风险识别的依据

随着社会生产力的发展，深基坑开挖深度和面积越来越大，特别是在施工阶段，深基坑工程面临施工难度大、不可预见性风险因素众多等问题，迫切需要对城市深基坑工程施工风险进行科学有效的评价。建立一套全面、科学、合理的城市深基坑工程施工风险评估指标体系，是对其进行有效评价的先决条件。

2. 施工风险识别的原则

（1）科学性原则

科学性是进行一切科学工作所必需的，城市深基坑工程施工难度大、不确定风险因素大量存在，并且随着施工进度不断变化。因此，在选取城市深基坑工程施工风险评价指标时，要以科学的理论为依据，目的清楚，能够反映整个基坑工程的风险等级；在建立施工风险评价指标体系时，应做到科学合理。

（2）动态性原则

城市深基坑施工过程中的各种风险因素并非一成不变，而是不断发生着动态的变化。不同的施工工艺条件和施工方法会导致不同的危险因素。有的风险因素贯穿于整个施工阶段，有的风险因素存在于部分施工阶段。因此，风险的识别工作必须是动态的过程，以保证城市深基坑工程施工风险因素识别的有效性。

（3）全面性原则

城市深基坑工程施工难度大、周边环境条件复杂，加上水文地质条件的影响，其施工过程中存在着诸多潜在性风险因素，风险系数一旦增加，导致的生命财产损失难以估量。因此，需要对城市深基坑工程施工阶段的风险因素进行全面识别，避免遗漏发生概率较大的风险因素，才能为后续城市深基坑工程施工风险控制奠定良好的基础。

（4）定性与定量相结合的原则

城市深基坑工程施工风险因素的识别应当将定性与定量相结合，只采用一种方法分析，会使研究的问题片面。因此，在定性分析的基础上加以量化，才能准确地反映城市深基坑工程施工风险的大小程度，更能使我们研究的问题更加全面以及更具有说服力。

（5）系统性原则

城市深基坑工程施工过程中，风险因素识别的准确性直接影响风险管理的有效性。为提高施工风险因素识别的准确度，应该对城市深基坑工程进行全面系统的调查分析，采用系统的方法识别风险因素，归纳出风险的类型及后果，从而将施工风险因素进行综合分类，得到城市深基坑工程施工风险评价指标体系。

3. 施工风险识别的方法

国内外针对城市深基坑工程施工风险识别最常用的识别方法主要有以下几类：

（1）德尔菲法

德尔菲法是专家调查法的一种，其本质是一种利用函询形式进行群体间的匿名沟通。基本流程是：选取专家调查小组，将当前需要研究的相关问题通过信件的方式发送给专家小组，征求其反馈意见，然后归纳总结收集到的首轮专家调查意见，形成首轮调查综合结果；将整理的综合结果再次通过邮件的方式发送给专家小组，最后由这些专家小组人员对其进行修正。多次重复这一流程，在征求意见、集中意见、反馈意见的过程中，最终得到了一个大致的共识和结论。该方法能最大限度地发挥各专家的作用，集思广益，精确度高，能最大限度地反映出专家意见的分歧，从而达到取长补短的目的。

（2）核查表法

核查表法是对以往工程项目实例的风险因素、治理方法以及经验教训进行归纳总结、整理成表的一种方法。在对工程项目进行风险识别时，将当前的工程项目与整理的风险表进行比较，筛选出相同的风险因素。

（3）情景分析法

情景分析法，又称情景描述法，是指对有关事物进行系统的分析，从而描绘出所有的未来发展趋势。该方法能够预测、识别项目的主要风险因素及影响水平，并能在项目发生前采取相应的防范措施，防患于未然。

（4）故障树分析法

故障树分析法是以故障树为模型来进行系统的可靠性分析的一种方法。它在基本失效模式的基础上，建立故障树，发现故障根源，然后针对薄弱环节进行分析和改进，以防止事故的发生。

（5）WBS-RBS 法

WBS-RBS（Work Breakdown Structure-Risk Breakdown Structure，简称 WBS-RBS）法即工作风险分解法，主张从横向和纵向两个角度对项目风险进行识别。首先从纵向将项目工作按照项目、任务、工作、活动的层次进行分解，从横向将可能出现的风险进行分解，然后使两次分解结果耦合转化，从而识别出整个项目的风险。WBS-RBS 法可以较为全面地识别出风险影响因素，适合于较为复杂的项目。

综上分析，施工风险因素识别的方法多种多样，但各有利弊，任何一种方法都有其自身的缺陷，因此，任何一种单一识别方法都无法完全准确地辨识出引起风险事故的所有因素。因此，为增加施工风险识别的科学性、系统性，结合城市深基坑工程的施工特点及实际条件以及指标构建的需要，选取 WBS-RBS 法和主成分分析法组合使用的方法，进行城市深基坑工程施工风险因素识别研究。

10.2.5　城市深基坑施工风险因素清单

城市深基坑施工是一项复杂而高风险的工程。在这个过程中，存在着许多潜在的风险因素，可能会对施工进展和人员安全造成严重影响。以下是城市深基坑施工风险因素的清单，以帮助项目团队更好地理解和应对这些挑战。

1. 地质条件

地质条件是决定基坑施工成功与否的重要因素之一。在城市环境中，土壤层的稳定性和岩石的坚固程度可能存在差异。不同地质条件下，施工所需的支护结构和方法也有所不同。因此，地质勘探和分析是非常必要的，需要以此确定最佳的施工策略，并评估潜在的地质风险。

2. 基坑设计

基坑设计的合理性直接影响着施工的顺利进行。设计过程中需要考虑土壤的承载能力、基坑的深度和宽度以及周围建筑物的影响。如果基坑设计不合理或者考虑不周全，可能导致基坑的倒塌、地下水涌入以及周围建筑物的损坏。

3. 地下水位

地下水位是另一个需要考虑的重要因素。深基坑一旦挖掘，往往会遇到高水压环境。如果未采取适当的排水措施，地下水可能会渗入基坑，对施工安全和工程质量造成严重威胁。因此，在施工前必须评估地下水位的水平，并制定相应的排水方案。

4. 基坑支护

基坑支护结构的稳定性是确保施工安全的关键。支护结构可以采用土工材料、钢桩、混凝土墙等不同的形式。然而，在选择支护结构时，需要考虑土壤条件、周围建筑物的影响以及长期使用过程中的变化等因素。如果支护结构设计不当或者施工过程中出现问题，可能导致基坑塌陷、土体失稳等严重事故。

5. 施工工艺

施工工艺的合理性和施工过程的控制对于基坑施工至关重要。不同的施工工艺需要采取相应的措施和技术手段，以确保施工安全和质量。同时，每个阶段都需要仔细监测和控制施工过程中的变量，例如土压力、承载能力等，以避免不必要的风险。

6. 周围环境

城市深基坑施工通常在密集的建筑物群中进行，周围环境的影响不可忽视。高楼大厦、管线设施以及交通道路等都可能对施工过程产生影响。因此，必须充分了解周围环境，并采取预防措施，以减少潜在的危险性。

7. 管理与监测

合理的管理和监测是城市深基坑施工过程中的关键环节。项目团队需要建立有效的管理体系，明确责任和任务分工，制定详细的施工计划，并定期进行检查和评估。同时，实时监测和记录施工过程中的关键参数，如土壤变形、周围建筑物的位移等，以便及时调整施工策略，确保施工安全。

总之，城市深基坑施工涉及的风险因素众多，包括地质条件、基坑设计、地下水位、基坑支护、施工工艺、周围环境以及管理与监测等方面。项目团队应该对这些风险因素有清晰的认识，并制定相应的应对措施，以确保施工安全和工程质量。只有在充分考虑和预防潜在风险的情况下，才能顺利地完成城市深基坑施工任务。

任务 10.3　地下连续墙工程风险控制要点

地下连续墙工程是一项重要的基础工程，常用于土建项目中的基坑支护。在进行地下连续墙工程时，必须重视风险控制，以确保工程质量和施工安全。

10.2
地下连续
墙工程
风险控制

10.3.1　地下连续墙施工风险源的辨识与风险控制

1. 风险源的辨识方法

作为深基坑支护的有效形式之一，采用地下连续墙的主要原因是它具有良好的抗荷载和抗变形能力，而地下连续墙的施工质量对其性能有很大的影响。

地下连续墙的特点有相对施工量更大、地下的地质条件特殊、相对施工难度更大等。地下连续墙施工难以探测地下的具体情况，无法确定其危险性，难以确定施工精度，但是能够将完整工程分解为不同的小工程，降低风险，同时能够确定各小工程风险源来降低风险，确定整个地下连续墙施工的风险源。

（1）开挖沟槽的主要风险源

通常时候施工地的地质条件、所需沟槽的深度与其厚度决定了地下连续墙的施工风险。通过分析挖沟槽施工工艺，主要风险事故及可能原因有以下几点：

1）导墙变形或塌方。

2）槽段接头错误。

3）槽壁塌方。

4）其他风险事故的原因。

5）钢筋笼吊放阶段的主要风险源。

6）钢筋笼吊放入槽困难。

7）钢筋笼制作及吊放过程中的其他风险事故。

8）浇筑混凝土的主要风险源。

9）墙体夹泥。

10）锁口管不能顺利起拔。

11）浇筑混凝土其他风险事故及可能原因。

（2）周边环境的风险源辨识

在地下连续墙的施工过程中，周围的环境会因此产生变化，可能导致周围建筑物的墙体开裂，甚至建筑物倒塌，管道爆裂，导致道路改道甚至下沉，造成环境污染等。

10.3.2 风险控制

1. 实施前期调查和设计。在进行地下连续墙工程之前，必须进行充分的前期调查和设计，以了解地下情况和土壤性质。只有对地下情况有清晰的了解，才能有效地控制风险并合理设计连续墙的结构和尺寸。

2. 确保材料质量和施工工艺。地下连续墙的质量和稳定性直接取决于所使用的材料和施工工艺。因此，必须严格控制材料的质量，并确保符合相关规范和标准。同时，应采用科学合理的施工工艺，确保施工过程中的稳定性和安全性。

3. 加强质量监控和检测。地下连续墙工程在施工过程中需要进行频繁的质量监控和检测以及必要的调整和改进。通过及时发现和解决问题，可以防止不良质量和施工缺陷，确保工程的可靠性和安全性。

4. 加强施工现场管理和组织协调。地下连续墙工程涉及多个施工环节和各种机械设备的运作，因此需要加强施工现场的管理和组织协调。确保各项工作有序进行，减少人为失误和意外事件的发生，从而降低风险。

5. 完善应急预案和安全措施。在进行地下连续墙工程时，必须制定完善的应急预案和安全措施，以应对各种突发情况和意外事件。保证工程人员的安全，并及时采取措施避免工程质量问题的进一步扩大。

6. 加强与相关部门和专业机构的沟通合作。地下连续墙工程是一个复杂的工程体系，需要与土木工程、勘察设计等相关部门和专业机构进行密切的沟通合作。共同研究和解决施工中遇到的问题，共同提高风险控制的水平和效果。

7. 总结经验教训，不断改进完善。地下连续墙工程是一个长期实践的过程，需要不断总结经验教训，并在实践中改进和完善风险控制措施。通过积累经验和不断改进，提高地下连续墙工程的施工质量和安全性。

综上所述，地下连续墙工程风险控制的要点包括实施前期调查和设计、材料质量和施工工艺的保证、质量监控和检测、施工现场管理和组织协调、应急预案和安全措施的完善、加强与相关部门和专业机构的沟通合作以及经验的总结。只有加强风险控制，才能确保地下连续墙工程的质量和安全。

任务 10.4 风险事故案例

与其他工程项目相比，地下工程具有较大的投资风险、极强的隐蔽性、作业循环性强、施工危险性高等很多不确定性因素的特点，任何一个阶段都会在组织、管理和决策上遇到风险。本节介绍两个地下工程事故案例以起到警示的作用。

10.4.1　深基坑工程风险事故

1. 案例意义

随着国家经济高速发展，城市地下空间工程需求增长，基坑工程作为地下工程结构中最重要的部分之一，建设越来越多、宽度越来越长、深度越来越深，在施工时带来了诸多不确定影响因素，因而在建筑施工环节中，基坑工程质量安全事故频发，造成严重的经济损失及社会负面影响。

本案例地铁事故可以说是我国最重大的基坑工程事故。除了表观的施工现象之外，还应有很多深层次的问题值得我们挖掘、思考、分析和讨论。通过对典型的基坑质量安全事故进行研究分析，总结出基坑事故发生的原因，警示学生做工程不能有侥幸心理，要认真负责，以降低事故带来的损失和破坏。

2. 案例描述

××××年××月××日，××地铁一号线××站北二基坑施工现场西侧的××大道突然倒塌。

北二基坑长度为106m，宽度为20.5m，基坑内49名施工人员工作。下午3时15分，基坑西侧的连续墙突然发生位移、扭曲和局部断裂，受损连续墙长达75m左右，总重400余吨的支撑钢管倒塌，造成自来水和污水管破裂，大量淤泥、河水和自来水瞬间涌入深达15m的正在进行基坑开挖和底板施工的作业现场，发生重大坍塌事故。49名正在作业施工的人员中有17人死亡、4人失踪、24人受伤，地铁站深基坑坍塌现场如图10-1所示，基坑内部地下连续墙倾覆如图10-2所示，基坑内部钢管支撑断裂如图10-3所示。

图 10-1　某地铁站深基坑坍塌现场

3. 风险事故原因分析

（1）基坑开挖支护为两家分包单位，管理不到位，基坑超挖严重，支撑不及时，地下连续墙出现裂缝未采取有效措施。

（2）基坑开挖与主体施工衔接不紧密，基底暴露段过长（80m），且暴露时间过长。

（3）基坑围护结构涌水涌砂后，对基坑外侧水土流失的区域未采取措施进行填充。

图 10-2　基坑内部地下连续墙倾覆

图 10-3　基坑内部钢管支撑断裂

（4）对于监测单位疏于管理，监测报表失真，基坑主要监测指标早有预警，但未在报表中反映，没有采取有效措施。

（5）地质条件复杂，基坑开挖界面土质为微软土地层，基坑降水不力，基底为淤泥质黏土，土层本身很软弱，又富水，很容易流动失稳。

（6）设计原有基底抽条加固在方案论证时被取消，但未履行设计变更程序。

（7）××大道作为一条交通主干道，来往车流量大，包括不少负载很大的大型货车，基坑围护结构受动荷载影响。

工程风险程度的高低不仅取决于客观风险概率的高低，也取决于管理者对于风险认知的程度和风险控制的水平。

4. 风险预防措施

（1）建立基坑开挖条件节点验收制度

1）在施工现场完成设计、勘察交底。

2）基坑专项施工方案应通过评审，落实并回复专家评审意见；基坑施工方案、应急预案应通过审批。

3）基坑开挖、支护的机械、材料已落实到现场情况，相关质量保证资料齐全。

4）围护结构及冠梁应完成，满足设计强度要求。地基处理应完成，经检测符合设计要求。

5）立柱桩应完成，降水、降压应满足工况要求，施工现场坑外排水措施应完成。

6）远程监控管理系统应建立并正常运行，应按监测方案对周围环境及基坑布置监测控制点，且测取初始值；及时、准确地对监测单位进行有效的管理。

7）基坑周围的构筑物、管线等保护措施应落实。

8）围护结构施工阶段遗留问题应按规定解决（地下墙垂直度、墙趾注浆、抗压强度、冷缝处理）。

9）建立"开挖任务单"和"挖土支撑记录表"的现场管理制度；对本工程潜在的风险进行辨识和分析，编制完成有针对性、可操作的应急预案并落实抢险设备、材料、人员、方案。

10）符合设计及规范规定的其他要求。

（2）优化围护结构插入比和刚度

适度增加围护结构插入比可以明显减小周围环境的影响。适当提高围护结构刚度，围护结构刚度与位移大小有着直接关系。低含筋率的厚地下墙的成本并不比高含筋率的薄地下墙高多少，但刚度可以提高 1 倍。

（3）改良被动区土体特性

被动区地基加固可以大幅度提高基底抗力，有效控制地表沉降和基底隆起。

（4）提高支撑刚度

钢支撑的实际刚度受到多种因素的影响，并不能简单按计算刚度考虑。对于周边环境复杂，基坑深度较大的支撑体系，第一道支撑尽可能应用混凝土支撑，提高整体性和支撑的刚度。对超大型基坑，应充分考虑超长支撑的徐变、降温收缩。

立柱桩的隆沉会对混凝土支撑造成很大的附加应力，应加以重视，提高立柱桩深度。布点严格控制立柱桩和地下墙之间的差异沉降。

（5）严格基坑开挖的空间效应

1）根据支撑能力严格控制开挖面大小，减小位移和坑底隆起。

2）根据基坑形状优化开挖次序，尽量使先安装的支撑自成体系。

3）限时开挖、限时支撑，对混凝土支撑的基坑尤其应该重视。

4）限制纵坡高度，长时间放坡设监测点。

5）限制坡顶超载，保证放坡比。

6）针对性降水，暴雨季节护坡。

（6）对地下水有效治理

1）全面辨识地下水对基坑工程危害并针对各种类型危害全方位治理。

2）控制水位、减少周边环境影响，从勘查、设计和施工全过程加以控制。

3）引入专业的降水单位，专业设计、专业施工。

4）采用静力触探和取土结合的方法，通过补勘弄清基坑位置含砂地层的分布。

5）通过降水试验调查降水过程中的各土层之间的水力联系及固结沉降规律，优化井点结构，进一步明确水文参数。

6）"按需降水"即根据深基坑实际开挖工况和回筑工况，动态地确定承压水降深，以减小周围地层沉降。

10.4.2　越江隧道工程事故

1. 案例意义

随着中国城市化的加速，开通地铁的城市也随之变多，开通的线路也与日俱增，挖掘深度也越来越深，重庆轨道交通十号线最深的深度达到了 94.47m，相当于 31 层楼高。由于地下工程在施工时带来了诸多风险因素，因而在整个隧道的施工环节中，隧道工程质量安全事故频发。

10.4
隧道工程
塌陷事故
案例分析

××轨道交通×号线越江隧道是我国最重大的隧道工程事故之一，因报警及时，处理果断，受影响的单位、居民及时撤出，未造成人员伤亡，但这起工程事故直接经济损失为 1.5 亿元左右，修复费用至少 10 亿元，引起了巨大的社会影响。

经过专家组讨论一致认为冻结法施工方案存在缺陷，施工中冻土结构局部区域存在薄弱环节，忽视承压水对工程施工中的危害，承压水突涌，是事故发生的直接原因。

缺乏风险意识、对风险估计不足以及应对风险准备不充分，是导致本次事故的主要因素。

2. 案例描述

××××年×月×日凌晨4时，正在施工中的××轨道交通×号线区间隧道联络通道发生渗水，随后出现大量流沙涌入，引起地面大幅沉降。××轨道交通×号线是该市轨道交通环线的东南半环，全长22km，发生事故的联络通道工程，位于××南路至××大桥之间穿越××江底约2km长的区间隧道内，距离××江边防汛墙53m，并且地处30m以下的地下深层，事故发生点位于地下土层第7层，联络通道工程采用冻结加固暗挖法施工，隧道区间的上下行线已经贯通，事故发生时离联络通道贯通尚余0.8m。

××××年×月×日上午9时左右，地面建筑物（××南路×××号8层楼房）发生倾斜，其主楼裙房部分倒塌，如图10-4所示。由于发现报警及时，楼内所有人员均已提前撤出，因而没有造成人员伤亡。

图10-4　地面大幅沉降引起地面建筑倾斜、倒塌

3. 风险事故原因分析

（1）工程采用冻结法进行施工。施工中冻土结构局部区域存在薄弱环节，忽视了承压水对工程施工中的危害，导致承压水突涌。

（2）下行线冷冻机组又发生故障，没有备用机组替代，造成停止供冷7.5h，在工程已经停工情况下，没有及时采取有效措施排除险情。

（3）在施工中缺少对这些技术参数进行监控和动态管理手段，没有明确达到何种情况应进行报警，暂停施工，采取应急措施。

（4）现场管理人员违章指挥施工。

（5）施工单位未按规定程序调整施工方案，且调整后的施工方案存在欠缺。

（6）总包单位现场管理失控，监理单位现场监理失职。

一起事故的发生，并不是单一风险因素引起的，往往是多重风险因素共同作用的结果，在这起事故中，任何一个有关单位若能认真履行职责，严格执行有关技术规范和技术措施，完全可以避免事故发生或者可以减轻事故造成的损失。

4. 风险预防措施

（1）完善施工组织设计

关注隧道施工局部区域存在的薄弱环节，高度重视和改善承压水对工程施工中的危害。

（2）健全企业安全生产责任制

明确生产管理各岗位管理人员的安全生产管理职责，建立项目工程安全事故应急救援预案，强化引起事故发生的风险因素的预防措施。

（3）加强总包单位的安全职责

严格履行总包单位的安全职责，杜绝以包代管，包而不管的行为。认真落实各项技术、质量和安全责任制和管理制度，加强日常的监管和技术管理。

（4）加强监理单位的安全职责

监理单位应认真履行监理单位的职责，对施工方案及变更调整的方案严格组织监理审定；加强施工现场的监理旁站管理；对监理的工程实施有效的巡视检查，及时发现险情和防止事故发生。

（5）加强新技术、新工艺的学习

在复杂的隧道工程施工中，潜在很多风险因素，无论是总包单位还是分包单位或者监理单位，应不断地学习新的施工工艺和技术，具备使用新技术、新工艺的能力，且具备应对突发风险事故的控制能力。

课后练习 🔍

资源名称	项目 10　课后练习	项目 10　课后练习答案
资源类型	文档	文档
资源二维码		

参考文献

[1] 张恩正，瞿万波. 地下工程施工 [M]. 2版. 北京：中国矿业大学出版社，2022.

[2] 刘波，李涛，陶龙光. 城市地下空间工程施工技术 [M]. 北京：机械工业出版社，2022.

[3] 中华人民共和国住房和城乡建设部. 建筑地基基础工程施工质量验收标准：GB 50202—2018 [S].
北京：中国计划出版社，2018.

[4] 姜玉松. 地下工程施工 [M]. 重庆：重庆大学出版社，2014.

[5] 江学良，杨慧. 地下工程施工 [M]. 北京：北京大学出版社，2017.

[6] 赵乃志，朱桂春. 地基与基础工程施工 [M]. 南京：南京大学出版社，2017.

[7] 徐伟，吴水根. 土木工程施工基本原理 [M]. 上海：同济大学出版社，2014.

[8] 张姣，廖斌. 沉管隧道施工的风险分析及控制研究 [J]. 铁道建筑，2019，59（2）：98-101.

[9] 中华人民共和国住房和城乡建设部. 工程岩体分级标准：GB/T 50218—2014 [S]. 北京：中国计划
出版社，2015.

[10] 中华人民共和国交通运输部. 公路隧道设计规范 第一册 土建工程：JTG 3370.1—2018 [S]. 北京：
人民交通出版社，2019.

[11] 中华人民共和国交通运输部. 公路隧道施工技术规范：JTG/T 3660—2020 [S]. 北京：人民交通
出版社，2020.

[12] 中华人民共和国住房和城乡建设部. 岩土锚杆与喷射混凝土支护工程技术规范：GB 50086—2015
[S]. 北京：中国计划出版社，2016.

[13] 国家铁路局. 铁路隧道设计规范（2024年局部修订）：TB 10003—2016 [S]. 北京：中国铁道出版
社，2017.

[14] 国家安全生产监督管理总局. 爆破安全规程：GB 6722—2014 [S]. 北京：中国标准出版社，2015.

[15] 中华人民共和国住房和城乡建设部. 盾构法隧道施工及验收规范：GB 50446—2017 [S]. 北京：中
国建筑工业出版社，2017.

[16] 中华人民共和国住房和城乡建设部. 给水排水管道工程施工及验收规范：GB 50268—2008 [S]. 北
京：中国建筑工业出版社，2009.

[17] 中华人民共和国住房和城乡建设部. 城市轨道交通工程监测技术规范：GB 50911-2013 [S]. 北京：
中国建筑工业出版社，2014.

[18] 中华人民共和国住房和城乡建设部. 城市轨道交通地下工程建设风险管理规范：GB 50652—2011
[S]. 北京：中国建筑工业出版社，2012.

[19] 中华人民共和国住房和城乡建设部. 地下铁道工程施工质量验收标准：GB/T 50299—2018 [S].
北京：中国建筑工业出版社，2018.

[20] 中华人民共和国住房和城乡建设部. 盾构法开仓及气压作业技术规范：CJJ 217—2014 [S]. 北京：
中国建筑工业出版社，2014.

[21] 张凤祥，朱合华，傅德明. 盾构隧道 [M]. 北京：人民交通出版社，2004.

[22] 鲍绥意. 盾构技术理论与实践 [M]. 北京：中国建筑工业出版社，2012.

[23] 杨新安，丁春林，徐前卫. 城市隧道工程 [M]. 上海：同济大学出版社，2015.

[24] 张庆贺. 地下工程 [M]. 上海：同济大学出版社，2005.

[25] 岳丰田. 地下工程施工技术 [M]. 北京：中国建筑工业出版社，2021.

[26] 闫富有. 地下工程施工 [M]. 郑州：黄河水利出版社，2011.

[27] 谢和平，刘见中，高明忠，等. 特殊地下空间的开发利用 [M]. 北京：科学出版社，2018.

[28] 牛雷，仲崇梅. 地下工程施工 [M]. 北京：化学工业出版社，2021.

[29] 贺少辉. 地下工程 [M]. 2版. 北京：清华大学出版社，2022.

[30] 边喜龙. 给排水工程施工技术 [M]. 4版. 北京：中国建筑工业出版社，2020.